红外成像制导图像处理技术

刘 刚 张 丹 著

U0227973

科 学 出 版 社

北 京

内 容 简 介

本书系统阐述了红外成像制导武器系统攻击目标过程中所要求的红外图像降噪与分割、红外空中弱小运动目标检测、红外运动目标跟踪和红外运动目标关键攻击部位识别等红外成像制导图像处理理论、方法和应用技术，涵盖了红外图像应用中涉及的核心内容。全书共 8 章，包括红外成像制导的概念、多分辨率分析理论、红外成像制导图像降噪和增强、基于模糊理论的红外图像分割、红外弱小运动目标检测、红外运动目标跟踪、红外目标关键攻击部位识别、红外成像制导图像处理的加速技术等内容。

本书内容是作者多年的研究成果，书中所有模型和算法都经过实验验证，可以直接应用于红外成像制导图像处理领域。本书可供计算机科学与技术、控制科学与工程、信息与通信工程等学科中从事红外图像处理与分析技术的研究人员和工程技术人员参考，也可作为高等院校相关专业的研究生教材。

图书在版编目 CIP 数据

红外成像制导图像处理技术 / 刘刚，张丹著. —北京：科学出版社，2016
ISBN 978-7-03-048687-5

Ⅰ.①红… Ⅱ.①刘…②张… Ⅲ.①红外制导-图像处理 Ⅳ.①V249.32
②TP391.41

中国版本图书馆 CIP 数据核字(2016)第 129589 号

责任编辑：张海娜　高慧元 / 责任校对：桂伟利
责任印制：吴兆东 / 封面设计：蓝正设计

科学出版社 出版
北京东黄城根北街 16 号
邮政编码：100717
http://www.sciencep.com
北京厚诚则铭印刷科技有限公司印刷
科学出版社发行　各地新华书店经销
*
2016 年 7 月第　一　版　　开本：720×1000　1/16
2025 年 1 月第七次印刷　　印张：15 3/4
字数：315 000
定价：138.00元
（如有印装质量问题，我社负责调换）

前　言

红外成像制导技术是当今世界各国竞相发展的精确制导技术之一,更是一种使武器系统威力倍增的高精尖技术。红外成像制导能够识别目标类型及其要害部位,具有较强的抗干扰能力和全天候作战能力,是现代各种武器系统制导技术发展的趋势。从 20 世纪 90 年代以来爆发的几场局部战争看,利用红外成像制导技术的精确打击武器呈不断发展之势,更新加速,使用量急增。伊拉克战争中美军使用了 800 余枚"战斧"式巡航导弹和 2 万余枚精确制导炸弹,占总弹药量的 80% 以上,为历次战争之最。在分析红外成像制导技术体制、工作原理及其特点的基础上,积极寻求提高红外成像制导的精确打击武器的技战性能,对制定未来作战攻守策略具有十分重要的意义。

红外成像制导的特点为:①灵敏度高,制导精度高,穿透能力强,作用距离远,探测器的瞬时视场和跟踪视场大;②被动接收目标及背景的热辐射,不易被探测,抗干扰能力强;③与微处理器相结合,发射后可以自动搜索目标,并且可以实现一定程度的"智能化",如通过图像识别选择目标的要害部位进行攻击,可全天候工作;④技术成熟,体积小,结构相对简单。

智能化图像信息处理技术,特别是红外目标自动检测、识别和跟踪算法,是红外成像制导的关键技术之一,是红外成像制导武器系统技术含量最高的部分,同时也是红外成像制导技术研究的热点和难点。

本书对红外成像制导武器系统攻击目标过程中所要求的红外图像降噪与分割、红外弱小运动目标检测、红外运动目标跟踪、红外运动目标识别、红外与可见光图像匹配等关键图像处理技术进行较为深入的阐述。

本书共 8 章。第 1 章概述了红外成像制导中图像处理的关键技术及研究现状、本书的主要理论依据和内容安排。第 2 章给出了红外导引系统的发展概况、功能、基本构成和常用的红外成像制导图像处理技术。第 3 章阐述了贯穿本书各章节处理所用到的小波变换、Contourlet 变换和非下采样 Contourlet 变换理论,从分析红外成像系统噪声特性着手,分别在小波域、Contourlet 域和非下采样 Contourlet 域提出了红外图像的降噪和增强算法。第 4 章在分析红外图像特性的基础上,将模糊理论引入到分割问题中,重点介绍了基于模糊 C 均值聚类的红外图像分割算法并分析了其存在的问题,提出了有针对性的改进方法。本章最后通过扩展单阈值分割算法,给出了红外图像的双阈值分割算法。第 5 章重点阐述了红外弱小运动目标的检测方法。首先给出了红外小目标序列图像模型,然后分别在小波域、

Contourlet 域、非下采样 Contourlet 域和空间域提出了六种检测算法,并利用改进的管道滤波方法进行序列跟踪。最后对红外弱小目标检测过程进行了理论分析。第 6 章首先阐述了运动目标跟踪的基础理论、图像跟踪所用到的视觉特征;然后重点讨论了粒子滤波的基本理论,并在此基础上分析了经典粒子滤波所存在的问题,从改进粒子重采样策略出发,提出了基于遗传重采样的粒子滤波算法;最后,针对红外飞机目标溢出视场后关键攻击部位的跟踪方法进行了讨论。第 7 章讨论了红外飞机目标关键攻击部位的识别技术。首先介绍有形状目标的特征描述方法;然后以红外成像制导空空导弹攻击战斗机为例,重点阐述了关键攻击部位的识别方法,在该问题中,还讨论了利用序列图像给出稳定关键攻击部位的方法;最后,给出了基于亚像素技术的红外目标定位方法。第 8 章在对单指令流多数据流技术、基于 OpenMP 的并行化技术、基于 CUDA 模型的 GPU 技术进行分析的基础上,讨论常用红外图像处理算法,如 LoG 算子、模板匹配、小波变换、模糊 C 均值聚类、粒子滤波等的加速技术。

本书内容是作者承担的有关航空科学基金(20070112001、20130142004)、河南省人力资源和社会保障厅博士后科研基金、洛阳市科技发展计划(1402004A)、河南科技大学博士科研启动基金等项目研究成果的总结。除作者外,参与本书内容构建工作的还有刘新向、王光宇、于宁宁等。

在本书的撰写过程中,参考和引用了一些文献的观点和素材,在此向这些文献的作者表示衷心的感谢。

需要指出的是,本书针对实际领域的特殊性问题,提出了一系列解决的思想和方法。通过大量实拍红外图像进行实验,证明了所提方法的有效性和科学性,但是这些方法和思想仍需要在今后的工作中进一步检验和完善。本书所体现的基本思想对于具有红外成像制导方式的空空、舰空、地空、空地、巡航等导弹的目标探测、识别和跟踪以及反导系统的检测、预警和拦截武器的制导,均具有一定的参考价值。

限于作者水平,书中难免存在不妥之处,敬请读者和专家批评指正。

作 者

2016 年 5 月于洛阳

电子邮箱:lg19741011@163.com

目　　录

第1章 绪 论

1.1 引 言

精确制导技术是利用自身传感器获取或外部输入的信息,探测、识别和跟踪目标,导引和控制武器准确命中目标乃至目标要害部位的制导技术,广泛应用于导弹、航空炸弹、炮弹、鱼雷等武器系统中。它是精确制导武器的核心技术,支持着精确制导武器的远距离高精度作战、夜间作战、全天候作战、复杂战场环境下作战,能够确保精确制导武器在复杂战场环境中既准确命中选定的目标及其要害部位,又尽可能减少附带的破坏。

目前,可供精确制导系统利用的探测技术主要有红外成像、毫米波雷达和激光雷达等[1]。相比于其他探测装置构成的制导系统,红外成像制导武器系统具有明显的优势[2]:

(1)环境适应性优于可见光,尤其是在夜间和恶劣气候下的工作能力;

(2)隐蔽性好,一般都是被动探测,比雷达和激光探测安全,不易被干扰;

(3)与可见光相比,红外辐射更容易穿透云、雾、烟、尘埃,探测距离更远;

(4)红外探测系统是根据目标和背景之间的温差进行探测的,因此识别伪装目标的能力优于可见光。

红外成像制导制导精度高,抗干扰能力强,具备全天时工作能力,已经广泛应用于各种精确制导武器系统。红外成像制导由红外点源制导技术发展而来[3-5]。由于红外点源制导技术采用以调制盘调制为基础的信息处理,造成无法排除张角较小的点源红外干扰或复杂的背景干扰,也没有区分多目标的能力,而红外成像制导能够克服这些缺点。光电对抗和红外技术的进步,推动了红外成像制导技术的发展[6]。红外成像制导技术是利用目标与周围环境的红外辐射图像来实现自动导引的一种制导方法。它探测的是目标和背景间微小的温差或自辐射温差所引起的热辐射分布图像,目标形状的大小、灰度分布和运动状况等物理特征是它识别的理论基础。此外,由于红外成像器与图像信息处理专用微处理机相结合,利用数字图像处理方法分析图像,由高速图像信号处理机对所摄的图像进行实时处理,借以识别跟踪目标,所以具有一定的智能化。目前,在这方面研究较为领先的是以美国为首的发达国家,在科索沃战争、阿富汗战争和伊拉克战争中,美军的重大攻势都是在夜间实施的,得益于红外成像武器的大量运用,其攻击准确性令世界为之瞠目。

我国在这方面的研究起步较晚,但近年来,随着经济和相应领域技术的发展,以及大量人力与财力的投入,取得了很多新进展。

红外成像制导从大的方面来说存在三个关键技术:

(1)实时红外成像技术,关键是多元探测器和扫描技术;

(2)稳定伺服技术,关键是稳定技术;

(3)智能化图像信息处理技术,关键是红外目标自动检测和识别算法,它是红外成像制导武器技术含量最高的部分,同时也是红外图像处理领域中历史悠久且又充满活力的研究课题[7]。

针对红外目标自动检测、识别和跟踪的红外成像制导信息处理系统的组成原理框图如图 1.1 所示,主要由成像系统和图像目标自动识别系统两部分组成。

图 1.1　红外成像制导信息处理系统原理框图

目前,红外成像目标自动检测和识别技术已经成为国防科技研究的热门领域,并被广泛应用于各种红外成像制导武器系统,针对该问题展开深入研究对加强我国国防现代化建设具有积极的意义。

1.2　红外成像制导图像处理的关键技术及研究现状

本节以红外成像制导空空导弹攻击目标的过程为背景,阐述红外成像制导图像处理的关键技术,其结论大部分适用各类红外成像制导武器系统。针对红外成像空空导弹,其红外成像制导信息处理系统主要由光学系统、红外探测器、读出电路、放大电路、图像处理机等组成,其结构如图 1.2 所示。

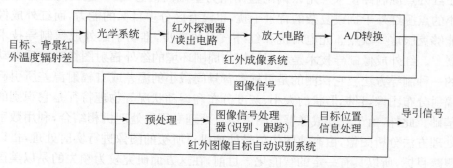

图 1.2　红外成像制导信息处理系统的主要结构框图

红外成像制导空空导弹发射前由载机搜索、确定被攻击目标的位置后,立即用导弹上的导引头跟踪并锁定目标。导弹发射后,光学系统接收场景中目标与背景的红外辐射,并将它们成像到红外探测器上,红外探测器进行光电转换,形成红外图像。图像处理机对该红外图像进行处理,区分目标信息、背景信息,识别出被攻击目标并抑制假目标的干扰,给出目标相对导引头光轴的方位与俯仰夹角,弹上制导控制系统据此信息控制导弹飞向目标。该过程也被称为"发射后不管"的制导方式。

当目标与红外成像系统相距很远,其几何成像小于传感器的一个分辨单元时,此时目标称为点目标。理论和实践表明,点目标经光学系统后成的像是一个亮的弥散圆斑而非一个几何点,对目前常用的小于 $30\mu m$ 像素间距的红外焦平面器件,点目标像的弥散圆斑通常超过 2×2 像素。目标成像尺寸计算应考虑理论成像尺寸和弥散两个因素。对理论成像尺寸较大的面目标,忽略弥散的影响,根据物像映射关系直接求出成像尺寸;对点目标,忽略理论成像尺寸,由弥散圆斑确定成像尺寸[8]。在导弹接近目标过程中,存在一个临界距离。当弹目距离大于临界值时,目标成像是一大小不变的近似圆斑;而距离小于临界值时,目标的成像尺寸、面积将随距离减小而增大。

在远距离跟踪阶段,导弹与目标的相对距离很大,目标在成像系统中所成的像只是孤点或几个像素组成的斑点,在视场中存在的时间很长,信号强度弱且易被杂波湮没,此时若能稳定检测出目标,对于增大作战距离和增加反应时间,提高己方的生存概率具有重要的意义。随着导弹与目标之间的相对距离的减小,目标在红外成像系统中所成的像逐渐由斑点目标变为多个像素所组成的图像。当导弹与目标的相对距离缩小到一定值时,红外成像系统的焦平面上的目标像素数急剧增加,目标图像的细节更加丰富。此时,要求导引头根据目标形状识别目标类型并确定目标的要害部位进行攻击。在近距离目标充满视场阶段,导弹与目标距离非常接近,目标图像完全充满整个视场,导引头进入盲区工作距离。由于受导弹机动能力的限制,该过程要求以先前获得的攻击部位为指导,在导引头失去对导弹的控制能力之前,确定目标的最终攻击方位。

红外波段的辐射波长比无线电波短、比可见光长,因而红外图像的空间分辨力比雷达高、比可见光低。由于成像器件本身存在的缺陷和环境因素的影响,红外图像本身具有细节模糊不清、对比度弱等特点,所以在对目标进行检测与识别前,需要对红外图像进行降噪和增强等预处理。由于在成像机理上存在本质的差异,红外图像相对于可见光图像有着如下不同的特点:

(1)红外图像不受能见度的影响,红外成像系统具有在恶劣阴暗环境条件下工作的能力,可全天时昼夜工作,而可见光成像则不行。红外辐射穿透烟雾和大气的能力比可见光强,能克服部分视觉上的障碍而探测到目标,因此红外成像系统具有较大的作用范围和很强的抗伪装干扰能力。另外,当太阳光照射时,目标的可见光图像可能会受到阴影的影响,而红外图像则无此缺点。

(2)在好的光线和可视条件下,可见光图像相对红外图像有较好的颜色对比度和细节分辨率,这主要表现为边缘的差异和纹理特征的不同。可见光图像反映场景的空间分辨率,灰度信息较为丰富,物体棱角分明,立体感较强,其边缘较陡且结构复杂。红外图像反映场景的温度分辨率,它实质上是辐射强度分布图,灰度层次较少,边缘相对平滑,无立体感。可见光图像能够较好地反映物体表面的纹理细节并利用其判别目标,而红外图像则很难直接利用纹理信息。

(3)外界环境的随机干扰和热成像系统的不完善,给红外图像带来多种多样的噪声,这些分布复杂的噪声使得红外图像的信噪比相对于可见光图像要低。此外,由于红外探测器各探测单元的响应特性不一致等原因,造成红外图像的非均匀性,这主要体现为图像的固定图案噪声、串扰、畸变等。

(4)由于大气对不同的红外波段辐射的吸收与随机散射程度不同,不同波段的红外图像反映同一场景的灰度信息是不同的。利用多波段红外图像进行融合处理,可得到更多的有效信息。

(5)实际景物红外图像的像素之间存在较大的相关性,目标的红外图像含有较多的同质区,像素的灰度具有良好的空间相关性。红外图像像素灰度值的动态变化范围不大,很少充满整个灰度级空间,绝大部分像素集中于某些相邻的灰度级范围,这些范围以外的灰度级上则没有或只有很少的像素,而可见光图像像素的灰度值则分布于几乎整个灰度级空间。

综合以上分析,红外成像制导中图像处理关键技术的研究热点和难点主要可以归纳为以下几个方面:

1)红外图像降噪问题[9-14]

红外图像噪声丰富,而噪声造成图像退化、图像特征被掩盖,直接影响图像分割、特征提取等后续工作的准确性,因此,抑制红外图像噪声、提升图像质量是图像处理和分析的前提。许多算法被用于图像降噪,如模糊域滤波、加权中值滤波和混合中值滤波、小波域滤波等。

2)红外图像目标分割问题[15-19]

传统的红外目标分割的方法有很多,但这些方法一般都局限于一定的应用环境。目标分割的有效性依赖于对目标特性、背景特性以及应用环境的先验知识,取决于目标及背景特性的鉴别能力。总的来说,单帧图像中目标分割的方法主要有基于全局灰度门限的目标分割方法和基于局部门限的目标分割方法。

基于全局灰度门限分割方法假定图像中仅包含目标和背景两类,将图像中的像素按照灰度值属性的相似性或相近性划分成两类,使得具有相似或相近灰度值的像素归属为一类,不同灰度值属性的像素归属为不同类。全局灰度门限分割方法在全灰度范围内搜索一个最佳门限值,根据获取全局门限的不同准则,该方法又可分为直方图分析方法、类别方差自动门限方法、模糊熵分割方法等。利用全局灰度门限进行目标分割是一种基本的分割方法,但由于实际图像的多样性,全局门限目标分割方法往往不能都获得理想的分割效果,因为该方法基本上都是针对二类问题的。基于局部门限的目标分割方法则将图像划分为若干子图像,然后再利用上述方法对子图像进行分割。

　　上述目标分割方法都是利用图像像素的灰度信息,但是图像具有多种属性,像素的灰度仅仅是图像的一种最基本的属性,只利用像素的灰度信息进行分割具有一定的局限性。利用图像的其他特征如边缘、二阶统计特性、纹理特征、分形特征等,也可以进行目标分割。

　　3)远距离红外弱小运动目标的检测[20-22]

　　在连续图像序列中,运动小目标的成像位置具有一定连续性,不会出现跳跃性变化,这是运动目标成像的时间特征。当图像背景复杂、目标湮没其中以及图像中存在大量噪声的情况下,小目标的检测与跟踪必须依赖目标的时间特性在图像序列中进行。

　　小目标检测算法按照进行检测和跟踪的顺序可划分为跟踪前检测(detection before track,DBT)方法和检测前跟踪(track before detect,TBD)方法。DBT方法是传统的目标识别算法。首先,在单帧图像中根据目标灰度信息检测目标,提供若干包含噪声在内的候选目标,再利用目标的时间特性在图像序列中识别、跟踪目标。TBD方法同时利用目标的灰度信息和时间信息,直接对原始序列图像中大量的候选目标轨迹同时进行评估,从中排除噪声,选择目标。TBD方法主要包括假设检验方法、三维匹配滤波器、动态规划方法、基于投影变换的弱小目标检测等。TBD方法主要应用于目标信噪比较低,单帧图像检测产生大量虚警的情况。该类算法往往较为复杂,运算量巨大,难于实现实时目标检测。

　　4)红外图像运动目标的跟踪

　　当目标被检测或识别出来后,需要对目标进行实时图像跟踪。图像跟踪是一个不断发展的研究方向,新的方法不断产生。在基于图像的目标跟踪中,一般根据表达目标的信息,通过推理确定其在图像中的位置和形状参数。下面根据跟踪算法所采用的定位目标的方法对其进行分类:

　　(1)概率跟踪方法:概率跟踪方法在贝叶斯滤波框架下将目标跟踪问题转换为推理目标状态(如位置、速度)后验概率密度的过程。该方法首先选择状态变量,通过状态转移方程进行预测,然后利用最新观测值对预测作出修正。当状态转移方程和观测方程为线性且过程噪声和观测噪声均为高斯分布时,常规的卡尔曼滤波(Kalman filter,KF)能给出最优解;当状态方程和观测方程为非线性时,扩展卡尔曼滤波(extended Kalman filter,EKF)或者无迹卡尔曼滤波(unscented Kalman filter,UKF)[23-25]能求解后验概率。但是,在实际场景中,状态方程和观测方程往往往都是非线性的,同时噪声也是非高斯的,而且状态分布是多模态的,在这种情况下,常常利用近似方法求解后验概率密度,一个很好的方法就是粒子滤波(particle filter,PF)。

(2)确定性跟踪方法:该方法首先通过手动或目标检测得到目标模板,然后建立代价函数来表达目标候选位置和目标模板的相似程度,接下来利用最优化方法找到代价函数的最大值,认为该值对应的位置就是目标在图像序列中的位置。确定性跟踪方法本质上是一个优化问题。最典型的确定性跟踪方法是模板匹配算法。在模板匹配算法中,运动目标的检测是在相关运算中完成的。该算法将所要匹配的模板与图像中所有未知的物体进行比较,求其相关量,从而确定目标的位移量。相关算法不要求图像有很高的对比度,对目标部分遮掩、复杂背景下的跟踪具有其他算法不可比拟的优势。近几年来,图像相关跟踪在红外成像跟踪系统以及巡航导弹中获得了成功应用[26-32]。美国的 SLAM-ER、AGM-158,英国的"风暴前兆"等空地导弹,美国正在研制中的"战斧"Block Ⅳ 改进型等导弹上使用的就是基于模板匹配的自动目标跟踪方法。这些武器所使用的算法由制导计算机提供成像传感器的方位,并根据此估计此刻目标的位置,然后使用这些数据修正预先制定的内部基准图像,使之对应探测器的瞄准线,再将实时获取的图像和预先制定要打击目标的经过修正的基准图像进行匹配,最终将匹配的结果传送到制导系统单元,自主地将导弹导引到目标。从目前成功应用来看,基于模板匹配的自动目标识别算法在未来很长一段时间内仍会受到重视。

基于均值移位(mean shift,MS)的跟踪方法[33-35]是确定性跟踪方法的另一典型代表。在这类跟踪算法中,代价函数选择为目标模板与候选位置颜色直方图之间的距离,MS 跟踪方法用来搜索代价函数的最大值。MS 跟踪方法简单有效,在一些场景应用中取得了较满意的跟踪效果。但是,通常的 MS 跟踪方法假定目标模板在跟踪过程中不变,当目标颜色发生变化时,该跟踪算法往往会产生偏差甚至丢失目标。Tu 等利用期望最大化算法在线更新颜色直方图,提高了 MS 跟踪方法的精度和可靠性[36]。

概率跟踪方法和确定性跟踪方法各有优缺点。确定性跟踪方法计算简单,但是容易陷入到局部最优。此外,确定性方法容易受到干扰的影响,不能从失败跟踪中恢复,不适合复杂场景的跟踪。目前,确定性跟踪算法不是研究跟踪问题的主流方法。概率跟踪方法,特别是 PF 方法,由于能够处理应用场景的非线性和非高斯性,特别适合图像跟踪领域。

5)红外运动目标的特征提取和识别

在红外图像的自动目标识别系统中,目标的特征提取与识别存在着特殊的技术难点。首先是信号比较单一,只能通过图像中目标的红外热辐射特性表现出来的信息进行鉴别;其次,在实际情况中,当方位、尺度、灰度和对比度发生变化时,提取特征的不变性难以保证。寻找能够有效地刻画红外图像的特征和针对红外图像识别的分类器是自动目标识别的核心问题之一。

红外成像制导武器攻击的目标可能具有的特征包括统计特征、结构特征、运动特征和变换特征等。统计特征主要有灰度的均值、最大值、最小值、方差、对比度等,反映了不同区域的灰度分布情况;结构特征包括目标的大小和形状的描述,如目标面积、周长、长度、宽度、矩形度和圆度等;运动特征反映了目标在空间的运动状况,包括目标的运动速度、加速度、方向以及目标与其他区域的相对运动信息等;变换特征则是通过一些数学变换得到具有某种不变性的特征,如傅里叶变换、矩变换、小波变换和仿射变换等。

虽然特征越多,给出的目标信息也越多,但过多的特征会使得运算复杂,处理时间长。因此,实际应用中在保持正确识别目标的前提下,选择尽可能少的特征,以减少分类的复杂度,满足实时处理的要求。以红外成像制导空空导弹攻击目标为例,当弹目距离较远时,目标所占像素数较少,属于小目标,目标与背景灰度差异不大,易受噪声干扰,其灰度统计特性会有起伏,没有结构和形状特征。因此,小目标的特征选取必须充分利用其运动特性和灰度的变化特性。由于距离远,目标在帧间的位置变化较小,灰度没有突变,有别于干扰弹。随着弹目距离的减小,当目标像素达到一定数量后,可选目标的平均灰度、最大灰度、面积、周长、圆度、运动速度等特征,这些特征一般能综合反映目标的灰度、形状和运动特性,可作为目标与干扰鉴别的依据。

由于目标特征提取及所处环境的复杂性,基于特征提取的自动目标识别技术一直是该领域的一个难点,目前只在某些识别难度相对较低的领域内取得一定进展。美国是最早研究基于特征提取的自动目标识别应用的国家。早在20世纪70年代,美国海军研究生学院的Thavmongkon、福特航空通信公司的Parvin等用机载红外传感器获取了八种不同类型舰船的图像,通过提取原始图像的边缘特征并结合领域专家的经验构造推理规则,进而完成识别任务[37-39]。

不变矩特征由于具有平移、旋转和尺度不变性,因而是目标识别所需要的。徐科等用不变矩反映缺陷的特征,取得了不错的效果[40]。Zvolanek等利用仿真的舰船红外图像进行研究,发现不变矩对舰船目标的距离、方位具有一定的不敏感性且二值图像的边缘矩优于图像的灰度矩[41]。

近年来,随着模式识别技术理论体系的迅速发展,红外目标识别也进入了一个新的发展阶段。众多学者致力于该领域的研究并取得了许多积极的成果,其中比较典型的成果主要有人工神经网络识别方法[42]、多传感器信息融合识别方法[43,44]等。Gilmore等利用图像的高阶统计信息实现了特征提取,然后基于BP(back propagation)人工神经网络进行自动目标识别,取得了较好的效果。多传感器信息融合技术利用不同传感器在工作方式上的互补性,提高系统在复杂环境中对目标检测和识别的能力。例如,用毫米波雷达距离成像提供深度信息与红外成像提供二维平面信息进行融合,可从三维立体上识别目标,该思路已进入实用。美国的RIM-116舰空导弹使用主动雷达与红外复合制导的方式进行导引。预计未来自动目标识别系统会越来越多地采用多传感器数据融合的方法,以提高系统对复杂场景中目标的检测和识别能力。

异源多模态图像由于来源于不同成像设备,所以能提供比单模态图像更加丰富和全面的信息。由于红外反映景物的辐射信息而可见光反映景物的反射信息,二者输出的图像具有不同的灰度特征,这些信息互为补充,可以融合在一起用于目标识别。红外图像可在场景内定位具有较高温度的物体,而可见光图像则提供背景信息,将二者融合,便能实现在背景中定位高温物体的功能。因此,红外与可见光匹配是最典型的异源图像匹配识别方式之一。

为了提高识别算法的性能,国内外学者尝试利用红外与可见光异源图像信息对目标特征进行融合与匹配[45-54]。总的来说,现有的红外与可见光图像匹配可以分为两类方法:基于图像区域的方法和基于图像特征的方法。

6) 红外成像制导图像处理的加速

图像处理算法的实时性是其走向实际应用的瓶颈之一。军事领域的图像处理,由于目标的高速运动、实际战场环境中目标和背景的变化很大以及人为的干扰,信息量巨大,只有加快相关处理算法才能满足实时性要求。在这种应用背景下,运用并行处理技术对图像处理算法进行加速就显得日益迫切。

1.3　本书的主要理论依据

小波变换具有低熵性、多分辨率性、去相关性和选基灵活性等诸多优良特性,使得原始图像的结构信息和细节信息很容易得到提取。小波变换的成功之处在于其能很好地表示一维分段光滑函数,有效地检测图像的过边缘特性,表达奇异点的位置和特性。小波在表示具有点奇异性的函数时是最优基,但在高维情况下,图像特征主要表现为各种类型的曲线或曲面,即线或面的奇异性,由于小波变换核为各向同性,无法表达图像沿边缘的特性,因此用小波进行表示并不是渐近最优的。此外,二维可分小波是一维小波的简单张成,各向同性的性质导致方向选择性差,是一种非稀疏图像表示法,这就给小波变换的应用带来了一定的局限性。

多尺度分析方法由于能够综合不同尺度的图像信息,从而把精细尺度的精确性与粗糙尺度整体性这对矛盾完美地统一起来,从最早的金字塔分解到后来的小波变换等方法在图像处理领域的应用由来已久。近年来,国内外学者在多尺度分析方法的基础上提出了多尺度几何分析方法。与传统的多尺度分析方法相比,多尺度几何分析方法具有多尺度分析的全部优良特性,而且具有方向性与各向异性特性这两种能更加有效表示图像边缘与纹理等几何特征的特性。Contourlet 变换[55,56]是多尺度几何分析的典型代表，它是一种真正的图像二维表示方法，它将小波的优点延伸到高维空间，能够更好地刻画高维信息的特性，更适合处理具有超平面奇异性的信息。Contourlet 变换通过双滤波器组完成对具有光滑轮廓图像的稀疏表示，它将多尺度分析和方向分析分开进行。这种方法可以很好地抓住图像的几何结构，能用不同尺度、不同方向频率的子带更准确地捕获图像中的分段二次连续曲线，具有方向性和各向异性，从而使表示图像边缘的 Contourlet 系数能量更加集中，或者说 Contourlet 变换对于曲线有更稀疏的表示。Mallat 的多尺度极大值重建理论说明，图像的所有信息基本上都包含在多尺度边缘里。可见，Contourlet 变换以边缘为基本表示元素，具有完备性，能很好地适合图像的特点。另外，Contourlet 变换是各向异性的，具有很强的方向性，能为图像处理提供更多的信息。

　　但是，由于下采样过程的存在，Contourlet 变换缺乏平移不变性，因此低频子带和高频子带均存在频谱混叠现象。频谱混叠造成同一方向的信息会在几个不同方向子带中同时出现，这在一定程度上削弱了其方向选择性。非下采样 Contourlet 变换（non-subsampled contourlet transform, NSCT）[57] 与 Contourlet 变换一样，也是采用由拉普拉斯金字塔变换与方向滤波器组所构成的双迭代滤波器组结构。两者的区别在于前者采用的是非下采样拉普拉斯金字塔和非下采样方向滤波器。非下采样 Contourlet 去掉了拉普拉斯金字塔分解和方向向性滤波器分解中信号经分析滤波后的下采样（抽取）以及综合滤波前的上采样（插值），而改为对相应的滤波器进行采样，再对信号进行分析滤波和综合滤波。

　　非下采样 Contourlet 变换继承了 Contourlet 变换的多尺度、多方向以及良好的空域和频域局部特性，变换后系数能量更加集中，能够更好地捕捉和跟踪图像中重要的几何特征。同时，由于没有上采样和下采样，因此图像的分解和重构过程中不具有频率混叠项，这使得非下采样 Contourlet 变换具有平移不变性以及各级子带图像与原图像具有尺寸大小相同的特性。本书分别将小波变换、Contourlet 变换和非下采样 Contourlet 变换理论应用于红外图像降噪、小目标检测和图像匹配。

　　模糊理论可较好地描述人类视觉中的模糊性和随机性，解决在图像处理不同层次中由于信息不全面、不准确、含糊、矛盾等造成的不确定性问题。图像的模糊化就是将图像灰度矩阵转换到模糊集中形成模糊特征矩阵，把图像每个像素点的灰度值转换成具有相对于某个特定灰度级的隶属程度，这样用一个模糊值就可代表图像中某一部分的明暗程度。在模糊集理论中，模糊集主要由其隶属函数刻画。本书利用模糊理论实现对红外图像的分割。

　　目标跟踪的主要功能是通过能够递归完成目标状态估计的滤波器在线确定目标的数量、位置和运动轨迹等，因此滤波器的性能好坏直接制约着跟踪系统的性能。目前常用的递归方法是卡尔曼滤波方法。在非线性、非高斯条件下，这种基于模型线性化和高斯假设的滤波方法在估计系统状态及其方差时误差较大,并有时可能发散。近几年发展起来的粒子滤波利用一些随机样本(粒子)来表示系统随机变量的后验概率分布,它可应用于任意非线性随机系统,能够较好地处理非线性非高斯问题,被广泛应用于目标跟踪等领域。卡尔曼滤波是贝叶斯估计在线性条件下的实现形式,而粒子滤波是贝叶斯估计在非线性条件下的实现形式。贝叶斯估计的主要问题是先验和后验概率密度不易获取,而粒子滤波采用样本形式而不是以函数形式对先验信息和后验信息进行描述。本书利用粒子滤波理论实现对红外图像目标的跟踪。

红外图像目标识别中的一个关键问题就是如何获得一种有效的图像描述量,用一个很小的数据集合就可以代表图像。由于被识别的图像与原图像相比一般有很大程度的失真,如平移、旋转或其他变化,所以希望该图像描述量对于图像的各种畸变不敏感。图像矩作为图像的特征描述子,具有数学的简明性且形式多样化,通过对数字图像计算而得到的图像矩值,表达了图像形状的全局特征,同时也可提供大量不同类型的几何特性信息。另外,图像矩经过简单的变换和重新组合,可得到若干个平移、尺度和旋转不变特征量,其在图像经过平移、缩放或旋转后,仍保持不变,因此可作为图像目标的特征向量。图像矩及其不变量的良好性质在图像处理中得到了大量的应用,如景物匹配、模式识别、三维重建等领域。Hu 在 1962 年首先提出不变矩的概念[58],本书利用不变矩实现对红外目标飞行姿态的识别。

1.4　本书的结构和内容安排

本书对红外成像制导武器系统攻击目标过程中所要求的红外图像降噪与分割、红外空中弱小运动目标检测、红外运动目标跟踪和红外运动目标关键攻击部位识别等红外成像制导关键图像处理技术展开较为深入的研究,主要内容分如下几部分。

首先,阐述了本书研究背景和意义,介绍了红外成像制导中图像处理的关键技术及研究现状、本书研究所依赖的主要理论依据;给出了红外成像制导系统的发展概况、功能和基本构成,常用的红外成像制导图像处理技术。

阐述小波变换、Contourlet 变换和非下采样 Contourlet 变换等多分辨率分析理论,在分析红外成像系统噪声特性的基础上,分别在小波域、Contourlet 域和非下采样 Contourlet 域构建信号系数、噪声系数模型,重点研究和分析红外图像的频域降噪和增强方法。

针对红外图像的分割问题,引入模糊理论,重点研究和分析了基于模糊 C 均值聚类的红外图像分割算法。针对模糊 C 均值聚类的图像分割算法存在的问题,分别推导了基于邻域加权的模糊 C 均值聚类和基于核距离邻域加权的模糊 C 均值聚类的计算公式。随后,将其应用于红外图像分割中,并通过分割熵和区域对比度两个量化指标来衡量提出算法的分割效果。最后,通过扩展单阈值分割算法,寻找图像直方图的峰值和谷值,按照一定的规则逐步合并峰值和谷值,提出了红外图像的双阈值分割算法。

通过对红外弱小运动目标检测过程进行建模,在小波域、Contourlet 域和非下采样 Contourlet 域研究背景系数、噪声系数、目标系数在分解尺度内、分解尺度间的不同相关特性,构建红外弱小目标的单帧检测模型。随后,在分析目标在图像序列间运动相关性的基础上,提出了改进的管道滤波方法进行目标检测最终确认。最后,利用假设检验理论,对红外弱小目标检测过程进行了理论分析。

从运动目标跟踪的基础理论和图像跟踪的目标视觉特征,重点研究了粒子滤波的基本理论并在此基础上分析了其在跟踪问题中存在的问题,从改进粒子重采样策略出发,提出了基于遗传重采样的粒子滤波算法。

基于有形状目标的特征提取及描述理论,以红外成像制导空空导弹攻击战斗机为例,设计了关键攻击部位的识别方法。在此基础上,进一步讨论了利用序列图像给出稳定关键攻击部位的方法。最后,给出了基于亚像素技术的红外目标定位方法。

最后,本书在对单指令流多数据流技术、基于 OpenMP 的并行化技术、基于 CUDA 模型的 GPU 技术进行分析的基础上,讨论常用红外图像处理算法的加速技术,构建算法的加速模型并加以实现。

参 考 文 献

[1]余静,游志胜. 自动目标识别与跟踪技术研究综述. 计算机应用研究,2005,1:12-15.

[2]韩军利. 红外图像目标识别技术研究. 南京:南京理工大学博士学位论文,2004.

[3]施德恒. 红外成像导引头及其成像制导武器. 光机电信息,2002,(8):34-38.

[4]张云龙. 成像导引头及其制导武器述评. 电光与控制,1999,(4):47-53.

[5]付伟,李莉. 红外制导武器发展综述. 飞航导弹,1997,(4):30-34.

[6]王永仲. 现代军用光学技术. 北京:科学出版社,2004.

[7]周立伟. 目标探测与识别. 北京:北京理工大学出版社,2008.

[8]邢强林,黄惠明,熊仁生,等. 红外成像探测系统作用距离分析方法研究. 光子学报,2004,
　　33(7):893-896.

[9]冷寒冰,拜丽萍,刘上乾. 基于模糊域的红外图像自适应降噪增强技术. 红外与激光工程,
　　2003,32(5):521-523.

[10]史彩成,赵保军,韩月秋,等. 基于模糊理论的红外图像滤波. 激光与红外,2001,31(2):
　　113,114.

[11]Eng H L,Ma K K. Noise adaptive soft-switching median filter. IEEE Transactions on Image
　　Processing,2001,10(2):242-251.

［12］张新明，党留群，徐久成．基于十字滑动窗口的快速自适应图像中值滤波．计算机工程与应用，2007，43(27)：37-40.

［13］倪超，李奇，夏良正．基于小波前向后向扩散的红外图像降噪与边缘增强算法．电子与信息学报，2007，29(9)：2033-2037.

［14］Windyga P S. Fast impulsive noise removal. IEEE Transactions on Image Processing，2001，10(1)：173-179.

［15］李凯永，何友金，张鹏，等．地面红外目标图像识别方法研究．电光与控制，2009，16(3)：71-74.

［16］Minor L. The detection and segmentation of blobs in infrared images. IEEE Transactions on Systems，Man and Cybernetics，1981，11(3)：194-201.

［17］宗凡，赵大炜，訾方，等．基于模糊熵的红外图像分割方法．弹箭与制导学报，2008，28(3)：223-226.

［18］Cussons S. A real-time operator for the segmentation of blobs in image sensor. Proceedings of IEEE Electronic Image Processing Conference，1982，214：51-57.

［19］武震．基于分形理论的图像分割．南京：南京航空航天大学博士学位论文，2002.

［20］夏明革，何友，黄晓冬，等．基于红外图像的小目标检测与跟踪方法．火力与指挥控制，2003，28(1)：1-5.

［21］汪国有，陈振学，李乔亮．复杂背景下红外弱小目标检测的算法研究综述．红外技术，2006，28(5)：287-292.

［22］许彬，郑链，王永学，等．红外序列图像小目标检测与跟踪技术综述．红外与激光工程，2004，33(5)：482-487.

［23］Julier S J，Uhlmann J K. A new extension of the Kalman filter to nonlinear systems. Procs. of AeroSense：the 11th International Symposium on Aerospace/Defense Sensing，Simulation and Controls，Orlando，1997.

［24］Vander R，Wan E A. The square-root unscented Kalman filter for state and parameter-estimation. Proceedings of the International Conference on Acoustics，Speech，and Signal Processing，2001，6：3461-3464.

［25］Julier S J，Uhlmann J K. Unscented filtering and nonlinear estimation. Proceedings of the IEEE Aerospace and Electronic Systems，2004，92(3)：401-422.

［26］付梦印，刘羿彤．基于互信息测度红外目标图像相关匹配跟踪算法．兵工学报，2009，30(3)：371-374.

［27］陈红伟，杨树谦．自动目标识别技术在飞航导弹上的应用．全国光电技术学术交流会论文集，厦门，2004：822-824.

［28］Marsiglia G，Fortunato L，Ondini A，et al. Template matching techniques for automatic IR target recognition in real and simulated scenarios：test and evaluations. Procs. of SPIE，2003，5094：159-169.

［29］牛轶峰，伯晓晨，沈林成．基于可变模板的前视目标跟踪算法．国防科技大学学报，2003，(5)：81-86.

[30]Kyn K O,Gyn S D,Hong P R. Robust hausdorff distance matching algorithms using pyamidal structures. Pattern Recognition,2001,34(7)：2005-2013.

[31]张凯,刘占文,钟都都,等. 红外导引头边缘模板匹配跟踪算法研究. 西北工业大学学报,2008,26(3)：331-335.

[32]钟都都,王建华,张凯,等. 用于红外目标跟踪的模板匹配改进算法. 飞行器测控学报,2008,27(3)：63-67.

[33]Comaniciu D,Ramesh V,Meer P. Kernel-based object tracking. IEEE Transactions on Pattern Analysis and Machine Intelligence,2003,25(5)：564-577.

[34]Yang C J,Duraiswami R,Davis L. Efficient mean-shift tracking via a new similarity measure. Proceedings of IEEE Computer Society Conference on Computer Vision and Pattern Recognition,New York,2005：176-183.

[35]彭宁嵩,杨杰,刘志,等. Mean-Shift 跟踪算法中核函数窗宽的自动选取. 软件学报,2005,16(9)：1542-1551.

[36]Tu J,Tao H,Huang T. Online updating appearance generative mixture model for mean shift tracking. Proceedings of Asian Conference on Computer Vision,Beijing,2006：694-703.

[37]Thavmongkon W. Ship outline feature selection using b-spline function. AD-A632451,1984.

[38]Parvin B A,Hickman R J,Yin B H,et al. A binary tree classifier for ship targets. Proceedings of SPIE,Application of Digital Image Processing VI,London,1983.

[39]McLaren R W,Lin H Y. Knowledge-based approach to ship identification. Proceedings of SPIE,Applications of Artificial Intelligence III,1986,635：257-267.

[40]徐科,李文峰,杨朝霖. 基于幅值谱与不变矩的特征提取方法及应用. 自动化学报,2006,32(3)：470-474.

[41]Zvolanek B,Kessler I J. Autonomous ship classificatin from infrared images. Proceedings of IEEE Conference on Electronics and Aerospace System Conventions,New York,1980：76-80.

[42]Gilmore J F,Andrew J. Target detection in neural network environment. Proceedings of SPIE,1990,1293：301-318.

[43]肖阳辉,赵宗仁. 多传感器数据融合技术在目标识别中的应用. 弹箭与制导学报,2005,25(2)：113-115.

[44]康耀红. 数据融合理论与应用. 陕西：西安电子科技大学出版社,1997：3-19.

[45]Dana K,Anandan P. Registration of visible and infrared images. SPIE,1993,(1957)：2-13.

[46]Coiras E,Santamaria J,Miravet C. A segment-based registration technique for visual-ir images. Optical Engineering,2000,39(1)：282-289.

[47]Hines G,Rahman Z,Jobson D,et al. Multi-image registration for an enhanced vision system. Proceedings of the SPIE,2003,5108：231-241.

[48]Kern J,Pattichis M. Robust multispectral image registration using mutual information models. IEEE Transactions on Geoscience and Remote Sensing,2007,45(5)：1494-1505.

[49]Istenic R,Heric D,Ribaric S. Thermal and visual image registration in hough parameter

space. The 14th International Conference on System, Signal and Image Processing, and 6th EURASIP Conference Focused on Speech and Image Processing, Multimedia Communications and Services, New York, 2007: 106-109.

[50] 高峰,文贡坚,吕金建. 基于干线对的红外与可见光最优图像配准算法. 计算机学报, 2007,30(6): 1014-1021.

[51] 曹治国,鄢睿丞,宋考吉. 利用模糊形状上下文关系的红外与可见光图像匹配方法. 红外与激光工程,2008,38(6): 1095-1102.

[52] 凌志刚,潘泉,程咏梅,等. 一种结合梯度方向互信息和多分辨混合优化的多模图像配准方法. 光子学报,2010,39(8): 1359-1366.

[53] 朱英宏,李俊山,汤雨. 基于CSS角点提取的红外与可见光图像匹配算法. 系统工程与电子技术,2011,33(11): 2540-2545.

[54] 苏娟,徐青松,刘刚. 一种基于边缘匹配的前视红外目标识别算法. 兵工学报,2012, 33(3): 271-278.

[55] Do M N, Vetterli M. The Contourlet transform: an efficient directional multiresolution image representation. IEEE Transactions on Image Processing, 2005, 14(12): 2091-2106.

[56] Po D D Y, Do M N. Directional multiscale modeling of images using the Contourlet transform. IEEE Transactions on Image Processing, 2006, 15(6): 1610-1620.

[57] Cunha A L, Zhou J P, Do M N. The nonsubsampled Contourlet transform: theory, design and applications. IEEE Transactions on Image Processing, 2006, 15(10): 3089-3101.

[58] Hu M K. Visual pattern recognition by moment invariants. IRE Transactions on Information Theory, 1962, 8(2): 179-187.

第 2 章　红外导引系统概述

2.1　引　　言

红外导引系统是红外制导武器的重要子系统,它的设计通常体现武器系统的技术水平。对它全面深入地了解是掌握其设计技术的基本条件。本章概要地介绍红外导引系统的发展、功用、基本构成、简要工作原理和常用的红外成像制导图像处理技术,为进一步展开相关领域研究作背景和概念准备。

2.2　红外导引系统发展概况

2.2.1　红外导引系统发展简史

红外技术用于制导武器是由空空导弹开始的。1948 年美国开始研制红外制导空空导弹,1956 年"响尾蛇"导弹研制成功,1958 年红外制导空空导弹首次在空战中使用,并展示出红外制导技术可以使导弹具有优良的作战效能。以后红外型空空导弹以它的高性能价格比和使用简便而备受军事大国的重视,因此获得了迅速的发展。在第二次世界大战后的军备竞赛和局部战争中,它长盛不衰,成为夺取制空权的主战武器之一。至今红外制导空空导弹已经经历了多次更新换代。当前世界军事大国已开始装备第四代红外制导空空导弹[1]。

在半个多世纪的发展历程中,红外导引技术一直与红外制导导弹同步发展,红外制导导弹的每次更新换代无不以新的红外导引装置为其标志性特征。因此,红外导引系统的发展史可以按照红外导弹至今已更新四代的历程来描述。

第一代导弹在 20 世纪 50 年代中期问世,其红外导引系统以 AIM-9B 导弹的红外导引头为代表,它工作在近红外 $1\sim3\mu m$ 波段,红外探测器为非制冷硫化铅探测器,采用模拟电路实现信号处理功能,跟踪稳定机构为自由动力陀螺。由于它的灵敏度低,对喷气式飞机的尾后最大作用距离仅为 5km 左右;它的气动阻力大,跟踪能力不强,仅适于攻击轰炸机一类机动能力小的目标。

第二代导弹在 20 世纪 60 年代中期问世,其红外导引系统以 AIM-9D 导弹的红外导引头为代表。它的红外响应波长已延伸到 $3\mu m$,采用了制冷技术,使红外导引头的灵敏度有了很大提高,对典型目标的尾后作用距离可达 $8\sim10km$,跟踪能力也有成倍的增长；信号处理虽然仍采用模拟电路，但已由电子管电路过渡到晶体管电路；体积显著减小，气动外形明显改善。

第三代导弹在 20 世纪 70 年代后期问世，其红外导引系统以 AIM-9L 导弹的红外导引头为代表，它的光谱响应已经移到中红外 $3\sim5\mu m$ 波段，基本实现了对喷气式飞机的全向探测。它有很高的探测灵敏度，对典型的喷气式战斗机的最大作用距离可达 20km 以上；信号处理也由简单的调幅体制改进到调频、脉冲或复合调制等更先进的体制；信号处理硬件也普遍采用集成电路等微电子器件；跟踪能力等性能也都有成倍的增长。法国和苏联较晚研制出来的玛特拉 R550Ⅱ和 P-73 导弹都采用了多元探测技术，都具备了抗红外诱饵干扰的能力。

第四代红外导引系统在 21 世纪初问世。它以 AIM-9X 导弹的红外导引头为代表。其红外工作波段虽仍是中红外，但信号处理已经跃升到成像体制。它不但有更高的灵敏度，而且较好地解决了对飞机的前向探测问题，更具重大意义的是在抗背景和人工干扰方面达到了较为完善的程度。第四代红外导引系统的信息处理已跨入全数字化的范畴，由弹载微型计算机实现全部信息处理功能；跟踪稳定机构突破了传统的正交框架式，代之以极坐标的平台结构，实现了±90°的跟踪（半球跟踪）。第四代红外导引系统体现了当代技术发展的最新成果，是多专业、多学科有机结合的产物，是 20 世纪战术导弹领域中最后一个杰作。可以预见，在 21 世纪随着光电子、微电子、微机电、微计算机、现代控制以及先进功能材料技术的进步，红外导引系统必将向着智能化、微小型化进一步发展，将会展现更加辉煌的前景。

2.2.2　主要发展阶段

与产品更新换代同时，红外导引系统的设计技术的发展至今经历了三个阶段，即单元探测导引阶段、多元探测导引阶段和图像探测导引阶段。

单元探测导引是指用一个探测器敏感元对红外目标进行探测、跟踪、实现导引功能的技术。采用单元导引技术的导弹主要是第一、二代红外制导导弹。这种技术简单、可靠，易于工程实现。在这一阶段一般采用传统的设计方法，分别完成性能、环境适应性、可靠性以及维护性设计，用分立电子元件满足信号处理要求。这一阶段导引系统的探测性能低，获得的目标信息量少，没有解决好抗干扰问题。从 20 世纪 70 年代开始，主要军事技术强国都大力探寻新的红外导引系统，于是产生了多元探测导引技术。

多元探测导引技术的代表是正交四元导引技术，它基于多元探测器的研制成功，采用脉冲信号的处理方法，既能成倍地提高对目标的探测距离，又能大大改善对目标的识辨能力，这样通过复杂的信号处理能够在一般战场条件下将目标和干扰区分开来，较好地解决了抗干扰问题。抗红外诱饵干扰极为重要，后期发展的第三代红外导弹多采用这种技术。在这一阶段由于导引系统的技术复杂性大为增加和信号处理功能的显著增强,原有的典型工程设计方法已不能很好地完成系统的优化设计。由于计算机技术飞速发展,为解决这一难题开辟了崭新的途径。已知多元导引系统都已采用计算机辅助设计技术和系统工程方法来完成工程设计。在此阶段还大量采用了新材料、新工艺和 IC 器件,使多元导引系统的硬件结构能满足更为苛刻的弹载环境要求。

由于高新科技成果在红外导引系统中大量地应用,多元探测导引阶段很快过渡到图像导引阶段。这种飞跃首先应归功于军用光电子技术的迅猛发展和微电子器件以及微计算机技术在弹上的应用成功。当今图像导引技术正处于蓬勃发展时期,扫描成像、凝视成像、双色成像、多光谱成像等技术都有很宽阔的发展空间。随着 21 世纪的到来,图像导引已成为发展的主流。

应当指出,虽然红外探测技术发展成为红外导引系统发展阶段的主要标志,但是其他技术,如跟踪稳定技术也相应取得了突飞猛进的发展。不言而喻,在各发展阶段中也包含着其他技术丰富的发展内容。

2.2.3　国外红外导引系统发展

红外技术在军事上的应用受到国际广泛的重视,红外导引技术的发展尤其引人瞩目。美、英、法、俄等国的红外导引技术一直处于世界前列,他们有很多成功的经验值得借鉴。以色列和南非在红外导引技术的发展上也很有特色,也值得重视。

1)美国的发展概况及特点

第二次世界大战后美国就把红外导引确定为自动导引导弹的技术发展方向,并集合国际上顶尖的科技人才开展研究。20 世纪 40 年代末,美国在近红外探测器方面取得了突破,50 年代初成功地设计出世界上第一个可用于弹载环境的 AIM-9B 导弹红外导引头,这个导引头以一体化设计和构思巧妙、结构简单而著称,由此确立了美国在红外导引技术发展中的领先地位,并使红外导引头的研制走上了系列化发展道路。60 年代和 70 年代美国相继研制出较先进的 AIM-9D 和 AIM-9L/M 导弹红外导引头,使美国保持了领先地位。尽管美国在提高抗红外干扰能力方面作了不懈的努力,但直到 90 年代红外导引技术才有了新的突破,随即美国实现了跨越式发展,其标志是 AIM-9X 导弹导引头的诞生。AIM-9X 红外导引头以最小的体积,最先应用了焦平面探测器和凝视成像技术,获得了极为灵敏的红外探测能力,完善地解决了对军用目标的全向攻击问题。它还采用了全新的目标位标器,实现了前半球跟踪,并采用了高速 DSP,实现了全数字化的信号处理,较好地解决了抗红外诱饵干扰和发射后捕获目标的问题[2]。

2)苏联/俄罗斯的发展概况和特点

苏联/俄罗斯也是红外导引技术比较发达的国家,第二次世界大战后苏联也投入了大量人力和物力发展红外制导武器。经过战后十余年的发展,苏联已经具备研制出实用的红外导引系统的能力,能够在 1959 年获得美国 AIM-9B 导弹残骸后一年内就完成了仿制,并且在 60 年代初就广泛地装备了部队。以此为新的起点,苏联还研制出许多型号的红外导引头。在越南战争中苏联又获得了几种 AIM-9 导弹的样机,随即迅速地用第二代红外制导导弹装备了部队。但在此阶段,苏联已不像对 AIM-9B 导弹那样原样仿制,而是立足于自己已建立的设计平台,灵活地借鉴国外技术,随后在 80 年代初创新地研制出第三代红外导引头——P-73 导引头。尽管它的系统、结构比较复杂,但总体性能上已经优于美国的 AIM-9L 导引头。其创新点是高达 $\pm 75°$ 角的跟踪范围和采用多元探测技术获得了良好的抗背景和红外诱饵干扰的能力。这体现了苏联自主发展科技路线的特色。在暂时领先之后,他们没有足够重视发展红外成像导引技术,并且缺乏资金支持,使得他们本来在 80 年代初已经取得的优势在 20 世纪末遗憾地丧失了。直到新一代红外导引技术的发展趋势已经在国际上得到共识时,俄罗斯才奋起直追,遂开始大力研发以 P-74 为代表的红外成像导引系统。

　　苏联/俄罗斯在红外导引系统的发展中最突出的特点是极其重视系统集成能力的提高。尽管他们的基础技术并不像美国那样雄厚,专业技术成果也不都十分先进,但是产品的总体性能却可达到先进或领先的水平。此外,苏联/俄罗斯吸引国外先进技术和自己的创新也结合得比较出色。他们在注重自主创新的同时,积极、充分运用可能获取的一切国外成果,从较高的起点发展自己的红外导引技术。另外,苏联和独联体各国几乎将所有空空导弹,无论近程还是远程的,都配上了红外导引头。积极推行红外导引头与雷达导引头互换也是他们坚持独立自主发展路线的体现。

　　3)欧洲诸国的发展概况

　　英国、法国在红外导引系统的研发方面也处于世界先进水平,早期英国的"红头"、法国的玛特拉 R550 都是自己独立发展的红外制导导弹。由于英国、德国深感研究第三代红外导弹的经济支持力不足,在向美国直接采购和合作生产 AIM-9L 导弹的同时也积极寻找合作开发者。法国自主开展红外导引技术的研究,在创新采用多元导引技术之后研制出玛特拉 550Ⅱ型导弹红外导引系统,它以红外导引头独具特色而著称。其后在联合发展第四代空空导弹的初期,英、意等国曾和美国联合发展 ASRAAM 导弹,但未能坚持下去。最后,英国与法国合作研制出 MICA/SRAAM 红外成像导引头,德国 IRIS-T 导弹的红外成像导引头也取得了成功。欧洲红外导引技术现今也以红外成像为发展方向,但并没有走单一凝视成像的道路,德国考虑未来的发展,利用自己的优势,成功地研发了一维线扫成像导引系统。至今,欧洲红外导引系统的研发水平已与美国相当接近。

4）以色列和南非的发展特点

一个值得十分关注的现象是,人口不多的以色列和南非在吸收国外第二代成熟的红外导引技术之后,在 20 世纪 90 年代初就已跻身于第四代红外制导导弹研制行列,创建了独立发展红外成像导引系统的条件,并于 21 世纪初使红外成像导引技术进入最后工程应用阶段。他们的成功之路是:在欧、美培养人才,学习技术,有选择地开展专项关键技术研究,研制诸如红外成像探测器一类的核心器件和成件,在国内进行工程开发。这样虽然本国资源有限,但在取得先进国家专门信息和资源的支持下,也可设计出属于世界先进水平的红外导引头。

2.2.4　我国红外导引系统发展

我国红外导引系统的研发起步于 20 世纪 50 年代末,国家集中了一批技术骨干,从分析国外成熟的产品开始,逐步地掌握了第一、二代红外导引头的设计和生产技术,但自主研发新系统的能力进步不快。80 年代初期,在国家的大力支持下,我国的红外制导技术以作战需求为牵引,在红外技术发展的推动下,走上了按规划发展的道路。从第三代导弹开始我国已在设计和试验能力上具备自行研制先进的红外导引系统的能力。在 20 世纪的最后十年较准确地把握了红外导引系统的发展方向,系统地开展了关键技术的研究,通过预先研究为第四代导弹的研发打下了坚实的技术基础,并随即开始了新一代红外导引系统的研发。

我国已经基本具备研发第四代红外导引系统的条件,包括基本技术、专门技术、现代设计技术、实验技术和相应手段。在科技空前迅速发展的大环境中,我国红外导引系统的研发能力还在不断提高,与国外先进国家的差距正在不断缩小。

2.3　红外导引系统功能

红外导引系统是一个复杂的系统,它有多种功能和用途。这些功能互相联系,有主有从,随着科技的发展和作战需求的提高,这些功用还在不断完善和扩展,本节仅简要予以叙述。

1. 自动导引功能

红外导引系统最基本的功能是按照武器给定的导引规律,在对目标的探测、识别、跟踪过程中,测量目标运动等参数,形成导引信号,传输给武器制导回路。对于比例导引导弹,导引头的主要功能就是在导弹自主飞行过程中测量目标视线角速度。根据目标的运动和物理特性,导引律可以有许多选择。

现代用于复杂作战环境的导弹常在不同的制导阶段和不同的作战环境采用不同的导引律,因此导引系统还要有变换导引律的功能。同时,为完成制导信号的处理,还需要给出导引信号的坐标或时间基准。

随着导引精度的提高和适用范围的扩大,导引律在不断优化。近年常采用的有自适应导引律、变系数导引律、复合导引律等。

2. 目标探测、识别、捕获功能

为了实现自动导引功能,导引系统必须具有对目标的捕获功能,即首先必须通过对目标的探测和识别确定目标的存在,然后锁定要攻击的目标,实现对目标的捕获,才能进而获得导引信息,因此,它是实现自动导引的先决条件。

3. 目标跟踪功能

从探测、捕获目标的要求出发,要实现对目标的全制导过程探测,空间固定的探测视场显然不能满足要求。因此,导引系统必须具有跟踪功能,以确保目标即使快速运动也不会溢出很窄的探测视场。

另一个必须具备跟踪功能的原因是:迄今为止,红外导弹均采用比例导引律。采取这种导引律对导引头的要求是必须能够测量导弹-目标的视线角速度。20世纪40年代美国人首先在红外导引系统的工程设计中提出用稳态误差法来测量视线角速度,即在一个以一阶积分环节为反馈的跟踪回路中,其稳态输出值为输入信号的速度值。这种方法要求导引系统必须具有对目标的跟踪功能。

4. 抗背景干扰功能

导弹在实际的作战环境中使用,必然存在各种干扰影响导弹的工作。对于红外导引系统,最显著的干扰首先是来自自然背景的红外辐射干扰。背景干扰主要包括空中和地面(含海面)两种干扰。这两种背景干扰都是随时间和空间变化的,但是都属于非平稳和非各态历经的随机干扰。对此红外导引系统必须具有专门的抗背景干扰的功能,以便把背景干扰抑制到一定程度,使系统能在要求的范围和状态下正常工作。

5. 抗人工干扰功能

为了对付红外导弹的攻击,各国研究出许多红外干扰手段。采用比较多的有红外诱饵、调制干扰器以及红外气溶胶、红外烟幕等。这些红外人工干扰已对红外型导弹的使用构成极大威胁,因此红外导引系统必须具有相应的对抗能力。当今先进的红外导引系统必须具备抗红外诱饵和红外调制干扰的能力。

6. 其他功能

现代红外制导导弹是一个复杂的系统,随着技术发展和导弹功能的扩展,会越

来越强调导弹一体化设计。功能一体化设计使导弹可能对红外导引系统提出扩展功能要求,具体如下:

(1)给出导弹临近目标信息,用于导弹的工作时序和状态控制,如用做制导参数或制导律切换、启动引信工作等;

(2)利用导引头头罩的碰撞破裂信息,给出碰炸引信的状态信号;

(3)给出导弹与目标相对角位置信息,用作导弹测量和引爆系统的控制信号;

(4)给出导弹至目标的剩余飞行时间,用以修正末端导引律;

(5)识别目标要害部位或易损部位,用以在弹道末端改变瞄准点,提高毁伤效果。

2.4　红外导引系统的基本构成

红外导引系统通常设置在导弹的最前端,所以称为红外导引头。按功能分解,红外导引头通常由红外探测、跟踪稳定、目标信号处理及导引信号形成等子系统组成,如图 2.1 所示。按结构和技术专业,红外探测系统与跟踪稳定系统构成导引头的目标位标器,目标信号处理系统与导引信号形成系统构成导引头的电子组件。

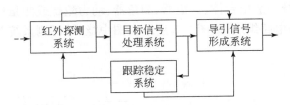

图 2.1　红外导引系统基本构成框图

2.4.1　红外探测系统

红外探测系统是用来探测目标、获得目标有关信息的系统。若将被检测对象与背景及大气传输作为系统组成的环节来考虑,红外探测系统的基本构成框图如图 2.2 所示。

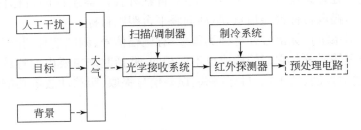

图 2.2　红外探测系统基本构成框图

空空导弹红外探测系统可分点源探测与成像探测两大类。点源探测系统主要用来测量目标辐射和目标偏离光轴的失调（误差）角信号，而成像探测系统还可获得目标辐射的分布特征。红外成像是把外界景物的热辐射分布转变成可视图像。可视图像的灰度和物体的红外辐射亮度成正比。红外成像的方法就是把景物红外辐射逐点测量下来并转换成可见光。对于导引头中的红外成像，若用线列探测器则需设置一维光机扫描，即垂直于线列方向对物空间进行逐点扫描，便可测得一定空域中每一点的辐射亮度，从而得到这个空域中景物的热图像。若用面阵探测器，则无需光学扫描即可测得面阵探测器对应的空间景物热图像。将红外成像技术应用于红外导引系统的空空导弹，可以提高它的抗干扰能力，特别是抗人工干扰能力，同时提高了系统的作用距离，对各种冷目标和复杂背景下的目标都可以识别，这使红外成像制导导弹有了更广泛的应用[3,4]。

2.4.2　跟踪稳定系统

跟踪稳定系统主要功用是在红外探测系统和目标信号处理系统的参与、支持下，跟踪目标和实现红外探测系统光轴与弹体的运动隔离，即空间稳定。

红外导引系统中用的跟踪稳定系统概括地分为动力陀螺式和稳定平台式两大类。跟踪稳定系统一般由台体、力矩器、测角器、动力陀螺或测量用陀螺以及放大、校正、驱动等处理电路组成，如图 2.3 所示。图中"红外探测系统"环节是跟踪平台上的载荷。

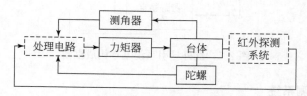

图 2.3　跟踪稳定系统构成框图

2.4.3　目标信号处理系统

目标信号处理系统的基本功用是将来自红外探测器组件的目标信号进行处理，识别目标，提取目标误差信息，驱动伺服平台跟踪目标。

红外导引系统目标信号处理种类很多，有调幅信号、调频信号、脉位调制信号、图像信号处理等系统。它们的构成也不尽相同，概括起来主要由前置放大、信号预处理、自动增益控制、抗干扰、目标截获、误差信号提取、跟踪功放等功能块组成，如图 2.4 所示。

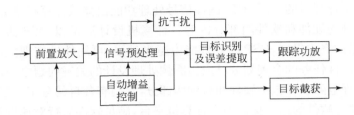

图 2.4　目标信号处理系统基本构成框图

2.4.4　导引信号形成系统

导引信号形成系统的基本功用是：根据导引律从角跟踪回路中提取与目标视线角速度成正比的信号或其他信号并进行处理，形成制导系统所要求的导引信号。

先进的红外型空空导弹，导引系统并非将视线角速度信号直接作为控制指令，而是要根据复杂的导引律要求进行必要的处理。导引信号形成系统一般由变增益、导引信号放大、时序控制、偏置以及离轴角补偿等功能电路组成。

2.5　常用红外成像制导图像处理技术

红外成像是把外界景物的热辐射分布转变成可视图像。可视图像的灰度和物体的红外辐射亮度成正比。红外成像的方法就是把景物红外辐射逐点测量下来并转换成可见光。对于导引头中的红外成像，若用线列探测器则需设置一维光机扫描，即垂直于线列方向对物空间进行逐点扫描，便可测得一定空域中每一点的辐射亮度，从而得到这个空域中景物的热图像。若用面阵探测器，则无需光学扫描即可测得面阵探测器对应的空间景物热图像。

将红外成像技术应用于红外导引系统的空空导弹，可以提高它的抗干扰能力，特别是抗人工干扰能力，同时提高了系统的作用距离，对各种冷目标和复杂背景下的目标都可以识别，这使红外成像制导导弹有了更广泛的应用。

成像导引系统信号处理主要涉及两个方面：成像电路和图像处理。成像电路的作用就是将探测器输出信号转换成数字图像信号，得到尽可能真实反映景物红外辐射亮度分布的图像。图像处理是在存在背景和干扰的实时图像中区分目标和干扰，截获目标，跟踪目标图像，将目标跟踪误差信号送至导引头伺服机构，实现角跟踪，并将导引头测得的导弹-目标视线角速度信号送至导引信号形成电路。红外成像导引系统结构如图 1.2 所示。

导引头的图像处理贯穿从捕获目标至击中目标的全过程。从导引过程和目标成像特性来划分，图像处理可以分为弱小目标阶段、成像目标阶段和目标充满视场阶段。不同阶段有不同的图像特征，需采取不同的处理算法[5]。

随着微型计算机的广泛应用,图像信号处理功能由弹载计算机来完成,图像处理电路设计分为硬件和软件两部分内容。计算机设计通常以 DSP 器件为核心构建,随着技术的飞速发展,DSP 的处理能力越来越强,可用软件实现大部分算法功能。因此软硬件任务的合理划分已成为图像处理设计的关键问题之一。

图像处理电路设计包括硬件和软件两部分,它们有各自的分工,又是一个有机的整体:硬件为软件的运行提供一个计算机平台,满足软件运行对速度和存储资源的要求;软件是实现图像处理功能的核心,其算法将决定图像处理系统在目标识别、抗干扰及目标跟踪方面的性能。

图像处理算法设计既是图像处理的核心技术之一,又是软硬件设计的基础。算法设计要依据图像处理的功能要求,充分利用目标在不同阶段的图像特征及与背景噪声和人工干扰间的特征差异,选择满足指标要求,运算复杂度和存储量小的算法,以便降低对处理器硬件的要求,提高系统的可靠性。

红外成像制导图像处理的流程如图 2.5 所示,其中包括预处理、图像分割、特征提取、目标识别和目标跟踪等部分。

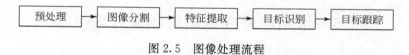

图 2.5　图像处理流程

2.5.1　图像预处理

鉴于红外成像制导武器的功能要求,图像处理系统应能捕获到尽可能远的目标,此时目标只占有一个或几个像素,信号强度弱,可能湮没在噪声和背景杂波中。为了将目标从复杂的背景噪声和干扰中区分出来,首先需要对红外图像进行预处理。图像预处理的主要目的是改善图像数据,抑制图像噪声,削弱背景杂波,增强目标对比度和边缘等图像特征,使后续的目标检测等处理易于实现。

红外图像的预处理技术分为时域滤波和空间滤波两类。

1. 时域滤波

假设一个像元数为 $M \times N$ 的红外图像序列,第 k 帧图像 (i,j) 像素处的信号可表示为

$$f(i,j,k)=b(i,j,k)+n(i,j,k) \qquad (2.1)$$

式中,$b(i,j,k)$ 为背景信号;$n(i,j,k)$ 为噪声。

固定图形噪声与背景有相同属性。其他噪声是随机分布的统计量,帧间没有相关性,各噪声源可认为是统计独立的,通常又满足概率论的中心极限定理,所以可认为噪声 $n(i,j,k)$ 符合高斯分布。根据概率论可知,$f(i,j,k)$ 也是一个统计量。

设 $f(i,j,k)$ 的均值为 μ，标准差为 σ，则 L 个 $f(i,j,k)$ 的平均值 $\bar{f}$ 的均值为 μ，标准差为 $\dfrac{1}{\sqrt{L}}\sigma$。

当目标帧间运动小于一个像素时，将红外图像序列在时间轴上取 L 帧作平均，则目标与背景的均值不变，而图像的标准差变为原来的 $\dfrac{1}{\sqrt{L}}$，因此信噪比变为原来的 $\sqrt{L}$ 倍。可见，通过时域滤波，可以有效地提高图像的信噪比。平均帧 L 的选择与目标帧间运动的快慢有关，若目标帧间的运动大于或等于一个像素，需要先进行图像配准，然后再作时域滤波。

2. 空间滤波

空间滤波在小目标检测中有广泛的应用。小目标的像素数少，具有高频特性；红外图像中的背景灰度具有一定的起伏，在一帧中这种起伏具有较强的相关性，呈缓慢变化态势，具有低频特性。因此可通过空间的低通滤波来预测背景，然后在原始图像中减去背景，达到抑制背景、突出目标的效果。常用的空间滤波有均值滤波、中值滤波、形态滤波等[6]。

1)均值滤波

$$y(i,j,k) = \frac{1}{l}\sum_{(m,n)\in R} f(m,n,k) \qquad (2.2)$$

式中，R 是像素 (i,j) 的邻域中像素点的集合，其中不包括像素 (i,j)；l 是集合内像素点的总和。(i,j) 的邻域 R 又称为滤波窗口，可以是以 (i,j) 为中心某一长度的一维行或列窗口，也可以是某种形状的二维窗口，如矩形、十字形、圆形等。均值滤波在平滑图像、消除噪声的同时，也模糊了边缘。

2)中值滤波

首先看一维中值滤波器对一个序列 $x_1, x_2, \cdots, x_P$ 的滤波，设滤波器的窗口 R 的长度 $n=2m+1$(奇数)或 $n=2m$(偶数)，序列长度 $P \geqslant n$，则当滤波窗口在该序列上移动时，得到中值滤波的输出为

$$\operatorname{med}(x_i) = \begin{cases} x_{(m+1)}, & n=2m+1 \\ \dfrac{1}{2}\left[x_{(m)} + x_{(m+1)}\right], & n=2m \end{cases} \qquad (2.3)$$

式中，$x_{(m)}$ 表示窗口内 n 个序列值中第 m 个最大数值。

将一维中值滤波理论推广到二维图像处理中，得到二维中值滤波的输出为

$$y(i,j,k) = \operatorname{med}\{f(i+m,j+n,k); (m,n)\in R\} \qquad (2.4)$$

式中，R 是像素 (i,j) 的邻域，即以 (i,j) 为中心的滤波窗口。

同均值滤波一样，滤波窗口也可以选择不同的形状。中值滤波在平滑图像、消

除噪声的同时,能保持图像的细节信息,如图像边缘等。

3)形态滤波

对灰度图像的基本形态学运算包括膨胀、腐蚀、开和闭运算。它们的数学表达式分别如下。

膨胀:

$$(f\oplus b)(i,j)=\max\{f(i-m,j-n)+b(m,n)\mid(i-m,j-n)\in D_f;(m,n)\in D_b\}$$
(2.5)

腐蚀:

$$(f\odot b)(i,j)=\min\{f(i+m,j+n)-b(m,n)\mid(i+m,j+n)\in D_f;(m,n)\in D_b\}$$
(2.6)

开运算:

$$f\circ b=(f\odot b)\oplus b$$
(2.7)

闭运算:

$$f\cdot b=(f\oplus b)\odot b$$
(2.8)

式中,D_f 和 D_b 是函数 f 和 b 的定义域;b 是形态处理的结构元素。

由定义分析可知,膨胀运算是由结构元素确定的邻块中选取最大值,使输出图像比输入图像亮,腐蚀运算是由结构元素确定的邻块中选取最小值,使输出图像比输入图像暗;开运算是先作腐蚀,再作膨胀;闭运算是先作膨胀,再作腐蚀。开运算和闭运算类似非线性低通滤波器,根据所选择的结构元大小来去除图像中的高频部分。若结构元的长度为 l,则开运算可平滑长度小于 l 的亮斑,而闭运算可平滑长度小于 l 的暗斑。因此,原始图像减去开运算后的图像,可以从暗背景中提取较亮的目标;减去闭运算后的图像,可以从亮背景中提取较暗的目标。

在上述三种空间滤波器中,均值滤波是线性滤波器,计算简单,容易实现,但对系统非线性引起的噪声和非高斯噪声效果不佳,而且破坏图像的边缘;中值滤波和形态滤波都是非线性滤波器,前者基于次序统计,后者基于图像几何结构的分析,它们在抑制脉冲噪声、保护图像边缘和细节方面具有优势,因此在图像处理领域得到了越来越广泛的应用。

总之,经过滤波预处理后,抑制了图像中的噪声和背景,增强了目标,突出了目标与背景的差异。

2.5.2　图像分割

图像分割的目的是把图像分为目标、背景及干扰等区域,正确的图像分割是后续目标识别与跟踪的基础。分割方法根据所使用的图像特征可分为灰度阈值分割法、边缘分割法和区域分割法。

1. 灰度阈值分割法

灰度阈值分割是最简单的分割方法,它基于目标与背景具有不同的灰度概率分布。

当图像的信噪比较高,目标灰度高于背景灰度时,可利用灰度阈值将图像二值化,从而把图像像素分为目标与背景两类。

$$g(i,j,k) = \begin{cases} 1, & y(i,j,k) \geqslant T \\ 0, & y(i,j,k) < T \end{cases} \tag{2.9}$$

式中,$g(i,j,k)$为二值化后的图像函数;$y(i,j,k)$为预处理后第 k 帧图像(i,j)像素处的信号;T 为图像的灰度阈值。

选择正确的阈值是分割成功的关键。阈值过高,会使目标点被错划为背景,引起目标漏检或目标面积减小,形状改变;阈值过低,会使背景点被错划为目标,引起较高的虚警或使目标面积增大,形状改变。

阈值一般根据图像灰度直方图中的灰度分布特征来确定。利用直方图确定阈值的主要方法有双峰法、最大类间方差法和最佳熵法等。

当图像的直方图表现为双峰时,即背景像素构成一个峰,而目标像素构成另一个峰,则可选择两峰之间具有最小概率的灰度值作为阈值。

最大类间方差法是以目标与背景的类间均方差最大作为确定阈值的准则。

最佳熵法是通过求图像灰度直方图的某种熵测量的极值找出最佳分割阈值,如 P 氏熵法、KSW 熵法和 JB 熵法。

上述分割方法在目标与背景有较大的灰度差异,目标在图像中所占的比例不过小或过大时,能取得较好的效果。但对小目标或很大的目标都不合适,因此在实际使用中有很大的局限性。

2. 边缘分割法

1)空域边缘分割

基于边缘的分割是指利用图像边缘像素邻域属性进行图像分割,即一个区域内部的像素具有近似的灰度分布,而边界像素的灰度有较大的变化,因此可以采用边缘检测算子对图像像素进行运算,得到像素的边缘属性值,边缘属性值大于设定门限的像素确定为边缘点,然后经过边界点跟踪将图像分割为不同的区域。常用的边缘检测算子有梯度算子、Roberts 算子、Laplace 算子、Sobel 算子、Prewitt 算子、Robinson 算子和 Kirsch 算子等。下面简要地介绍几种,以卷积掩模来表示。

梯度算子:

$$h_1 = \begin{bmatrix} -1 & 1 \end{bmatrix}, \quad h_2 = \begin{bmatrix} -1 \\ 1 \end{bmatrix} \tag{2.10}$$

Roberts 算子：

$$h_1 = \begin{bmatrix} 1 & 0 \\ 0 & -1 \end{bmatrix}, \quad h_2 = \begin{bmatrix} 0 & 1 \\ -1 & 0 \end{bmatrix} \tag{2.11}$$

Laplace 算子：

$$h_1 = \begin{bmatrix} 0 & 1 & 0 \\ 1 & -4 & 1 \\ 0 & 1 & 0 \end{bmatrix}, \quad h_2 = \begin{bmatrix} 1 & 1 & 1 \\ 1 & -8 & 1 \\ 1 & 1 & 1 \end{bmatrix} \tag{2.12}$$

式中，h_1 和 h_2 分别对应 4-邻域算子和 8-邻域算子。

Sobel 算子：

$$h_1 = \begin{bmatrix} 1 & 2 & 1 \\ 0 & 0 & 0 \\ -1 & -2 & -1 \end{bmatrix}, \quad h_2 = \begin{bmatrix} -1 & 0 & 1 \\ -2 & 0 & 2 \\ -1 & 0 & 1 \end{bmatrix} \tag{2.13}$$

2）小波变换边缘检测方法

在利用小波变换对图像的边缘处理中，其多尺度边缘提取的基本思想就是沿梯度方向，在阈值的约束下检测小波变换的模极大值，虽然在小尺度时，图像的边缘细节信息比较丰富，边缘定位精度较高，但易受到噪声的干扰；在大尺度时，图像的边缘稳定，抗噪性好，但定位精度差。将它们的优点结合起来，就能够得到更为理想的边缘，通过在不同尺度上进行综合得到最终的边缘图像。

3. 区域分割法

基于区域的分割是根据区域的一致性，将相邻像素中有相似属性的像素归为一个区域的方法。一致性准则可以是基于灰度、纹理和形状等特征。常用的三种区域分割的方法是区域归并、区域分裂和区域分裂/归并。区域归并是在原始图像数据上开始增长，每个像素表示一个区域，然后根据设定的一致性准则及归并标准，将满足归并标准的区域合并，直到没有两个区域满足归并标准为止。区域分裂是将原始图像看做一个区域，由于它不满足一致性准则，由此将图像不断分裂，直至所有的区域都满足一致性准则为止。分裂/归并结合了前两种方法，它首先定义一个金字塔数据结构和一个区域的初始分割，若金字塔数据结构中任意一个区域不满足一致性准则，就将其分裂为四个子区域；若在金字塔任意一层中有四个区域满足一致性准则，就将其归并为一个区域。在基于区域的分割中，一致性准则起主要作用。

2.5.3　特征提取

特征提取的过程是对图像分割后形成的每个区域计算一组表征其可鉴别的特征量，以用于目标的分类识别。所选取的特征应使同类目标具有最大的相似性，而不同类的目标具有最大的相异性。

　　红外成像制导武器所要攻击的目标可能具有的特征包括统计特征、结构特征、运动特征和变换特征等。统计特征主要有灰度的均值、最大值、最小值、方差、对比度等,反映了不同区域的灰度分布情况;结构特征包括目标大小和形状的描述,如目标面积、周长、长度、宽度、矩形度、投影比和圆度等;运动特征反映了目标在空间的运动状况,包括目标的运动速度、加速度、方向以及目标与其他区域的相对运动信息等;变换特征是通过一些数学变换得到的具有某种不变性的特征,如傅里叶变换和矩变换具有平移不变性,梅林变换具有比例不变性,小波变换具有尺度、平移不变性,仿射变换具有剪切不变性。

　　上述目标特征除少数具有平移、旋转和缩放不变性外,大部分特征会随目标位置、视线方向、弹目距离等因素不同而发生变化,但由于图像帧频很高,目标特征帧间变化很小,具有一定的稳定性。

　　虽然特征越多,给出的目标信息也越多,但过多的特征也使得运算复杂,处理时间长。因此,在实际应用中,选择多少特征及选什么特征应遵循以下原则:在保持正确识别目标的前提下,选择尽可能少的特征,以减少分类的复杂度,满足实时处理的要求。

　　对于所占像素数较少的小目标,目标灰度与背景灰度的差异较小,易受噪声的干扰,其灰度统计特征会有起伏,没有结构和形状的特征。因此小目标特征的选取必须充分利用其运动特性和灰度的变化特征等。由于距离远,目标在帧间的位置变化较小,灰度没有突变。当目标像达到一定像素数后,可选目标的平均灰度、最大灰度、面积、长、宽、圆度、运动速度等特征,这些特征一般能综合反映目标的灰度、形状和运动特性,可作为目标与干扰鉴别的依据。

2.5.4　目标识别

　　目标识别的任务是根据某种相似性度量准则,从分割出的各个区域中选出与目标特征最为相近的区域作为目标。通过目标识别,应将真目标与人工干扰和背景干扰区分开。在目标捕获阶段,目标的特征主要依赖于目标的先验信息,而在目标跟踪阶段,可对所捕获目标的特征不断进行更新。

　　目标识别的方法有统计模式识别法、神经网络法和模糊理论等,统计模式识别法是最经典的模式识别方法,目前应用也最为广泛,而神经网络法和模糊理论近年来的研究非常活跃,但在实际系统中的使用还比较少。将图像进行合理的分割以后,下一个重要问题就是图像的识别。针对模式特征的不同选择及其判别决策方法的不同,可对识别方法作如下分类[7]。

1. 模板匹配法

　　模板匹配法是对每个待识别的类别,给出典型标准模板作为识别标准,它可以是一类模式,也可以是一个模式集合。其优点是操作简单,容易实现。但是标准模板不易确定,对图像畸变容易产生误识别。

2. 统计特征法

统计特征法对已知类别的模式样本进行各种特征的提取和分析,选取对分类有利的特征,并对其统计均值等按已知类别分别进行学习,按贝叶斯最小误差准则,根据以上统计特征设计出一个分类误差最小的决策超平面,识别过程就是对未知模式进行相同的特征提取和分析,通过决策平面方程决定该特征相应的模式所属的类别。其优点是比较成熟,能考虑干扰、噪声等影响,识别模式基元能力强。缺点是对结构复杂的模式抽取特征困难,难以描述模式的性质,难以从整体角度考虑识别问题。

统计模式识别方法最终归结为分类问题。假定选取了 N 个特征,而目标可分为 m 类,则模式识别问题可看做把 N 维特征向量 X 分为 m 类中的某一类的问题,其中, $X = [x_1, x_2, \cdots, x_N]^T$,模式类别为 $w_1, w_2, \cdots, w_m$ 。在判断 X 属于哪一类时,需要有判别函数,设 X 在 m 类上的判别函数为

$$D_1(X), D_2(X), \cdots, D_m(X) \tag{2.14}$$

则当 X 属于 i 类时,有

$$D_i(X) > D_j(X), \quad j = 1, 2, \cdots, m; j \neq i \tag{2.15}$$

常用的判别函数和准则如下:

1)线性判别函数

线性判别函数是所有特征矢量的线性组合,即

$$D_i(X) = \sum_{k=1}^{N} w_{ik} x_k + w_{i0} \tag{2.16}$$

式中, D_i 为第 i 个判别函数; w_{ik} 是系数; w_{i0} 是常数项。两类的判决边界为

$$D_i(X) - D_j(X) = \sum_{k=1}^{N} (w_{ik} - w_{jk}) x_k + (w_{i0} - w_{j0}) = 0 \tag{2.17}$$

当 $D_i(X) > D_j(X)$ 时, $X \in w_i$,当 $D_i(X) < D_j(X)$ 时, $X \in w_j$ 。

线性判别函数中系数的选择需要通过分类器对样本的训练或先验知识得到如下。

2)最小距离分类准则

最小距离分类是用输入特征矢量与特征空间中作为模板的点之间的距离作为分类的准则。设 m 类中有 m 个参考向量 $R_1, R_2, \cdots, R_m$,分别属于 $w_1, w_2, \cdots, w_m$ 类。若输入特征矢量 X 与参考向量 R_i 间的距离最小,则认为 $X \in w_i$ 。 X 与 R_i 间的距离为

$$D_i(X, R_i) = |X - R_i| = \sqrt{(X - R_i)^T (X - R_i)} \tag{2.18}$$

当 $D_i(X,R_i) < D_j(X,R_j)(j=1,2,\cdots,m;j \neq i)$ 时,$X \in w_i$。

3)最近邻域分类准则

把最小距离分类准则中作为模板的点扩展为一组点,即用一组参考向量对应一个类,用输入特征矢量与一组参考向量的距离作为分类的准则,就变为最近邻域法。此时 R_i 中的向量为 R_i^k,即 $R_i^k \in R_i(k=1,2,\cdots,l)$。输入特征向量 X 与 R_i 间的距离为

$$d(X,R_i) = \min_{k=1,2,\cdots,l} |X-R_i^k| \tag{2.19}$$

判别函数为

$$D_i(X) = d(X,R_i), \quad i=1,2,\cdots,m \tag{2.20}$$

4)贝叶斯分类准则

概率论中有贝叶斯定理:

$$P(w_i|X) = \frac{P(X|w_i)P(w_i)}{\sum\limits_{i=1}^{m} P(X|w_i)P(w_i)} \tag{2.21}$$

式中,$w_i(i=1,2,\cdots,m)$ 为 m 个模式类别;X 为特征向量;$P(w_i)$ 为 w_i 的先验概率;$P(X|w_i)$ 为属于 w_i 类而具有 X 状态的条件概率;$P(w_i|X)$ 为 X 条件下 w_i 的后验概率。

由贝叶斯定理,已知 $P(w_i)$ 和 $P(X|w_i)$ 时,可求出特征向量 X 出现时属于 w_i 类的概率。则当

$$P(w_i|X) = \max_{j=1,2,\cdots,m} P(w_j|X), \quad X \in w_i \tag{2.22}$$

时,按此准则判断 X 属于 w_i 的可能性最大。贝叶斯分类的判别函数为

$$D_i(X) = P(w_i|X) = P(X|w_i)P(w_i), \quad i=1,2,\cdots,m \tag{2.23}$$

3. 句法结构方法

句法结构方法用已知结构信息的模式作为训练样本,先识别出基元和它们之间的连接关系,并用字母符号表示它们,然后用构造句子的方法来描述生成这些场景的过程,并由此推断出生成该场景的一种文法规则,这就是训练过程。在识别过程中,要对未知结构的模式进行基元识别及其相互结构关系分析,然后利用训练过程中获得的文法对其作句法分析,如果它能被已知结构信息的文法分析出来,则该幅未知图像模式具有与该文法相同的图形结构;否则就可判定不是这种结构。其优点是识别方便,可从简单的基元开始,由简至繁。能反映模式的结构特性,能描述模式的性质,对图像畸变的抗干扰能力较强。缺点是当存在干扰及噪声时,抽取基元困难,且易失误。

4. 逻辑特征方法

逻辑特征方法是选择对一类模式识别问题是只有一个模式具有某一种(或某

一组合的)逻辑特征。因此匹配过程也只有是本类或非本类两种结果。逻辑特征只有"是""非"之别。其优点是已建立了关于知识表示及组织,目标搜索及匹配的完整体系。对需要通过众多规则的推理达到识别目标的问题,有很好的效果。但是当样品有缺损,背景不清晰,规则不明确甚至有歧义时,效果不好。

5. 模糊模式识别

所谓模糊模式识别,是在模式识别过程中引入了模糊集的概念,模糊集的概念在模式识别系统中运用很广泛。若在特征提取或判别决策中引入,所求得的结果就是该模式特征与每一标准类的隶属度,进而可求出隶属度最大的标准类为被识别类。其优点是由于用隶属度函数作为样品与模板间相似程度的度量,故往往能反映它们整体的与主要的特征,从而允许样品有相当的干扰与畸变。缺点是准确合理的隶属度函数往往难以建立,故限制了它的应用。

2.5.5　目标跟踪

当目标被检测或识别出来后,需要对目标进行实时图像跟踪。跟踪算法的设计要考虑跟踪精度、抗干扰性能、实时性和可靠性等重要指标。在目标跟踪时,为了减少运算量和排除干扰影响,通常采用一个波门(窗口)将目标套住,这样可以把波门外的背景、噪声和人工干扰排除在外,使之不影响对目标的正常跟踪。波门的大小一般随目标面积的变化而变化,并与目标的运动速度相匹配。

现有的目标跟踪算法包括中心跟踪、相关跟踪、多模跟踪和记忆外推跟踪等,它们适用于不同的目标状态,其运算量、复杂度及抗干扰性能也不相同[8]。

1. 中心跟踪

中心跟踪的实质是选择目标图像的中心作为跟踪点,中心跟踪包括形心跟踪、质心跟踪、边缘跟踪等方法。

1)形心跟踪

形心跟踪以波门内目标的形心作为跟踪点。只对波门内经过分割与识别保留有目标二值化图像进行计算,目标的形心坐标(x_c, y_c)为

$$\begin{cases} x_c = \dfrac{\sum\limits_{(i,j) \in G} ig(i,j)}{\sum\limits_{(i,j) \in G} g(i,j)} \\ \\ y_c = \dfrac{\sum\limits_{(i,j) \in G} jg(i,j)}{\sum\limits_{(i,j) \in G} g(i,j)} \end{cases} \tag{2.24}$$

式中,G 为选定的波门区域。

形心跟踪一般用于目标与背景的对比度较大,目标具有一定面积的面目标的跟踪,它对超过阈值的目标像素灰度的变化不敏感,易受波门内出现的杂波和人工干扰的影响。

2)质心跟踪

质心跟踪以波门内目标的灰度质心作为跟踪点。它不仅考虑目标的形状,而且考虑目标的灰度分布。算法只对波门内经过分割与识别保留有目标灰度值的图像进行计算,求取波门内目标区域的质心。

设波门内像素(i,j)处的灰度为 $f(i,j)$,经过分割后的数据为 $g(i,j)$,T 为分割门限,则

$$g(i,j)=\begin{cases} f(i,j), & f(i,j)\geqslant T \\ 0, & f(i,j)<T \end{cases} \tag{2.25}$$

于是,目标的质心坐标$(x_\mathrm{d},y_\mathrm{d})$为

$$\begin{cases} x_\mathrm{d}=\dfrac{\sum\limits_{(i,j)\in G} ig(i,j)}{\sum\limits_{(i,j)\in G} g(i,j)} \\ y_\mathrm{d}=\dfrac{\sum\limits_{(i,j)\in G} jg(i,j)}{\sum\limits_{(i,j)\in G} g(i,j)} \end{cases} \tag{2.26}$$

质心跟踪利用了灰度的加权作用,灰度大的像素贡献也大。对于点或斑点目标,由于弥散斑的作用,目标灰度的空间分布在中心像素高,邻域像素低,因此利用质心跟踪可以更精确地定位目标的位置。但受灰度比目标高的人工干扰的影响很大,而且目标像素灰度值的波动,也会影响质心的计算精度。

3)边缘跟踪

边缘跟踪以目标的边缘作为跟踪点。目标的边缘是目标与背景和其他区域的边界,在边缘处灰度会出现较大的变化,利用边缘检测算子可以把目标的边界检测出来。此时以多个边缘点计算得到的中心作为跟踪点。边缘跟踪适合于边界和轮廓特征明显的目标,但以有限的边缘点计算的中心为跟踪点降低了跟踪精度,容易受到干扰。

2. 相关跟踪

相关跟踪是在实时图像中寻找与预先设置的模板最相似的子区域,将其位置作为跟踪点。一般是把模板图在实时图像上平移,计算每个位置的实时图与模板图的相关函数,则相关函数的峰值对应的位置就是跟踪点。相关跟踪算法适应于

背景比较复杂、目标信噪比和对比度较低的图像、目标溢出视场时只能有局部图像可以利用的场合。相关跟踪的计算量很大,为了实时实现需要对算法进行优化。常用的相关跟踪算法有归一化相关积法、平均绝对差法(MAD)、序贯相似性检测算法(SSDA)和多子区灰度相关算法等。

1)归一化相关积法

归一化相关积法是最经典的相关算法,其相关函数为归一化的实时图与模板图对应像素积的平均值。设实时图像为 $f(i,j)$,图像大小为 $m \times n$,模板图像为 $g(i,j)$,模板大小为 $m_1 \times n_1$,其中 $m > m_1, n > n_1$,(i_0, j_0) 为模板在实时图上的偏移,满足 $0 < i_0 < m - m_1, 0 < j_0 < n - n_1$,则 (i_0, j_0) 处的相关度量值为

$$c(i_0, j_0) = \frac{\sum\limits_{i=0}^{m_1-1}\sum\limits_{j=0}^{n_1-1} f(i+i_0, j+j_0)g(i,j)}{\sqrt{\sum\limits_{i=0}^{m_1-1}\sum\limits_{j=0}^{n_1-1} f^2(i+i_0, j+j_0)} \sqrt{\sum\limits_{i=0}^{m_1-1}\sum\limits_{j=0}^{n_1-1} g^2(i,j)}} \tag{2.27}$$

使 $c(i_0, j_0)$ 最大的 (i_0', j_0') 即为相关匹配点。归一化相关积法因有许多乘法运算,计算量较大。

2)平均绝对差法

由于归一化相关积法运用乘法表示像素灰度的相似性,实时性不好,因此可考虑用实时图与模板图对应像素灰度绝对差的平均值来表示两者的相关性,从而大大降低了运算量。(i_0, j_0) 处的相关性指标为

$$d(i_0, j_0) = \frac{1}{m_1 n_1} \sum_{i=0}^{m_1} \sum_{j=0}^{n_1} |f(i+i_0, j+j_0) - g(i,j)| \tag{2.28}$$

使 $d(i_0, j_0)$ 最小的 (i_0', j_0') 即为相关匹配点。

3)序贯相似性检测算法

序贯相似性检测算法是在平均绝对差法的基础上,进一步降低运算量的改进算法。当模板在实时图上平移时,某些位置上的相关性指标很大,意味着该点肯定不是匹配点,因此可以不必把 $m_1 \times n_1$ 个像素点算完,就放弃该点的计算,转入下一位置相关度量值的计算。为此要设一个阈值 T,当按 MAD 算法计算 (i_0, j_0) 处的相关度量值时,无论求和进行了多少个点,只要此时的平均绝对差已大于阈值 T,就停止计算。这样保证了只在可能的匹配点上计算相关度量值,提高了匹配速度。由于相关算法的运算量与模板图和实时图的大小成正比,减小图像的尺寸可以有效地降低运算量,因此利用序贯相似性检测算法的另一个思路是首先降低实时图和模板图的空间分辨率(通过 $a \times b$ 像素灰度的平均),在低分辨率图像上进行粗搜索,得到几个可能的匹配位置,然后在原图上对应的位置处进行精匹配。序贯相似性检测算法具有算法简单,运算量小的特点,在实际系统中得到了广泛的应用。

4) 多子区灰度相关算法

在相关跟踪中,目标失锁的判断、模板的自适应刷新以及与目标相似的区域的判断与决策等是需要解决的关键问题,由于大的模板匹配区域不能很好地反映其中部分像素较大的变化,因此降低模板匹配区域的大小有助于解决上述的关键问题。将模板分为几个子区,用这些子区分别在实时图的每一个平移位置上进行相关运算,得到每个子区的相关度量值,然后经过某种运算得到该位置总的相关度量值。这样,通过设计由子区相关值到总相关值的运算规则,使算法具有识别少数不匹配子区相关峰(伪峰)的能力,对判断目标是否失锁、模板是否要刷新等问题提供了更多的依据。

3. 多模跟踪

由于不同的跟踪算法具有不同的适应范围,在不同的条件下有不同的跟踪性能,因此为了提高跟踪算法适应不同目标与背景变化的能力,可以综合运用几种跟踪算法,组合成多模跟踪。组成多模跟踪的几个跟踪器同时工作,输出各自的跟踪信息,然后根据某种运算得到总的跟踪信息。显然,多模跟踪与单模式跟踪相比,具有更强的自适应能力和抗干扰能力,可以提高目标的跟踪概率。

4. 记忆外推跟踪

在目标跟踪过程中,可能会出现目标被短暂遮挡而失锁,此时可以根据目标在当前帧和前几帧的位置外推出下一帧的位置。由于目标与导弹的相对运动有一定的规律,目标在下一帧的状态(位置、速度、加速度和面积等特征)与当前帧和前面几帧目标的状态有关,因此可以通过某种运算用过去和当前的目标状态预测和估计以后的目标状态。状态估计的方法有很多,如线性预测法、平方预测法、$\alpha\beta$ 预测法和卡尔曼滤波法等。$\alpha\beta$ 预测法和卡尔曼滤波法计算的复杂度较高,运算量大,不易实时实现。线性预测和平方预测实质上是均方误差最小意义下的最佳多项式逼近,具有算法简单、计算量小、图像帧频越高估计精度越高的特点。

三点位置线性预测公式为

$$\hat{x}(k+1/k) = \frac{1}{3}\left[4x(k)+x(k-1)-2x(k-2)\right] \tag{2.29}$$

$$\hat{y}(k+1/k) = \frac{1}{3}\left[4y(k)+y(k-1)-2y(k-2)\right] \tag{2.30}$$

三点位置平方预测公式为

$$\hat{x}(k+1/k) = 3\left[x(k)-3x(k-1)+x(k-2)\right] \tag{2.31}$$

$$\hat{y}(k+1/k) = 3\left[y(k)-3y(k-1)+y(k-2)\right] \tag{2.32}$$

式中,$\hat{x}(k+1/k)$和$\hat{y}(k+1/k)$为$k+1$时刻位置坐标的估计值;$x(k-2)$、$x(k-1)$、$x(k)$和$y(k-2)$、$y(k-1)$、$y(k)$分别为$k-2$、$k-1$、k时刻的位置坐标。

2.5.6　误差信号提取

在图像跟踪状态下,求出目标跟踪点与图像中心点(视场中心)的位置差即可得到跟踪误差信号,设跟踪点坐标为(i,j),中心点坐标为(i_0,j_0),则误差信号为

$$\begin{cases} u_x = k(i-i_0) \\ u_y = k(j-j_0) \end{cases} \tag{2.33}$$

式中,k为增益系数,也称斜率。

对于一阶无静差跟踪系统,系统稳定跟踪目标时,该误差信号正比于目标视线角速度信号。

2.6　图像处理计算机

在红外成像制导武器计算机系统设计时,根据图像处理算法的运算量、存储量以及武器系统环境条件的要求,依照划分的硬件与软件任务,合理地选择图像处理电路的器件与结构,使软硬件协调工作,共同完成图像处理任务。

计算机设计以 DSP 器件为核心构建,外部配以适当的外设。随着技术的飞速发展,DSP 器件内具有较大的片内数据和程序存储器,在程序运行时无须与外部进行频繁的数据通信和程序调用。这样不仅使处理电路的结构设计简洁,可靠性增加,而且算法的改进只需通过修改程序即可,大大提高了系统设计的灵活性。当用软件难以满足实时性要求时,可将算法中最费时、功能单一的运算用外围硬件(如FPGA)来实现,如图像预处理中的滤波、直方图统计等,这样不仅保证了算法的实时完成,也尽可能保证了系统设计的简捷性和灵活性。

2.6.1　关键器件选择

红外成像制导武器计算机系统的关键器件主要有 DSP、FPGA、FLASH、CPLD 以及 I/O 器件等,其中最为核心的是 DSP 器件的选择。

DSP 的选择主要考虑以下因素:

(1)精度。目前在位数的选择中,一般采用 16bit 定点 DSP 就可以满足要求。当有更高要求时可以采用浮点或 32bit 的 DSP。

(2)运算速度。根据算法的要求估算出对运算速度的要求,DSP 处理速度从几十兆赫兹到几吉赫兹,在满足要求的情况下应留一定的余量。

(3)接口的方便性。DSP 通常具有多种接口,选择接口数量和种类合适的DSP,可以大大简化系统的外围电路设计。

(4)功耗。由于红外成像制导武器系统环境的限制,应采用低功耗的 DSP。

(5)适应环境条件。DSP 应该满足红外成像制导武器计算机系统的环境工作条件,通常采用军品级,在可能的情况下,也可采用工业级。

2.6.2　系统结构设计

红外图像计算机一般采用单 DSP 结构,如图2.6所示。图中的 A/D 即为成像电路的模数转换电路。DSP 一般内部已经集成了大量的接口和存储器等外围功能。对于最小系统的 DSP,只需在 DSP 外部扩展一片存储程序的 Flash 存储器即可。如果内部的存储器容量不能满足要求,可以在外部扩展一片 SRAM 或 SDRAM。目前,最新的 DSP 已经可以支持 DDR 的 SDRAM,可以使 DSP 的外部存取操作成倍加快。

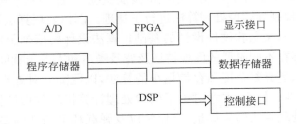

图 2.6　单 DSP 结构框图

为了提高数据处理速度,减少 DSP 的运算量,系统中可采用 FPGA,以便用硬件来实现软件的算法。同时在任务划分上,也可以将系统的时序管理、高速的运算(如图像的全局滤波算法、FFT)等部分放在 FPGA 内实现,而将带有大量判断转移的算法放在 DSP 内执行,充分发挥各自的长处。

在需要复杂的算法时,DSP 的处理能力也要相应提高,单 DSP 不能满足要求,这时可采用多 DSP 结构。多 DSP 结构主要有两种类型,即串行方式和并行方式。串行方式的多 DSP 结构如图2.7所示。它的主要优点是结构简单,缺点是多 DSP 的运算并不能减少运算延时。并行方式的多 DSP 结构如图2.8所示,多 DSP 的同时运算,可提高处理速度和减少时间延迟,但是它的软硬件的控制复杂,实现困难。可以根据任务的要求选取适当的处理机结构。

图 2.7　串行式多 DSP 结构框图

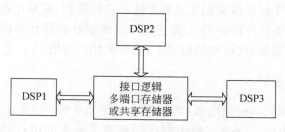

图 2.8　并行式多 DSP 结构框图

2.7　小　　结

本章首先阐述了红外成像制导系统的发展概况、功能和基本构成。然后,本章对常用的红外成像制导图像处理算法进行了梳理。图像处理算法设计既是图像处理的核心技术之一,又是软硬件设计的基础。算法设计要依据图像处理的功能要求,充分利用目标在不同阶段的图像特征及背景噪声和人工干扰间的特征差异,选择满足指标要求,运算复杂度和存储量小的算法,以便降低对处理器硬件的要求,提高系统的可靠性。最后,本章讨论了图像处理计算机的常用结构。在计算机设计时,根据图像处理算法的运算量、存储量以及弹载环境条件的要求,依照划分的硬件与软件任务,合理地选择图像处理电路的器件与结构,使软硬件协调工作,共同完成图像处理任务。

参 考 文 献

[1]刘桐林. 世界导弹大全. 北京:军事科学出版社,1998.

[2]Garnell P,Qi Z K,Xia Q L. Guided Weapon Control Systems. Royal Military College of Science. Beijing:Beijing Institute of Technology,2003.

[3]郑志伟. 空空导弹系统概论. 北京:兵器工业出版社,1997.

[4]Rogatto W D. The Infrared and Electro-Optical Systems Handbook:Electro-Optical Components. Bellingham:SPIE Optical Engineering Press,1993.

[5]周立伟. 目标探测与识别. 北京:北京理工大学出版社,2002.

[6]冈萨雷斯. 数字图像处理. 北京:电子工业出版社,2005.

[7]边肇祺. 模式识别. 北京:清华大学出版社,2001.

[8]杨宜禾,周维真. 成像跟踪技术导论. 西安:西安电子科技大学出版社,1992.

第 3 章　红外成像制导中的图像降噪和增强

3.1　引　　言

　　红外成像制导系统的噪声主要包含两个方面：一方面是探测器本身的噪声；另一方面是线扫描系统的扫描噪声、凝视系统中的探测器非均匀性和非线性噪声等。对于后者可以采用各种校正方法进行校正。线扫描系统的噪声规律性很强，可以采用图像处理手段来消除。凝视系统中的探测器非均匀性和非线性噪声则需要通过非均匀性校正方法进行处理。目前，红外探测器的非均匀性校正已经发展成为一个专门的研究方向，本书不涉及该方面的内容。红外成像制导系统中的探测器是系统噪声的主要来源，是影响红外图像质量的主要因素，它的强度一般情况下远大于其他环节产生的噪声，同时也是最难以克服的。探测器本身的噪声是无法避免的，按照其产生的机理可分为散粒噪声、热噪声、光子噪声、产生复合噪声和 $1/f$ 噪声等。其中散粒噪声、热噪声、光子噪声和产生复合噪声所产生的探测器电流输出是一个随机过程，由中心极限定理近似服从高斯分布。$1/f$ 噪声是红外探测器低频部分的一种电流噪声，顾名思义，$1/f$ 噪声与频率成反比，当频率高于一定频率时，与其他噪声相比可忽略不计。降噪是红外成像制导图像处理中必不可少的一步，降噪效果的好坏直接影响到后续的处理过程。

　　在本章中，利用小波变换、Contourlet 变换、非下采样 Contourlet 变换等多分辨率分析技术，构建红外图像的降噪和增强模型，并给出相应的算法实现。

3.2　小波变换理论

　　小波分析是在短时傅里叶变换的基础上发展起来的一种新的时频分析方法，它和傅里叶分析相比有着许多本质上的进步。小波变换通过伸缩和平移等运算功能对函数或信号进行多尺度细化分析，其主要特点是具有良好的时频局部特性和多分辨分析能力，能够有效地从信号中提取信息，已成为信号处理的强有力工具。

3.2.1　小波变换概念

　　小波分析的基本思想是用小波函数系表示或者逼近给定函数，小波函数系是由基本小波函数在不同尺度的伸缩和平移构成。设 $\psi(t) \in L^2(\mathbf{R})$，其傅里叶变换

为 $\Psi(\omega)$,如满足

$$C_\psi = \int_{-\infty}^{\infty} \frac{|\Psi(\omega)|^2}{|\omega|} \mathrm{d}\omega < +\infty \tag{3.1}$$

式(3.1)通常称为小波的容许条件,它是一个函数成为小波的首要条件,称 $\psi(t)$ 为基本小波或母小波。由于 ω 在分母上,所以必有

$$\Psi(0) = \int_{-\infty}^{\infty} \psi(t)\mathrm{d}t = 0 \tag{3.2}$$

可以看出,$\psi(t)$ 具有快速衰减性和波动性,因而 $\psi(t)$ 的曲线是快速衰减的振荡曲线,这就是 $\psi(t)$ 称为小波的原因。通过平移和伸缩基本小波,可以生成小波基函数或分析小波 $\psi_{a,b}(t)$:

$$\psi_{a,b}(t) = \frac{1}{\sqrt{a}}\psi\left(\frac{t-b}{a}\right) \tag{3.3}$$

式中,$a>0$,为尺度因子;b 为平移因子。

设 $f(t)$ 是平方可积函数,函数 $f(t)$ 的连续小波变换可定义为

$$W_f(a,b) = \langle f(t),\psi_{a,b}(t)\rangle = \frac{1}{\sqrt{a}}\int_{-\infty}^{\infty} f(t)\overline{\psi\left(\frac{t-b}{a}\right)}\mathrm{d}t \tag{3.4}$$

当小波基函数为实数时共轭符号可去掉。在满足容许条件下,小波逆变换为

$$f(t) = \frac{1}{C_\psi}\int_0^\infty\int_{-\infty}^\infty W_f(a,b)\psi_{a,b}(t)\mathrm{d}b\frac{\mathrm{d}a}{a^2} \tag{3.5}$$

虽然 $\psi_{a,b}(t)$ 的时窗、频窗的中心、宽度随着 a、b 在变化,但在时频相平面上,时窗和频窗所形成的区域(即窗口)面积是不随 a、b 的变化而变化的,因而小波变换的时频窗是面积相等但长宽不同的矩形区域。这些窗口的长、宽是相互制约的,它们都受参数 a 的控制。

随着尺度 a 增大,时间窗宽度随之增大,时间分辨率则减小,同时频率窗宽度减小,频率分辨率增大;反之,随着尺度 a 减小,时间窗宽度随之减小,时间分辨率增大,同时频率窗宽度增大,频率分辨率则减小。因此,在高频部分时间窗要窄一些,在低频部分时间窗则要大一些,即小波变换具有变焦特性,这正是分析非平稳信号时所希望的。

将连续小波中的尺度因子离散化,即令 a 取 $a_0^{-2},a_0^{-1},a_0^0,a_0^1,a_0^2,\cdots,a_0^j$,此时离散后的小波函数变为

$$a_0^{-j/2}\psi(a_0^{-j}(t-b)), \quad j\in\mathbf{Z} \tag{3.6}$$

至于平移因子,对于某一尺度 j,以 $\Delta b = a_0^j b_0$ 作为采样间隔,其中 b_0 为 $j=0$ 时的均匀采样间隔。此时小波函数变为

$$a_0^{-j/2}\psi(a_0^{-j}(t-ka_0^j b_0)), \quad j,k\in\mathbf{Z} \tag{3.7}$$

通常取 $a_0=2,b_0=1$,此时,小波函数变为

$$\psi_{j,k}(t) = 2^{-j/2}\psi(2^{-j}t-k), \quad j,k\in\mathbf{Z} \tag{3.8}$$

称其为离散小波,则离散小波变换可由下式表达:

$$WT_f(j,k) = \langle f(t), \psi_{j,k}(t) \rangle = \int_{-\infty}^{\infty} f(t) \overline{\psi_{j,k}(t)} \mathrm{d}t \qquad (3.9)$$

3.2.2　多分辨率分析

Mallat 使用多分辨率分析的概念,统一了各种具体小波基的构造方法,并由此提出了目前广泛使用的 Mallat 快速小波分解和重构算法,该算法在小波分析中的地位与快速傅里叶变换(FFT)在傅里叶分析中的地位相当。

1. 尺度空间

设 $\phi(t) \in L^2(\mathbf{R})$,记 $\phi_k(t) = \phi(t-k)$ 为其位移,若有

$$\langle \phi_k(t), \phi_{k'}(t) \rangle = \delta_{k,k'}, \quad k, k' \in \mathbf{Z} \qquad (3.10)$$

则称 $\phi(t)$ 为尺度函数。将其在进行伸缩,可得到尺度和位移均变化的函数序列:

$$\phi_{j,k}(t) = 2^{-j/2} \phi(2^{-j}t - k) \qquad (3.11)$$

易知 $\phi_{j,k}(t) \in L^2(\mathbf{R})$。

在固定尺度 j 上的平移函数系列 $\phi_{j,k}(t)$ 所张成的空间可定义为

$$V_j = \overline{\mathrm{span}_k\{\phi_{j,k}(t)\}} \qquad (3.12)$$

且 $V_j \subset L^2(\mathbf{R})$,称 V_j 是尺度 j 下的尺度空间或函数空间。

2. 多分辨率分析定义

空间 $L^2(\mathbf{R})$ 的多分辨率分析是指构造该空间内一个子空间序列 $\{V_j\}(j \in \mathbf{Z})$,使其具有以下性质:

(1)单调性:

$$\cdots \subset V_{j+1} \subset V_j \subset \cdots \subset L^2(\mathbf{R}), \quad j \in \mathbf{Z}$$

(2)逼近性:

$$\bigcap_{j \in \mathbf{Z}} V_j = \{0\}, \quad \bigcup_{j \in \mathbf{Z}} V_j = L^2(\mathbf{R})$$

(3)平移不变性:

$$\phi(t) \in V_j \Leftrightarrow \phi(t-k) \in V_j, \quad \forall j, k \in \mathbf{Z}$$

(4)二尺度伸缩性:

$$\phi(t) \in V_j \Leftrightarrow \phi(2t) \in V_{j-1}, \quad j \in \mathbf{Z}$$

(5)Riesz 基存在性:存在 $g(t) \in V_0$,使得 $\{g(t-k)\}_{k \in \mathbf{Z}}$ 构成 V_0 的 Riesz 基。

满足以上条件,则称 $\{V_j\}_{j \in \mathbf{Z}}$ 为 $L^2(\mathbf{R})$ 的一个多分辨率分析。

3. 小波空间

由于尺度空间之间具有包含关系,故不同尺度空间的基不具有正交性。若

$L^2(\mathbf{R})$ 中的子空间 W_{j+1} 与尺度空间 V_j 和 V_{j+1} 之间满足

$$V_j = V_{j+1} \oplus W_{j+1}, \quad W_{j+1} \perp V_{j+1} \tag{3.13}$$

则称 W_{j+1} 为 V_{j+1} 的正交补空间,亦称 W_{j+1} 为 $j+1$ 尺度上的小波空间。

对于 $L^2(\mathbf{R})$,由 V_j 和 W_j 的关系有

$$L^2(\mathbf{R}) = \bigoplus_{j \in \mathbf{z}} W_j \tag{3.14}$$

由此 $\{W_j\}_{j \in \mathbf{z}}$ 构成了 $L^2(\mathbf{R})$ 的一系列正交子空间。小波空间 W_j 就是两个相邻尺度空间 V_{j-1} 和 V_j 的差,它反映的是信号在两个尺度间投影的细小差异,故称小波空间为细节空间。

4. 二尺度方程

设 $\phi_{0,k}(t) = \phi(t-k)$ 为尺度空间 V_0 的一个标准正交基,$\psi_{0,k}(t) = \psi(t-k)$ 为小波空间 W_0 的标准正交基,则有

$$V_{-1} = V_0 \oplus W_0 \text{ 且 } \phi(t), \psi(t) \in V_{-1} \tag{3.15}$$

$\phi_{-1,k}(t) = 2^{1/2} \phi(2t-k) (k \in \mathbf{Z})$ 是尺度空间 V_{-1} 的标准正交基,所以 $\phi(t)$、$\psi(t)$ 均可由 $\phi_{-1,k}(t)$ 展开,因此有

$$\phi(t) = \sum_k h(k) \phi_{-1,k}(t)$$
$$\psi(t) = \sum_k g(k) \phi_{-1,k}(t) \tag{3.16}$$

其中,展开系数为

$$h(k) = \langle \phi(t), \phi_{-1,k}(t) \rangle$$
$$g(k) = \langle \psi(t), \phi_{-1,k}(t) \rangle \tag{3.17}$$

式(3.17)揭示了两相邻尺度空间基函数之间的关系,可将该关系推广到任意相邻两尺度之间:

$$\phi_{j,0}(t) = \sum_k h(k) \phi_{-j,k}(t)$$
$$\psi_{j,0}(t) = \sum_k g(k) \phi_{-j,k}(t) \tag{3.18}$$

称 $h(k)$ 为低通滤波器组系数,$g(k)$ 为高通滤波器组系数。

5. 信号的多分辨率分解

设有信号 $x(t) \in V_0$,由多分辨率分析,可将其投影到 V_1 空间和 W_1 空间,分解为 V_1 空间的轮廓和 W_1 空间的细节。将 V_1 空间的信号继续分解,将其投影到 V_2 和 W_2 空间,如此继续,最终可将信号投影分解到 $W_1, W_2, \cdots, W_j, \cdots$ 空间中去。对任意的 $x(t) \in L^2(\mathbf{R})$,将 $L^2(\mathbf{R})$ 按如下空间组合方式展开有:

$$L^2(\mathbf{R}) = \sum_{j=\infty}^{J} W_j \bigoplus V_j \tag{3.19}$$

$$x(t) = \sum_{j=\infty}^{J} \sum_{k=-\infty}^{\infty} d_{j,k} \psi_{j,k}(t) + \sum_{k=-\infty}^{\infty} c_{J,k} \phi_{J,k}(t) \tag{3.20}$$

称 $d_{j,k}$ 为小波展开系数；$c_{J,k}$ 为尺度展开系数。

当 $J \to -\infty$ 时，$L^2(\mathbf{R}) = \bigoplus_{j \in \mathbf{Z}} W_j$，于是有

$$x(t) = \sum_{j \in \mathbf{Z}} \sum_{k=-\infty}^{\infty} d_{j,k} \psi_{j,k}(t) \tag{3.21}$$

3.2.3　Mallat 算法和图像的离散小波变换

1. 一维信号的分解

设 $\phi(t) \in V_0$ 是尺度空间 V_0 的一个标准正交基函数，则由二尺度方程有

$$\phi(t) = \sqrt{2} \sum_k h(k) \phi(2t - k) \tag{3.22}$$

$$\phi(2^{-j}t - k') = \sqrt{2} \sum_k h(k) \phi(2^{-j+1}t - 2k' - k)$$

令 $2k' + k = m$，则有

$$\phi(2^{-j}t - k') = \sqrt{2} \sum_m h(m - 2k') \phi(2^{-j+1}t - m) \tag{3.23}$$

设 $\psi(t) \in W_0$ 是小波空间 W_0 的一个标准正交基函数，则由二尺度方程有

$$\psi(t) = \sqrt{2} \sum_k g(k) \phi(2t - k) \tag{3.24}$$

同法可得

$$\psi(2^{-j}t - k') = \sqrt{2} \sum_m g(m - 2k') \phi(2^{-j+1}t - m) \tag{3.25}$$

由多分辨率分析 $V_{j-1} = \overline{\text{span}\{\phi_{j-1,k}(t)\}}$，所以对于任意 $x(t) \in V_{j-1}$，有

$$x(t) = \sum_k c_{j-1,k} \phi_{j-1,k}(t) \tag{3.26}$$

式中，$c_{j-1,k} = \langle x(t), \phi_{j-1,k}(t) \rangle$。

由 $V_{j-1} = V_j \bigoplus W_j$，则 $x(t)$ 可分解为

$$x(t) = \sum_k c_{j,k} \phi_{j,k}(t) + \sum_k d_{j,k} \psi_{j,k}(t) \tag{3.27}$$

$$c_{j,k} = \langle x(t), \phi_{j,k}(t) \rangle = \int_{\mathbf{R}} x(t) 2^{-j/2} \overline{\phi(2^{-j}t - k)} \mathrm{d}t$$

$$d_{j,k} = \langle x(t), \psi_{j,k}(t) \rangle = \int_{\mathbf{R}} x(t) 2^{-j/2} \overline{\psi(2^{-j}t - k)} \mathrm{d}t \tag{3.28}$$

将 $\phi(2^{-j}t - k)$ 代入得

$$c_{j,k} = \sum_m h_0(m - 2k) \int_{\mathbf{R}} x(t) 2^{-(j-1)/2} \overline{\phi(2^{-j+1}t - m)} \mathrm{d}t$$

$$= \sum_m h_0(m-2k)\langle x(t), \phi_{j-1,m}(t)\rangle$$

$$= \sum_m h_0(m-2k) \cdot c_{j-1,m} \qquad (3.29)$$

同理,将 $\psi(2^{-j}t-k)$ 代入得

$$d_{j,k} = \sum_m g(m-2k) \cdot c_{j-1,m} \qquad (3.30)$$

上面两式说明 j 尺度空间的尺度系数 $c_{j,k}$ 和小波系数 $d_{j,k}$ 可由 $j-1$ 尺度空间的尺度系数 $c_{j-1,k}$ 经滤波器组系数 h 和 g 加权求和得到,以上两式给出了信号在正交小波基下的分解算法,称为 Mallat 算法。

2. 一维信号的重构

由

$$x(t) = \sum_k c_{j,k}\phi_{j,k}(t) + \sum_k d_{j,k}\psi_{j,k}(t)$$

$$= \sum_k c_{j,k} 2^{-j/2}\phi(2^{-j}t-k) + \sum_k d_{j,k} 2^{-j/2}\psi(2^{-j}t-k) \qquad (3.31)$$

将二尺度方程代入式(3.31)得

$$x(t) = \sum_k c_{j,k} \sum_m h(m-2k)2^{-(j-1)/2}\phi(2^{-j+1}-m)$$

$$+ \sum_k d_{j,k} \sum_m g(m-2k)2^{-(j-1)/2}\phi(2^{-j+1}-m) \qquad (3.32)$$

上式两边同时与 $\phi_{j-1,m}(t)$ 作内积,由同一尺度正交性可得

$$c_{j-1,m} = \sum_k c_{j,k}h(m-2k) + \sum_k d_{j,k}g(m-2k) \qquad (3.33)$$

上式给出了 j 尺度下的尺度系数 $c_{j,k}$ 和小波系数 $d_{j,k}$ 重构 $j-1$ 尺度空间下系数 $c_{j-1,m}$ 的重构公式。

3. 二维信号的分解和重构

根据所用小波基函数的不同,二维小波变换分为可分离和不可分离两种。可分离二维小波变换通过一维小波的张量积构成,方法简单,是目前较常用的二维小波变换。

设 $\{V_j\}_{j\in\mathbf{Z}}$ 是 $L^2(\mathbf{R})$ 中给定的一个多分辨率分析,$\phi(t)$ 是相应的尺度函数,定义 j 尺度下的二维尺度空间 V_j^2 为

$$V_j^2 = V_j \otimes V_j = \{f(x)g(y) \mid \forall f(x)\in V_j, \forall g(y)\in V_j\}, \quad j\in\mathbf{Z} \qquad (3.34)$$

可以证明,$\{V_j^2\}_{j\in\mathbf{Z}}$ 是 $L^2(\mathbf{R}^2)$ 的一个多分辨率分析。

由于 $\{\phi_{j,k}(t) = 2^{-j/2}\phi(2^{-j}t-k)\}_{k\in\mathbf{Z}}$ 是 V_j 标准正交基,所以 $\{\phi_{j,k}(x)\phi_{j,l}(y)\}_{k,l\in\mathbf{Z}}$ 一定是 V_j^2 的正交基。

类似于一维小波空间 W_j，引入二维小波空间 W_j^2。如果有

$$V_j^2 \oplus W_j^2 = V_{j-1}^2 \qquad (3.35)$$

则称 W_j^2 为 V_{j-1}^2 的正交补空间。类似与一维情况，可对 $L^2(\mathbf{R}^2)$ 作如下分解：

$$\mathop{\oplus}\limits_{j=-\infty}^{\infty} W_j^2 = L^2(\mathbf{R}^2) \qquad (3.36)$$

由 $V_{j-1} = V_j \oplus W_j$ 可得

$$
\begin{aligned}
V_{j-1}^2 &= V_{j-1} \otimes V_{j-1} = (V_j \oplus W_j) \otimes (V_j \oplus W_j) \\
&= (V_j \otimes V_j) \oplus (V_j \otimes W_j) \oplus (W_j \otimes V_j) \oplus (W_j \otimes W_j) \\
&= V_j^2 \oplus (V_j \otimes W_j) \oplus (W_j \otimes V_j) \oplus (W_j \otimes W_j)
\end{aligned} \qquad (3.37)
$$

则 $W_j^2 = (V_j \otimes W_j) \oplus (W_j \otimes V_j) \oplus (W_j \otimes W_j) = \overline{W_j^1} \oplus \overline{W_j^2} \oplus \overline{W_j^3}$，显然，$\{\phi_{j,k}(x)\psi_{j,l}(y)\}_{k,l\in\mathbf{z}}$ 是 $\overline{W_j^1}$ 的标准正交基，$\{\psi_{j,k}(x)\phi_{j,l}(y)\}_{k,l\in\mathbf{z}}$ 是 $\overline{W_j^2}$ 的标准正交基，$\{\psi_{j,k}(x)\psi_{j,l}(y)\}_{k,l\in\mathbf{z}}$ 是 $\overline{W_j^3}$ 的标准正交基。$\{\phi_{j,k}(x)\psi_{j,l}(y), \psi_{j,k}(x)\phi_{j,l}(y), \psi_{j,k}(x)\cdot\psi_{j,l}(y)\}_{j,k,l\in\mathbf{z}}$ 构成 $L^2(\mathbf{R}^2)$ 中的正交小波基。

设 $f(x,y) \in V_0^2$，则其在二维正交小波基下的展开公式为

$$
\begin{aligned}
f(x,y) &= \sum_{j=1}^{J} \sum_{k,l\in\mathbf{Z}} (d_{k,l}^{j1}\phi_{j,k}(x)\psi_{j,l}(y) + d_{k,l}^{j2}\psi_{j,k}(x)\phi_{j,l}(y) + d_{k,l}^{j3}\psi_{j,k}(x)\psi_{j,l}(y)) \\
&\quad + \sum_{k,l\in\mathbf{Z}} c_{k,l}^{J}\phi_{J,k}(x)\phi_{J,l}(y)
\end{aligned} \qquad (3.38)
$$

式中

$$d_{k,l}^{j1} = \langle f(x,y), \phi_{j,k}(x)\psi_{j,l}(y)\rangle \qquad (3.39)$$

$$d_{k,l}^{j2} = \langle f(x,y), \psi_{j,k}(x)\phi_{j,l}(y)\rangle \qquad (3.40)$$

$$d_{k,l}^{j3} = \langle f(x,y), \psi_{j,k}(x)\psi_{j,l}(y)\rangle \qquad (3.41)$$

$$c_{k,l}^{J} = \langle f(x,y), \phi_{J,k}(x)\phi_{J,l}(y)\rangle \qquad (3.42)$$

$d_{k,l}^{j1}$、$d_{k,l}^{j2}$、$d_{k,l}^{j3}$ 是小波空间 W_j^2 的展开系数；$c_{k,l}^{J}$ 是尺度空间 V_J^2 的展开系数。

类似于一维信号，二维信号的多分辨率分解的 Mallat 算法形式为

$$d_{k,l}^{j1} = \sum_{m,n\in\mathbf{Z}} \bar{h}_{m-2k}\, \bar{g}_{n-2l} c_{m,n}^{j-1} \qquad (3.43)$$

$$d_{k,l}^{j2} = \sum_{m,n\in\mathbf{Z}} \bar{g}_{m-2k}\, \bar{h}_{n-2l} c_{m,n}^{j-1} \qquad (3.44)$$

$$d_{k,l}^{j3} = \sum_{m,n\in\mathbf{Z}} \bar{g}_{m-2k}\, \bar{g}_{n-2l} c_{m,n}^{j-1} \qquad (3.45)$$

$$c_{k,l}^{j} = \sum_{m,n\in\mathbf{Z}} \bar{h}_{m-2k}\, \bar{h}_{n-2l} c_{m,n}^{j-1} \qquad (3.46)$$

重构公式为

$$c_{k,l}^{j-1} = \sum_{m,n\in\mathbf{Z}} (c_{m,n}^{j} h_{k-2m} h_{l-2m} + d_{m,n}^{j1} h_{k-2m} g_{l-2m} + d_{m,n}^{j2} g_{k-2m} h_{l-2m} + d_{m,n}^{j3} g_{k-2m} g_{l-2m})$$

$$(3.47)$$

二维小波分解与重构算法如图 3.1 和图 3.2 所示。

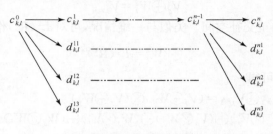

图 3.1　二维 Mallat 分解

图 3.2　二维 Mallat 重构

图像是二维信号,因此要用到二维小波变换对图像进行处理。在对图像进行二维小波分解时,可将原始图像作为输入序列 $c_{k,l}^0$,滤波器组输出包括四个部分:$c_{k,l}^1$反映两个方向的低频成分;$d_{k,l}^{11}$反映水平方向低频成分垂直方向高频成分;$d_{k,l}^{12}$反映水平方向高频成分垂直方向低频成分;$d_{k,l}^{13}$反映水平方向高频成分垂直方向高频成分。具体实现时,该过程可以通过两次一维小波分解来完成,首先对图像每一行分别作一维小波分解,随后再对每一列作一维小波分解,从而得到图像的一级小波分解。接下来,对两个方向的低频成分再进行同样的分解过程,即可得到图像的二级小波分解,反复迭代可得图像的多级小波分解。重构图像只需进行相应的逆过程。

3.3　基于最大后验概率准则的小波域降噪和增强算法

小波变换具有低熵性、多分辨率性、去相关性和选基灵活性等诸多优良特性,这使得原始图像的结构信息和细节信息很容易得到提取,因此近年来人们将降噪的注意力从空域转移到小波域[1-4]。

3.3.1　常用的小波域降噪算法

根据小波变换的特性,图像的平滑部分主要集中于低频,而图像的高频部分则有图像的噪声信息和图像的细节信息,目前,小波域降噪方法主要集中在如下三个方面。

1. 小波系数相关滤波

信号的小波系数在不同尺度间具有很强的相关性,噪声系数却弱相关或不相关。将相邻尺度上的系数相乘得到空域相关系数,若某点归一化后的相关系数幅值大于其小波系数幅值,则认为该点为信号系数,抽取出该点。对抽取出的小波系数进行逆变换,得到滤波信号[5-8]。

2. 基于奇异性检测的小波滤波

利用小波的奇异检测特性将信号与噪声分开[9-11],这个方向研究的开拓者是Mallat。该方法利用极值点中的边缘与噪声的李氏指数不同来提取真正的边缘点,同时保留这些极值点的小波系数,并用交替投影法反复重构分解迭代,直到得到满意的降噪效果。但是,交替投影迭代对图像来说,不仅计算量巨大,且收敛缓慢,还有可能产生振荡和不稳定。

3. 小波阈值法滤波

由于一般噪声分解后的小波系数幅值都比较小,所以可以利用这个特性去除较小的小波系数,以便直接得到降噪后重构图像的小波系数,这种方法简单有效。对小波系数进行阈值处理的基本思想来源于 Donoho 理论[12-14],但该阈值降噪思想不具有尺度间的自适应性,且过扼杀小波系数还可使图像的细节丢失,去噪效果并不理想。因此,有学者提出了不同尺度利用不同阈值的自适应降噪算法[15-17]。

相对于阈值萎缩方法,比例萎缩具有更大的灵活性,从某种意义上可以认为阈值萎缩是比例萎缩的一种特例。该方法通过判断系数被噪声污染的程度,并为这种程度引入某种度量方法进而确定萎缩的比例。比例萎缩的特点主要在于它对信号具有局部适应能力。Shark 等通过给出一个隶属度函数,将大于阈值的系数按照隶属度进行比例萎缩来实现降噪[18];Malfait 等则通过利用图像一般不存在孤立边缘点的先验知识与小波图像 Holder 指数相结合,基于 Bayes 估计理论给出了小波系数的萎缩因子并进行萎缩,从而大大消除了由噪声引起的伪边缘[19]。这些算法给出的萎缩因子的值都在 0 和 1 之间,对所有系数都进行了削弱,因此它们在降低图像噪声的同时也弱化了图像的细节与边缘。

此外,对小波系数建立多尺度统计模型是利用比例萎缩法降噪的关键问题。效果良好的算法往往依赖精确的模型,如采用广义高斯分布、高斯混合分布、马尔可夫随机场等对小波系数分布建模[20]。但是,模型参数估计和算法整体复杂度会随着模型精度的提高而加大,因而不利于实际中的应用。

为此,本章接下来提出了一种具有增强效果的图像小波域比例萎缩降噪算法并将其应用于红外图像降噪。该方法在假定图像系数和噪声系数服从均值为零方差未知的独立高斯分布的基础上，将最大后验概率准则（maximum a posteriori, MAP）与小波分解尺度因素和方向能量因素相结合，实现了小波域基于比例萎缩的降噪和图像细节与边缘的增强。

3.3.2　MAP 准则下小波系数萎缩因子的确定

假定含噪红外图像可以由下式描述：

$$f(x,y)=s(x,y)+n(x,y) \tag{3.48}$$

式中，$f(x,y)$ 表示含噪图像；$s(x,y)$ 是原始图像；$n(x,y)$ 代表噪声。经小波变换后，系数也满足该式。假定图像经小波变换后原始图像系数和噪声系数均服从均值为零的高斯分布，即

$$p_s=\frac{1}{\sqrt{2\pi}\sigma_s}\exp\left(-\frac{s^2}{2\sigma_s^2}\right) \tag{3.49}$$

$$p_n=\frac{1}{\sqrt{2\pi}\sigma_n}\exp\left(-\frac{n^2}{2\sigma_n^2}\right) \tag{3.50}$$

式中，p_s 是原始图像系数的密度函数；p_n 为噪声系数的密度函数；σ_n^2 是噪声系数的方差；σ_s^2 是原始图像系数的方差。根据 MAP 准则，在给定观测即含噪图像系数 f 的情况下要求原图像系数 s 的概率达到最大，因此有 s 的估计值见式（3.51），对式（3.51）取对数得到式（3.52）：

$$\bar{s}=\arg\max_s p(s|f)=\arg\max_s p(f|s)p(s) \tag{3.51}$$

$$\bar{s}=\arg\max_s[\ln p(f|s)+\ln p(s)] \tag{3.52}$$

进一步展开得

$$\bar{s}=\arg\max_s\left[c-\frac{(f-s)^2}{2\sigma_n^2}-\frac{s^2}{2\sigma_s^2}\right] \tag{3.53}$$

式中，c 为常数。式（3.53）对 s 求导数得

$$\frac{f-\bar{s}}{\sigma_n^2}-\frac{\bar{s}}{\sigma_s^2}=0 \tag{3.54}$$

解该方程得到原图像系数的 MAP 估计：

$$\bar{s}=\frac{f}{\sigma_s^2+\sigma_n^2}\sigma_s^2 \tag{3.55}$$

因为 $\sigma_f^2=\sigma_s^2+\sigma_n^2$，所以 $\sigma_f^2\geqslant\sigma_n^2$，故当 $\sigma_f^2<\sigma_n^2$ 时，可令 $\bar{s}=0$。故小波系数的比例萎缩表达式如下：

$$\bar{s}=\begin{cases}fT, & \sigma_f^2\geqslant\sigma_n^2 \\ 0, & \sigma_f^2<\sigma_n^2\end{cases} \tag{3.56}$$

$$T = \frac{\sigma_s^2}{\sigma_f^2} \tag{3.57}$$

式中，T 称为萎缩因子。由式(3.56)、式(3.57)可以看出，原图像小波系数的估计是自适应变化的。原图像系数的方差占整个含噪图像系数方差的比重越大，即萎缩因子越大，系数萎缩幅度越小；反之，萎缩因子越小，系数萎缩幅度越大。对于含噪图像系数方差小于噪声方差的情况，可以认为该系数对应噪声并将之置零。从系数萎缩公式可以看出，对于所有满足 $\sigma_f^2 \geqslant \sigma_n^2$ 条件的系数都减小了。本章进一步讨论在保证一定峰值信噪比的情况下，在考虑小波分解尺度和方向能量的基础上，通过修正萎缩因子来影响小波系数的萎缩过程，进而达到在图像降噪的同时实现细节和边缘增强的目的。

3.3.3　小波系数萎缩因子的修正

由于小波分解的低尺度频率段包含丰富的图像细节和边缘，且经过最大后验准则去噪后，图像噪声系数已得到了极大的抑制，因此考虑增强低尺度系数，并使高尺度系数的增强效果减弱。故给出考虑尺度因素的萎缩因子修正部分表达式：

$$t_1 = k \frac{J - i}{J - 1} \tag{3.58}$$

式中，J 是小波分解的最大尺度；i 是尺度变量；k 为增强系数。

当分解尺度给出后，各个尺度所包含的总能量就确定了。每一尺度均包含水平、垂直和对角三个方向，某方向上的系数能量占整个尺度能量的比重越大，说明该方向包含较多的细节成分，应该予以增强。故给出考虑方向能量因素的萎缩因子修正部分表达式：

$$t_2 = t_1 \frac{\displaystyle\sum_{x=1}^{m}\sum_{y=1}^{n} f^2(x, y)}{\displaystyle\sum_{d=1}^{3}\sum_{x=1}^{m}\sum_{y=1}^{n} f^2(x, y)} \tag{3.59}$$

式中，分母和项表示某尺度系数的总能量，分子和项表示该尺度某方向的系数能量。综合尺度和方向能量两方面因素，萎缩因子总的修正部分应该是两者的和，故给出下面的小波系数萎缩因子修正总表达式：

$$T' = T(1 + t_1 + t_2) \tag{3.60}$$

从式(3.60)可以看出，除了最大尺度 J，修正后的因子均大于原因子，通过系数萎缩公式使得图像系数得到不同程度的放大。在低尺度和高能量方向上系数放大的程度最强，而这正是图像细节和边缘集中的区域。经过 MAP 准则降噪后，图像噪声系数已得到了极大的抑制，因此参与放大过程的小波系数大部分是原图像系数。

由于图像经小波变换后，噪声系数主要分布在低尺度的高频部分中，故用于原图像系数估计所需的噪声系数标准差可用式(3.61)描述，f_{HH} 是最低尺度对角高频部分系数，median 表示取中值运算。

$$\sigma_n = \frac{\text{median}(|f_{\text{HH}}|)}{0.6745} \tag{3.61}$$

原图像系数方差可由下式计算：

$$\sigma_s^2 = \max(0, \sigma_f^2 - \sigma_n^2) = \max\left(0, \frac{1}{n}\sum_{i=1}^{n} f^2 - \sigma_n^2\right) \tag{3.62}$$

式中，n 是某尺度某高频部分小波系数的个数。

3.3.4　最大后验概率准则降噪过程描述

本节提出算法的处理流程可以描述如下：

(1)对图像进行小波多尺度分解；

(2)提取最低尺度的对角高频部分系数按式(3.61)计算噪声的标准差；

(3)对每一尺度每一方向的高频系数部分按式(3.62)计算原图像系数方差；

(4)按式(3.57)计算萎缩因子 T，由式(3.60)计算修正后因子 T'；

(5)将 T' 替换 T，按式(3.56)估计原图像系数 $\bar{s}$；

(6)重复步骤(3)～(5)，直到最大尺度；

(7)重构小波系数得到降噪增强后的图像。

3.3.5　仿真与分析

实验硬件平台为联想笔记本，CPU 主频 2GHz，内存 2GB，软件平台为 MATLAB 7.0。实验中对房屋、士兵两幅红外图像分别施加四个不同等级的高斯噪声，产生函数为 normrnd，均值为 0，标准差分别为 20、30、40 和 50。处理后峰值信噪比值比较表和效果图像如表 3.1、图 3.3 和图 3.4 所示。增强系数 k 取 1。峰值信噪比计算由下式描述：

$$\text{PSNR} = 10\lg\frac{255^2}{\dfrac{1}{mn}\sum_{i=1}^{m}\sum_{j=1}^{n}(f'(i,j)-s(i,j))^2} \tag{3.63}$$

式中，$f'(i,j)$ 是降噪增强后的图像；$s(i,j)$ 是未加噪声的原图像。实验采用"sym4"小波进行三级分解。

表 3.1　各个算法在四种高斯噪声水平下的 PSNR 比较

	噪声标准差	加噪图像	3σ 准则	Visushrink	MAP($k=0$)	增强 MAP($k=1$)
	20	22.12	29.26	29.30	30.14	28.96
房屋	30	18.58	26.94	27.07	28.30	27.73
	40	16.10	24.84	25.24	27.06	26.44
	50	14.15	23.33	23.74	26.08	25.73

	噪声标准差	加噪图像	3σ 准则	Visushrink	MAP($k=0$)	增强 MAP($k=1$)
	20	22.12	31.78	31.49	33.12	32.83
	30	18.58	29.04	28.63	31.09	31.01
士兵	40	16.10	27.44	26.75	29.80	29.59
	50	14.19	26.03	25.38	28.75	28.69

从表 3.1 可以看出,在各个噪声等级下,MAP 算法($k=0$)降噪后图像的 PSNR 值都达到最大,明显强于 3σ 准则降噪和 Visushrink 降噪。增强 MAP 算法的 PSNR 值略低于 MAP 算法,这主要是因为在对小波细节系数进行放大的同时,一部分经过 MAP 准则降噪没有被滤除的噪声系数也得到了增强。在多数噪声等级情况下增强 MAP 算法的 PSNR 值均大于 3σ 准则降噪和 Visushrink 降噪。

取噪声标准差为 30 的图像处理结果,图 3.3(a)~(f)、图 3.4(a)~(f)分别为原图像、噪声图像、3σ 准则降噪、Visushrink 准则降噪、MAP 准则降噪和增强 MAP 降噪($k=1$)。从处理效果图像可以看出,在主观视觉效果上,MAP 降噪和增强 MAP 降噪要优于其他算法。对比房屋、士兵分别经过增强 MAP 和 MAP 算法的处理图像,可以看出在视觉效果上增强 MAP 算法对于图像边缘和细节的处理能力要优于 MAP 算法,这可以通过观察房屋图像的窗户和屋檐、士兵图像的清晰度和对比度看出。两幅图像在增强后整体灰度分布较均匀,当然这是以牺牲一定的 PSNR 为代价得到的。从处理图像中可以看出,噪声增强效果在视觉上并不明显。

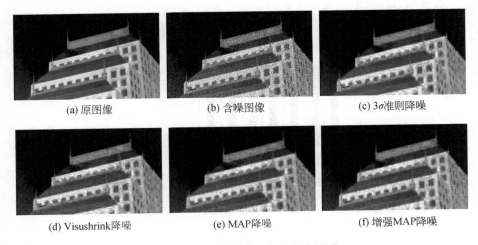

(a) 原图像 (b) 含噪图像 (c) 3σ准则降噪

(d) Visushrink降噪 (e) MAP降噪 (f) 增强MAP降噪

图 3.3 房屋图像及降噪处理效果图

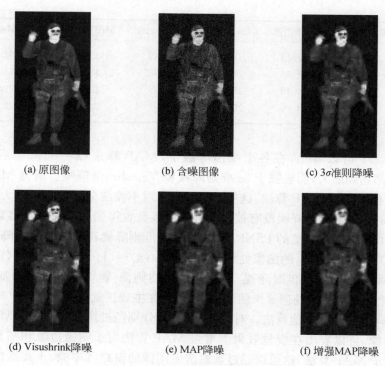

<table>
<tr><td>(a) 原图像</td><td>(b) 含噪图像</td><td>(c) 3σ准则降噪</td></tr>
<tr><td>(d) Visushrink降噪</td><td>(e) MAP降噪</td><td>(f) 增强MAP降噪</td></tr>
</table>

图 3.4　士兵图像及降噪处理效果图

在噪声标准差水平 20、30、40、50 下,取增强系数 $k=0,0.5,1,1.5,2,2.5,3$,对红外图像房屋做实验,得到系数 k 与 PSNR 的变化关系。为方便显示,以 20、40 和 30、50 分两组分别绘制如图 3.5 所示。

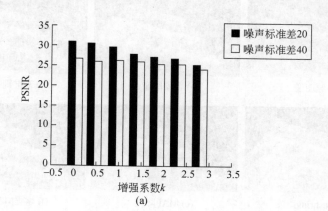

(a)

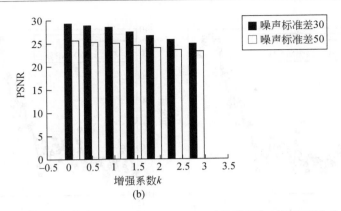

(b)

图 3.5　噪声标准差水平 20 和 40、30 和 50 下增强系数 k 与 PSNR 关系图

在每张图中,对应于每个 k 值,左边的柱形代表低噪声水平,右边的表示高噪声水平。在每一噪声水平下,随着 k 值的增大,PSNR 值有减小的趋势。低噪声水平的 PSNR 值下降趋势要快于高噪声水平。在相同的 k 值下,噪声标准差水平高的降噪增强图像的 PSNR 值要低于噪声标准差水平低的降噪增强图像。当 k 值大于 1.5 时,四种噪声水平下的 PSNR 值下降幅度都比较明显,表现在图像视觉效果上就是噪声分布非常明显,这说明 k 值不能过大,否则会使按照 MAP 准则降噪遗留下来的噪声系数的增强幅度过大。

在噪声标准差水平 50 下,针对图像房屋绘制增强系数 $k=0.5,1,1.5,2,2.5,3$ 时增强 MAP 降噪图像与 MAP 降噪图像在第 160 行从第 150 列至 250 列灰度值比较曲线如图 3.6 所示。图中实线代表 MAP 图像灰度曲线,空心方框轨迹表示增强 MAP 图像曲线。从图中可以看出,在 $k=0.5$ 和 1 时,增强 MAP 与 MAP 灰度值差异不大;从 $k=1.5$ 开始两者间的灰度值差异开始加大,当 $k=3$ 时,差异达到最大。灰度值差异越大,说明增强 MAP 降噪图像的 PSNR 值下降的幅度越大。

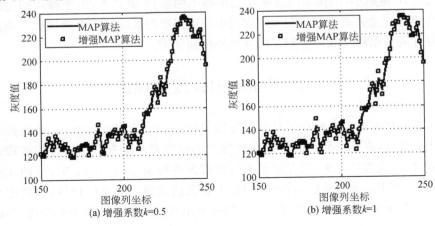

(a) 增强系数 $k=0.5$　　　　　　(b) 增强系数 $k=1$

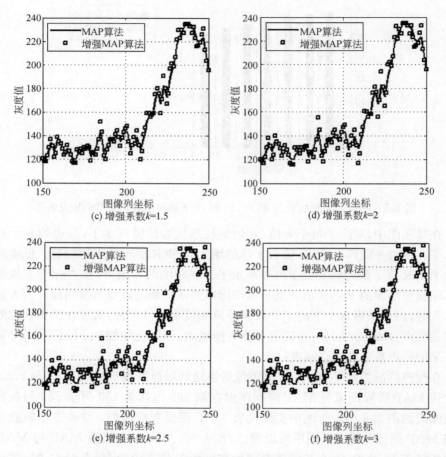

图 3.6　不同增强系数下增强 MAP 降噪图像与 MAP 降噪图像的灰度值比较曲线

　　总之，k 值越小，图像增强的视觉效果越不明显；k 值越大，由于噪声的过度放大同样使得视觉效果下降。在实际应用中应该根据图像的特点合理选择增强系数 k，以便在峰值信噪比和图像细节增强之间找到平衡。

3.4　Contourlet 变换理论

　　小波变换的成功之处在于其能很好地表示一维分段光滑函数，有效地检测图像过边缘特性，表达奇异点的位置和特性。小波在表示具有点奇异性的函数时是最优基，但在高维情况下，图像特征主要表现为各种类型的曲线或曲面，即线或面的奇异性，由于小波变换核为各向同性，无法表达图像沿边缘的特性，因此用小波进行表示并不是渐近最优的。此外，二维可分小波是一维小波的简单张成，各向同性的性质导致方向选择性差,是一种非稀疏图像表示法,这就给小波变换的应用带来了一定的局限性。

Contourlet 变换是一种真正的图像二维表示方法,它将小波的优点延伸到高维空间,能够更好地刻画高维信息的特性,更适合处理具有超平面奇异性的信息。这种方法可以很好地抓住图像的几何结构,能用不同尺度、不同方向频率的子带更准确地捕获图像中的分段二次连续曲线,具有方向性和各向异性,从而使表示图像边缘的 Contourlet 系数能量更加集中,或者说 Contourlet 变换对于曲线有更稀疏的表示。Contourlet 变换弥补了离散小波变换无法很好地提取二维图像中曲线和曲面奇异性的不足,是一种较理想的二维图像稀疏表示方法。

3.4.1　拉普拉斯金字塔

拉普拉斯金字塔(Laplacian pyramid,LP)用来完成 Contourlet 变换的多尺度分解。其基本思想是先通过低通滤波器和下采样产生原始图像的低频逼近,然后基于低频逼近通过上采样与合成滤波器得到原始图像的预测图像,计算原始图像与预测图像的差值作为预测误差,上述过程在各级低频逼近图像上进行迭代,最后得到一个低频逼近和多级预测误差。重构时,将低频逼近通过合成滤波器预测出近似图像,再将其同预测误差相加。其分解和重构过程如图 3.7 所示。

在这里,通过整数采样矩阵 M 表示对离散信号 $x[n]$ 的采样操作。由图 3.7 可知,原始图像经过拉普拉斯金字塔分解,产生低频和带通两个子带图像,带通图像是原始信号与预测信号的差值。其中 H 和 G 分别表示低通分析与合成滤波器,M 表示采样矩阵。该过程在采样后的低频子带上重复进行,从而实现对原始图像的多尺度分解。

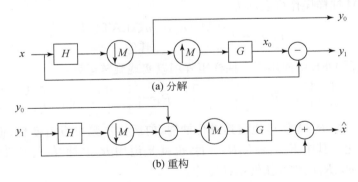

(a) 分解

(b) 重构

图 3.7　拉普拉斯金字塔分解与重构

如图 3.7 所示,图像 x 经过 LP 中的滤波和下采样处理,产生了图像近似子带 y_0,可表示为

$$y_0[n] = \sum_{k \in \mathbf{Z}^d} x[k]h[Mn-k] \tag{3.64}$$

类似地，经过上采样和滤波处理，得到的 x_0 可以表示成

$$x_0[n] = \sum_{k \in \mathbf{Z}^d} y_0[k] g[n - Mk] \tag{3.65}$$

LP 的带通子带可以表示为

$$y_1 = x - x_0 \tag{3.66}$$

3.4.2　方向滤波器组

为了实现稀疏高效的图像处理和分析，在设计滤波器时要体现方向特性。这其中最具代表性的是 Bamberger 和 Smith 在 1992 年使用不可分离的滤波器组实现的完全重构方向滤波器组（directional filter bank，DFB）[21]。DFB 的出现使得有效提取图像的方向信息成为可能，其主要技术表述如下。

1. 二维抽样矩阵

在多维抽样系统中，抽样操作定义在网格上，一个 d 维的网格可用一个 $d \times d$ 的非奇异整数矩阵表示。1 个 d 维抽样矩阵可表示为

$$\mathrm{LAT}(M) = \{m; m = Mn, n \in \mathbf{Z}^d\} \tag{3.67}$$

Q_0 与 Q_1 是常用的两种五点抽样网格矩阵，也称为梅花形抽样矩阵（quincunx）：

$$Q_0 = \begin{bmatrix} 1 & -1 \\ 1 & 1 \end{bmatrix}, \quad Q_1 = \begin{bmatrix} 1 & 1 \\ -1 & 1 \end{bmatrix} \tag{3.68}$$

对于输入信号 $x(n)$ 进行下 M 抽样，输出可表示为

$$x_d(n) = x(Mn) \tag{3.69}$$

相应地，上 M 抽样操作可表示为

$$x_d(n) = \begin{cases} x[M^{-1}n], & n \in \mathrm{LAT}(M) \\ 0, & \text{其他} \end{cases} \tag{3.70}$$

在方向滤波器 DFB 中使用四个抽样矩阵用以实现旋转运算：

$$R_0 = \begin{bmatrix} 1 & 1 \\ 0 & 1 \end{bmatrix}, \quad R_1 = \begin{bmatrix} 1 & -1 \\ 0 & 1 \end{bmatrix}, \quad R_2 = \begin{bmatrix} 1 & 0 \\ 1 & 1 \end{bmatrix}, \quad R_3 = \begin{bmatrix} 1 & 0 \\ -1 & 1 \end{bmatrix} \tag{3.71}$$

式中，R_0、R_1、R_2、R_3 模为 1，使用其进行抽样，前后样本数目没有变化，但样本的位置发生了变化。其中 $R_0R_1 = R_2R_3 = I_2$，也就是说用 R_0 上抽样，等价于用 R_1 下抽样。R_0、R_1、R_2、R_3 也称为扭转抽样矩阵。

2. 梅花形滤波器组

将滤波器与抽样矩阵组合，可得梅花形滤波器组（quincunx filter bank，QFB），如图 3.8 所示。实际上，Q_0 与 Q_1 采样的过程就是对数据进行梅花形下抽样后，再逆时针或顺时针旋转 45°。

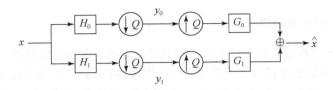

图 3.8　Quincunx 方向滤波器组

QFB 可有效地对输入信号进行频谱划分,当采用菱形滤波器(diamond filter)时可分为低通和高通子带[22];当采用扇形滤波器则可将信号划分为水平或垂直方向的子信号。对任何一种滤波器经过调制变可转换为另一滤波器。

3. 方向滤波器组

方向滤波器组 DFB 可以通过 l 级的树形分解实现,对于频域,则将其分解为 2^l 个楔状的频率子带,如图 3.9 所示。

在 Bamberger 和 Smith 提出的 DFB 算法中需将输入信号进行调制且只能使用菱形滤波器。为获得理想的频谱划分,还要使用特殊的树形结构进行迭代运算,因而造成频谱划分后的子带并不能按照需要的顺序进行排列。为简化运算,同时提高 DFB 对频谱划分的性能,Do 提出了一种改进的 DFB 算法[23]。新算法通过扇形滤波器和旋转抽样矩阵相结合达到定向分割频率的目的。这种新的方向滤波器组的树形结构更加简单且无须对输入信号进行调制。一个完整的方向滤波器组的前两级结构形式如图 3.10 所示。

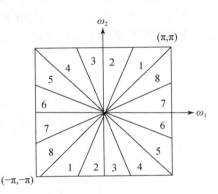

图 3.9　方向滤波器组的频谱划分($l=3$,8 个楔形子带)

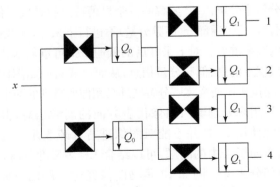

图 3.10　方向滤波器组的前两级分解

3.4.3　Contourlet 变换过程

Contourlet 变换通过双滤波器组完成对具有光滑轮廓图像的稀疏表示,它将多尺度分析和方向分析分开进行。它首先对原始图像进行 LP 分解以捕获奇异点,生成一路低通子带和一路带通子带,其中带通子带是原始图像和低通图像之间的差图像,下一级分解是在产生的低通子带上进行;然后利用方向滤波器组对生成的带通子带进行 $d(d=1,2,\cdots,n)$ 级方向分解,将带通子带分解为 2^d 个楔形子带。这个过程可以迭代 $p(p=1,2,\cdots,n)$ 次,每次迭代所需要的带通子带是上级低通子带与当前低通图像的差,该过程将分布在相同方向上的奇异点合成为一个线性结构。实际上,第一阶段是用类似于小波的变换完成方向检测,然后再用方向变换完成对轮廓的分割。Contourlet 变换过程可由图 3.11 来描述,图中显示了利用 LP 与 DFB 组合进行多尺度和方向分解的过程。由 LP 分解得到的带通图像被送到 DFB 中以捕获方向信息。图示方法在低频粗糙图像上反复迭代,完成对原始图像的多尺度和方向分解。

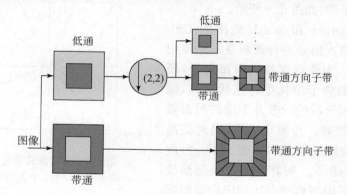

图 3.11　Contourlet 变换过程

如前所述,由于 DFB 本身并不能进行多尺度分析,因此 Contourlet 变换采用了 LP 来完成对图像的多分辨率分解。LP 分解的一个显著特点就是仅对低通子带进行下采样,与小波变换不同,LP 的带通部分(高频分量)不进行下采样,因此避免了小波变换因高频下采样所带来的频率混叠。对下采样后的低通子带可重复迭代进行上述操作,就可得到图像在不同尺度上的高、低频分量信息,从而完成对原始图像的多分辨率分析。图 3.12 给出了用一层拉普拉斯金字塔分解红外马图像所得到的两个子带图像。

另外,由于 DFB 用来处理输入图像代表方向的高频信息,其处理低频内容的能力很弱,因此,单独使用 DFB 并不能对图像进行稀疏表示。为了解决频谱混叠和低频部分泄漏到方向子带中的问题,可以结合 LP 多尺度分解,在应用 DFB 前就将输入图像的低频部分去除。图 3.13 是马图像经过一层四方向 Contourlet 变换得到的结果,依次为低频子带和四个方向子带。

(a) 原始图像　　　　　　(b) LP低频图像　　　　　　(c) LP带通图像

图 3.12　用拉普拉斯金字塔分解红外马图像

(a) LP低频图像　　(b) 方向1图像　　(c) 方向2图像　　(d) 方向3图像　　(e) 方向4图像

图 3.13　马图像的一层四方向 Contourlet 分解

3.5　Contourlet 域图像降噪和增强算法

Contourlet 变换相对于小波变换具有明显的优势。近年来,国内外学者对基于 Contourlet 域的图像降噪方法进行了深入的研究并取得了积极的成果[24-28]。但是,这些降噪方法有的只是简单地利用通用阈值来截取信号,而没有考虑 Contourlet 域系数的分布特点;有的对于按照某种准则保留下来的 Contourlet 系数进行比例萎缩而削弱了图像的边缘和细节信息,降低了图像的对比度。本节将小波域基于最大后验概率准则的降噪和增强算法推广到 Contourlet 域,在滤除噪声的同时实现了图像细节和边缘的增强。

3.5.1　最大后验概率准则的 Contourlet 域推广

按照 MAP 准则,Contourlet 系数的比例萎缩表达式的推导同式(3.48)～式(3.57)。在 Contourlet 域,σ_f^2、σ_n^2、σ_s^2 分别代表含噪图像系数方差、噪声系数方差、原图像系数方差,T 的含义相同。原图像 Contourlet 系数的估计是自适应变化的。原图像系数的方差占整个含噪图像系数方差的比重越大,系数萎缩幅度越小,反之越大。对于含噪图像系数方差小于噪声方差的情况,认为该 Contourlet 系数对应噪声并将之置零。

将 3.3.3 节小波域的萎缩因子修正方法推广到 Contourlet 域。由于图像的边缘和细节主要分布在 Contourlet 分解的低尺度频率段,因此考虑应该使低尺度系数的萎缩因子增强的幅度大于高尺度系数的萎缩因子。当 Contourlet 域分解尺度给出后,各个尺度所包含的总能量就确定了。某尺度上经过方向滤波器分解的方向数越多,每一方向上所包含的能量就越少。某方向上的系数能量占整个尺度能量的比重越大,说明该方向包含较多的细节成分,应该予以增强。Contourlet 系数萎缩因子修正表达式同式(3.60),其中 t_2 的计算方法结合 Contourlet 域的特点可表示如下:

$$t_2 = t_1 \frac{e_i^d}{\sum\limits_{d=1}^{t} e_i^d} = t_1 \frac{\sum\limits_{x=1}^{m}\sum\limits_{y=1}^{n} f^2(x,y)}{\sum\limits_{d=1}^{t}\sum\limits_{x=1}^{m}\sum\limits_{y=1}^{n} f^2(x,y)} \tag{3.72}$$

式中,t 代表尺度 i 下的方向数。

3.5.2　Contourlet 域降噪过程

在降噪过程中,如果变换缺乏平移不变性,就会在信号的不连续点邻域产生伪 Gibbs 现象,导致信号失真。这种信号失真与不连续点的位置密切相关。Contourlet 变换并没有克服小波变换阈值处理缺乏平移不变性的缺点。本节将循环平移方法[29,30]引入 Contourlet 变换,以克服由于 Contourlet 变换缺乏平移不变性而产生的伪 Gibbs 现象。该方法的基本思想是:对含噪信号进行"循环平移—降噪处理—逆向循环平移"。由于对每次平移后的信号进行降噪会使伪 Gibbs 现象出现在不同地方,因此针对行和列方向上的每组平移量都会得到一个不同的降噪结果$\hat{f}_{i,j}$:

$$\hat{f}_{i,j} = S_{-i-j}(T^{-1}(\Lambda(T(f_{ij}(x,y))))) \tag{3.73}$$

式中,f 表示含噪图像;T 为变换,这里指 Contourlet 变换;Λ 代表系数处理,这里代表基于 MAP 准则的系数处理;T^{-1} 是 Contourlet 反变换;S 为循环平移算子;i、j、$-i$、$-j$ 分别是行和列上的偏移量。在式(3.73)的基础上,对所有降噪结果进行线性平均将得到抑制伪 Gibbs 现象的降噪结果:

$$\hat{f} = \frac{1}{k_1 k_2} \sum_{i=1}^{k_1} \sum_{j=1}^{k_2} \hat{f}_{i,j} \tag{3.74}$$

式中,k_1、k_2 是行列方向的最大平移量。

至此,本节提出算法的处理流程描述如下:

(1)对含噪图像进行循环平移;

(2)对含噪图像进行 Contourlet 多尺度分解;

(3)对每一尺度的各个方向系数部分按式(3.62)计算原图像系数方差;

(4)按式(3.57)计算萎缩因子 T,由式(3.60)计算修正系数 T';

(5)将 T' 替换 T,按式(3.56)估计当前尺度各个方向的原图像系数 $\bar{s}$;

(6)重复步骤(3)～(5)直到最大尺度;

(7)重构 Contourlet 系数得到降噪增强后的图像;

(8)按式(3.73)对降噪增强后的图像进行逆循环平移,若达到最大平移量,则按式(3.74)对所有结果求平均,得到最终降噪增强图像,反之回到步骤(1)。

上面处理流程中,将 Contourlet 变换系数中最低尺度高频部分系数的绝对值取中值,然后除以常数 0.6745 作为噪声系数标准差的估计。

3.5.3　仿真与分析

实验硬件平台为联想笔记本,CPU 主频 2GHz,内存 2GB,软件平台为 MAT-LAB 7.0。实验中对两幅红外图像房屋、工厂分别施加 20、30、40 和 50 四种不同标准差等级的高斯噪声。处理后峰值信噪比值比较表和效果图像如表 3.2 和图 3.14所示。实验中塔形滤波器采用"97",方向滤波器采用"pkva",共进行 5 级分解,各级的方向数为 32、16、8、4、3。

从表 3.2 可以看出,在各个噪声等级下,利用本节方法增强系数 $k=0$ 时降噪图像的 PSNR 值都达到最大,明显强于 3σ 准则的小波域降噪和 Contourlet 域降噪。本节方法在增强系数 $k=0.3$ 时降噪图像的 PSNR 值略低于 $k=0$ 时的情形,这主要是因为在对 Contourlet 细节系数进行放大的同时,一部分没有被滤除的噪声系数也得到了增强。从表中还可看出,Contourlet 域降噪多数情况下优于小波域。

表 3.2　各个算法在四种高斯噪声水平下的 PSNR 值比较

	噪声标准差	加噪图像	3σ 小波域降噪	Contourlet 域降噪	本节方法 $k=0$	本节方法 $k=0.3$
房屋	20	22.07	26.66	26.15	27.56	26.15
	30	18.55	24.28	24.32	25.46	24.71
	40	16.17	22.59	22.93	23.98	23.19
	50	14.19	21.17	21.96	22.80	22.15
工厂	20	22.16	27.85	27.82	28.61	27.70
	30	18.57	25.43	25.89	26.51	25.83
	40	16.05	23.78	24.73	25.09	24.43
	50	14.18	22.66	23.79	23.98	23.22

图 3.14 为噪声标准差为 30 的图像处理结果。两组图像第一行从左至右分别为原图像、噪声图像和 3σ 准则小波域降噪图像;第二行分别为 Contourlet 域降噪图像、本节方法 $k=0$ 处理图像和本节方法 $k=0.3$ 处理图像。从中可以看出,在主观视觉效果上,无论 $k=0$ 还是 $k=0.3$,本节方法都要优于其他算法。对比房屋、工

厂图像分别经过本节方法 $k=0$ 与 $k=0.3$ 时的处理图像,可以看出后者在视觉效果上对于图像边缘和细节的处理要优于前者。

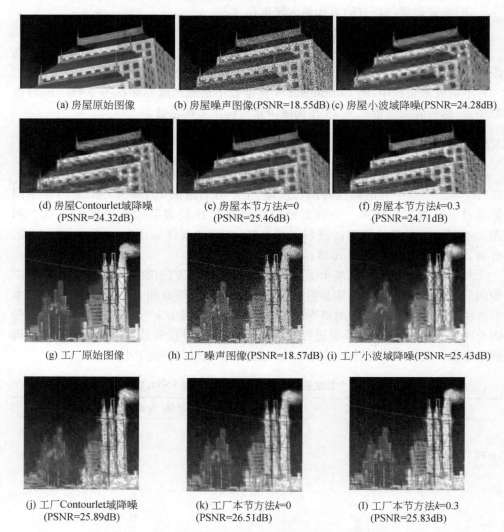

(a) 房屋原始图像　　(b) 房屋噪声图像(PSNR=18.55dB)(c) 房屋小波域降噪(PSNR=24.28dB)

(d) 房屋Contourlet域降噪　　　(e) 房屋本节方法$k=0$　　　(f) 房屋本节方法$k=0.3$
(PSNR=24.32dB)　　　　　　(PSNR=25.46dB)　　　　　　(PSNR=24.71dB)

(g) 工厂原始图像　　(h) 工厂噪声图像(PSNR=18.57dB) (i) 工厂小波域降噪(PSNR=25.43dB)

(j) 工厂Contourlet域降噪　　　(k) 工厂本节方法$k=0$　　　(l) 工厂本节方法$k=0.3$
(PSNR=25.89dB)　　　　　　(PSNR=26.51dB)　　　　　　(PSNR=25.83dB)

图 3.14　房屋、工厂红外图像降噪增强处理效果图

在噪声标准差水平 20、30、40、50 下,取增强系数 $k=0$、0.2 、0.4、0.6、0.8、1.0、1.2 对红外图像房屋做实验,得到系数 k 与 PSNR 值的变化关系。为方便显示,以 20、40 和 30、50 分两组分别绘制于图 3.15。可看出,k 与 PSNR 值的关系类似于小波域。

在噪声标准差水平 50 下,针对房屋图像绘制调节系数 $k=0.2,0.4,0.6,0.8,$ 1,1.2 时降噪增强图像与 $k=0$ 时降噪图像在第 90 行从第 100 列至 200 列灰度值的比较曲线如图 3.16 所示。图中实线代表 $k=0$ 时的降噪图像灰度曲线,虚线表示其他 k 系数的降噪增强图像曲线。从中可以看出,在 $k=0.2,0.4$ 时,两者灰度值差异不大;从 $k=0.6$ 开始两者间的灰度值差异开始加大,当 $k=1.2$ 时,差异达到最大。

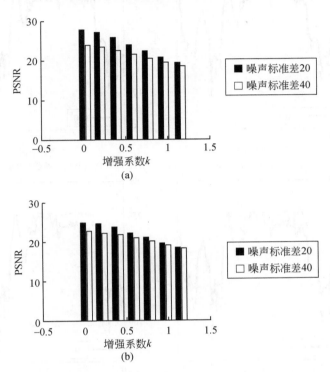

图 3.15　噪声标准差水平 20 和 40、30 和 50 下增强系数 k 与 PSNR 的关系图

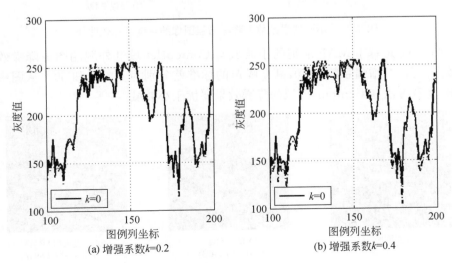

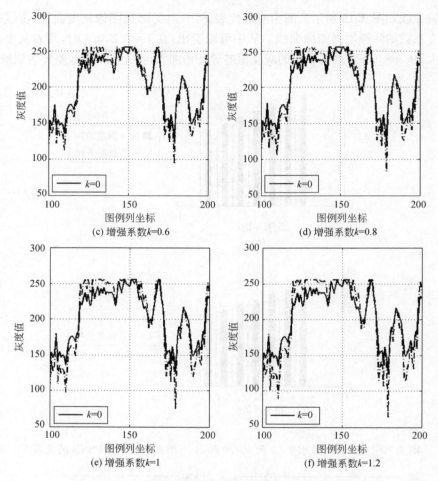

(c) 增强系数k=0.6　　　　　　　　　(d) 增强系数k=0.8

(e) 增强系数k=1　　　　　　　　　(f) 增强系数k=1.2

图 3.16　不同增强系数下降噪增强图像的灰度值比较曲线

图 3.17 是基于 MAP 准则的小波域与 Contourlet 域红外舰船图像降噪效果比较图。其中,增强系数 k=0,高斯噪声的标准差分别为 30、40 和 50。从图中可看出,本章方法在 Contourlet 域的降噪效果要优于小波域。

(a) 原图像　　　　　　　(b) 噪声图像　　　　　　　(c) 小波域MAP准则
　　　　　　　　　　　　(PSNR=18.44dB)　　　　　　(PSNR=27.29dB)

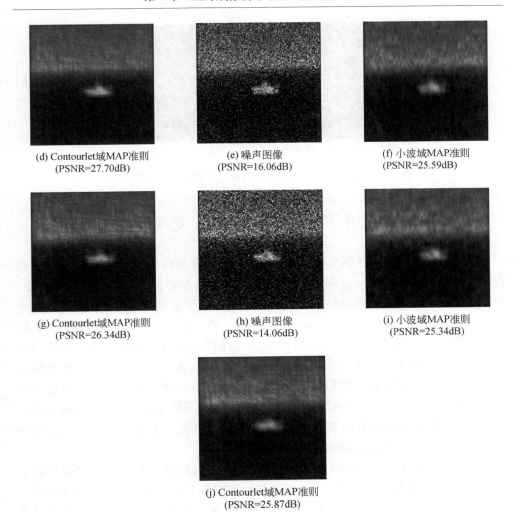

(d) Contourlet域MAP准则
(PSNR=27.70dB)

(e) 噪声图像
(PSNR=16.06dB)

(f) 小波域MAP准则
(PSNR=25.59dB)

(g) Contourlet域MAP准则
(PSNR=26.34dB)

(h) 噪声图像
(PSNR=14.06dB)

(i) 小波域MAP准则
(PSNR=25.34dB)

(j) Contourlet域MAP准则
(PSNR=25.87dB)

图 3.17　基于 MAP 准则的小波域和 Contourlet 域图像降噪效果比较图

图 3.18 是对受到噪声污染的实际飞机红外图像的处理效果图,从处理结果中可进一步验证本节方法的降噪效果。

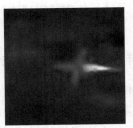

(a) 实际红外图像

(b) 小波3σ准则降噪

 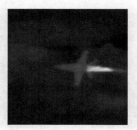

(c) Contourlet域3σ准则降噪　　　　　(d) 本节方法降噪

图 3.18　受到噪声污染的实际飞机红外图像的处理效果图

3.6　非下采样 Contourlet 变换理论

Contourlet 变换存在下采样过程,因此低频子带和高频子带均存在频谱混叠现象。频谱混叠造成同一方向的信息会在几个不同方向子带中同时出现,这在一定程度上削弱了其方向选择性。非下采样 Contourlet 变换(non-subsampled contourlet transform, NSCT)与 Contourlet 变换一样,也是采用由拉普拉斯金字塔(LP)变换与方向滤波器组(DFB)所构成的双迭代滤波器组结构。两者的区别在于 NSCT 采用的是非下采样 LP 和非下采样 DFB,变换时首先由非下采样塔形滤波器将图像分解为低频部分和高频部分,然后由非下采样方向性滤波器组将高频部分分解为若干个方向。NSCT 去掉了 LP 分解和 DFB 分解中信号经分析滤波后的下采样(抽取)以及综合滤波前的上采样(插值),而改为对相应的滤波器进行采样,再对信号进行分析滤波和综合滤波。

NSCT 继承了 Contourlet 变换的多尺度、多方向以及良好的空域和频域局部特性,变换后系数能量更加集中,能够更好地捕捉和跟踪图像中重要的几何特征。同时,由于没有上采样和下采样,因此图像的分解和重构过程中不具有频率混叠项,这使得 NSCT 具有平移不变性以及各级子带图像与原图像具有尺寸大小相同的特性。

3.7　非下采样 Contourlet 域混合统计模型红外图像降噪

3.7.1　非下采样 Contourlet 域混合统计图像降噪模型

Contourlet 和 NSCT 最常用的是传统的阈值方法[31-35],实现简单,但是并没有考虑到各图像尺度内系数的相关性、相邻尺度系数之间的相关性以及边缘轮廓的关系,图像细节信息不能很好地保留且存在振铃现象。

NSCT 域信号系数尺度间和尺度内同方向子带内相关性强,噪声系数层间相关性较弱、层内无相关性。基于此,将 NSCT 变换系数分为噪声系数和信号系数两类并分别建模,根据贝叶斯框架下的最大后验估计理论,推导降噪方程。

信号系数包含了图像的大部分信息及主要的边缘和纹理,相邻尺度间的系数相关性较强,分解系数的统计分布在原点处的峰值更尖锐,并具有长拖尾,可采用广义的拉普拉斯分布来建模。噪声系数主要是噪声和微小细节的贡献,本节采用具有强局部相关的零均值高斯分布来建模。

假定红外图像经过 NSCT 变换分解为 $\{a_s[i,j], c_l^d[i,j]\}$,其中 s 代表最大分解尺度,$a_s[i,j]$ 为低频子带系数,$c_l^d[i,j]$ 表示 l 尺度 d 方向子带系数。降噪的目的就是从被噪声污染的系数 $c_l^d[i,j]$ 中恢复出实际图像信号系数 $s_l^d[i,j]$。假定系数 $c_l^d[i,j]$ 的降噪因子为 $\xi[i,j]$,则 $s_l^d[i,j]$ 可通过下面的比例式估计:

$$s_l^d[i,j] = \xi[i,j] \times c_l^d[i,j] \tag{3.75}$$

系数估计的关键是确定降噪因子。

假定噪声所贡献的分解系数服从高斯分布:

$$p(x \mid \text{noise}) = \frac{1}{\sqrt{2\pi}\sigma_n} \exp\left(\frac{-x^2}{2\sigma_n^2}\right) \tag{3.76}$$

另外,由图像信号系数所贡献的分解系数采用广义拉普拉斯分布来描述:

$$p(x \mid \text{image}) = \frac{\exp\left(-\left|\dfrac{x}{\alpha}\right|^\beta\right)}{C(\alpha, \beta)} \tag{3.77}$$

$$C(\alpha, \beta) = 2\frac{\alpha}{\beta}\Gamma\left(\frac{1}{\beta}\right), \quad \alpha > 0; \beta > 0 \tag{3.78}$$

经过噪声污染的 NSCT 分解系数的统计分布可表示为

$$p(x) = \omega p(x \mid \text{noise}) + (1-\omega) p(x \mid \text{image}) \tag{3.79}$$

式中,ω 表示系数总体分布特性的权重参数。α、β、ω 可通过最大似然函数来估计:

$$\ln L = \sum \ln(p(c_l^d[i,j])) \tag{3.80}$$

根据贝叶斯框架下的最大后验估计理论,萎缩因子的函数关系可表示如下:

$$\xi(x) = \frac{(1-\omega) p(x \mid \text{image})}{(1-\omega) p(x \mid \text{image}) + \omega p(x \mid \text{noise})} \tag{3.81}$$

结合式(3.75)和式(3.81),即可恢复出降噪后的变换系数。

3.7.2　算法流程

NSCT 域图像降噪算法步骤如下:

步骤 1:将输入原图像变换到非下采样轮廓波域;

步骤 2:分别对噪声系数、信号系数按照高斯分布和广义拉普拉斯分布建模;

步骤 3：在贝叶斯框架下基于最大后验概率准则推导带通系数的降噪比例因子；

步骤 4：按照比例因子式(3.81)和系数降噪表达式(3.75)对带通系数进行处理；

步骤 5：对变换系数实施 NSCT 反变换，将处理空间变换回空域，实现图像的降噪。

3.7.3　实验与分析

实验硬件平台为方正台式机，CPU 主频 3.4GHz，内存 4GB，软件平台为 MATLAB 2008a。NSCT 变换中塔形滤波器为"9-7"，方向滤波器为"pkva"，分解尺度为 3，方向子带数分别为[16,8,4]。本部分先通过典型可见光图像进行仿真实验，再利用实际红外图像验证本节算法的有效性。

对 Lena、Barbara、Pepper 三幅可见光图像分别施加五个不同等级的均值为零的高斯噪声，标准差分别为 10、20、30、40 和 50。NSCT 域混合统计模型滤波法与小波软阈值法、Contourlet 域阈值法、Contourlet 域混合统计模型滤波法对三幅图像的处理结果如表 3.3 所示。小波法选用的均是"sym4"小波，分解级数为三级。图 3.19 为四种算法对 Barbara 图像施加标准差为 30 和 50 高斯噪声的处理效果图。

表 3.3　各算法在五种高斯噪声水平下的 PSNR 值比较

	噪声标准差	加噪图像	小波域降噪	Contourlet 域降噪	Contourlet 域统计建模	NSCT 域统计建模
Barbara	10	28.12	29.71	29.37	33.04	33.23
	20	22.11	25.73	26.12	29.32	29.40
	30	18.60	23.73	24.36	28.45	28.71
	40	16.09	22.58	23.14	27.25	27.73
	50	14.15	21.63	22.34	25.46	26.08
Lena	10	28.13	32.23	31.77	36.44	36.75
	20	22.12	28.87	28.81	32.23	32.70
	30	18.55	26.84	27.04	31.32	32.07
	40	16.09	25.44	25.66	28.99	30.08
	50	14.16	24.24	24.71	27.88	29.10
Pepper	10	28.14	31.96	31.16	33.70	33.86
	20	22.12	28.97	28.47	32.76	33.07
	30	18.58	26.99	26.68	30.06	30.58
	40	16.09	25.35	25.40	28.68	29.50
	50	14.16	24.13	24.40	27.67	28.72

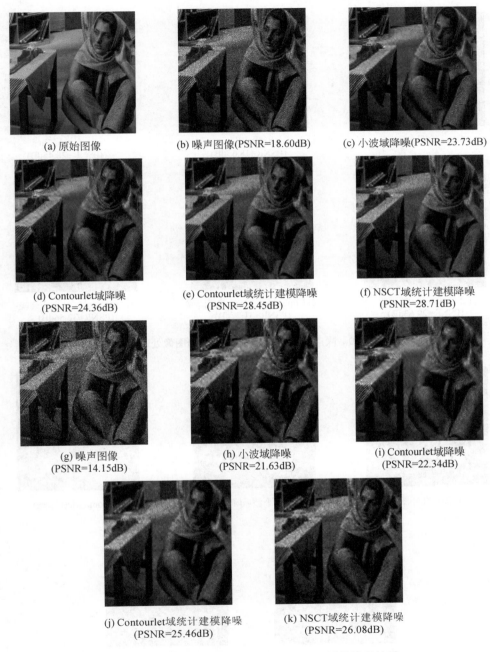

(a) 原始图像　　　　(b) 噪声图像(PSNR=18.60dB)　　　　(c) 小波域降噪(PSNR=23.73dB)

(d) Contourlet域降噪
(PSNR=24.36dB)

(e) Contourlet域统计建模降噪
(PSNR=28.45dB)

(f) NSCT域统计建模降噪
(PSNR=28.71dB)

(g) 噪声图像
(PSNR=14.15dB)

(h) 小波域降噪
(PSNR=21.63dB)

(i) Contourlet域降噪
(PSNR=22.34dB)

(j) Contourlet域统计建模降噪
(PSNR=25.46dB)

(k) NSCT域统计建模降噪
(PSNR=26.08dB)

图 3.19　噪声标准差为 30、50 的 Barbara 图像处理效果

　　图 3.20 是红外舰船图像施加噪声的降噪效果，其中，高斯噪声的标准差为 30。图 3.21 是对受到噪声污染的实际飞机红外图像的处理效果。

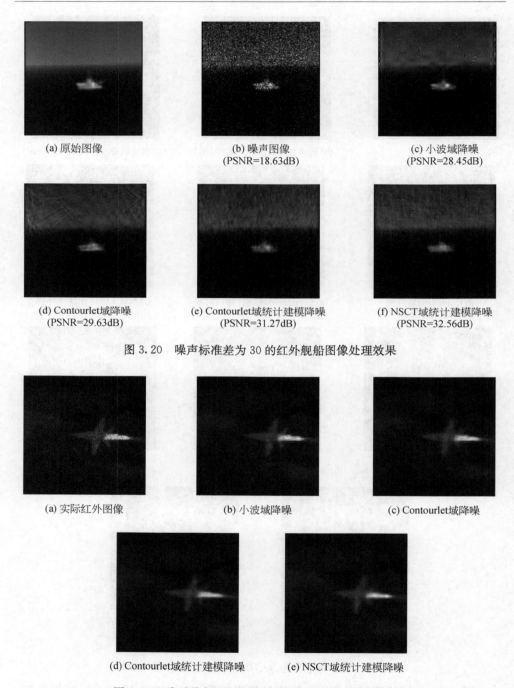

(a) 原始图像　　　　　　　　(b) 噪声图像　　　　　　　　(c) 小波域降噪
　　　　　　　　　　　　　　　(PSNR=18.63dB)　　　　　　(PSNR=28.45dB)

(d) Contourlet域降噪　　　　(e) Contourlet域统计建模降噪　　(f) NSCT域统计建模降噪
(PSNR=29.63dB)　　　　　　(PSNR=31.27dB)　　　　　　(PSNR=32.56dB)

图 3.20　噪声标准差为 30 的红外舰船图像处理效果

(a) 实际红外图像　　　　　　(b) 小波域降噪　　　　　　　(c) Contourlet域降噪

(d) Contourlet域统计建模降噪　　(e) NSCT域统计建模降噪

图 3.21　受到噪声污染的实际飞机红外图像的处理效果

从表 3.3、图 3.19~图 3.21 可得出如下结论:

(1)从表 3.3 中可知,NSCT 域混合统计模型降噪算法的 PSNR 最高,能有效去除图像中的高斯白噪声,较好地保持图像的边缘,特别是在噪声较大的情况下去除噪声的能力更加明显;

(2)从图 3.19~图 3.21 可知,NSCT 域混合统计模型降噪算法既平滑了噪声,又有效地保持了图像的边缘,取得了良好的效果;

(3)基于 Contourlet 域混合统计模型降噪算法在视觉效果上同 NSCT 域方法接近,但在 PSNR 上比 NSCT 域方法稍差;

(4)小波软阈值法降噪效果较为平滑,但通常会造成边缘细节的模糊;

(5)Contourlet 阈值降噪方法细节部分保持较好,也能有效平滑噪声,但是出现了较为明显的栅格效应。

本节在 NSCT 域对噪声系数、信号系数分别按照高斯分布和广义拉普拉斯分布建模,根据贝叶斯框架下的最大后验估计理论,推导原始信号系数的估计公式,对包含噪声的图像系数进行处理,实现 NSCT 域红外图像降噪。NSCT 具有平移不变性和更好的方向选择特性,实验结果充分表明了本节提出的 NSCT 域混合统计模型降噪方法在 PSNR 提高与视觉效果上优于部分经典降噪方法。

3.8 小　　结

本章针对红外成像易受噪声干扰造成图像模糊、分辨率低、对比度弱等特点,从分析红外成像系统噪声特性着手,分别在小波域和 Contourlet 域提出具有增强效果的基于 MAP 准则的自适应降噪算法。针对比例萎缩降噪方法在去除噪声的同时,也弱化了图像细节和边缘的缺陷,该算法在假定图像系数和噪声系数先验为高斯分布的基础上,利用最大后验概率准则推导变换系数的估算公式,然后在考虑尺度因素和方向能量因素的基础上对估算公式中的萎缩因子进行修正并将之应用于变换系数萎缩过程中,最后通过逆变换得到降噪和增强的图像。实验结果表明,本章提出的基于 MAP 准则的直接比例萎缩降噪算法效果要优于 3σ 准则、Visushrink 准则等一些常用的降噪算法,能够获得较高的峰值信噪比值。通过选择增强系数,修正比例萎缩因子,在损失较小峰值信噪比值的情况下,本章提出的增强算法在增强图像细节和图像对比度等方面要优于直接比例萎缩,能够获得较好的视觉效果。鉴于 Contourlet 变换的优良特性,基于 MAP 准则的 Contourlet 域降噪和增强算法的性能要优于小波域。

更进一步,本章提出了一种非下采样 Contourlet 域变换系数混合统计建模的降噪方法。该方法将图像变换到非下采样 Contourlet 域,根据系数特点,对噪声系数、信号系数分别按照高斯分布和广义拉普拉斯分布建模,利用贝叶斯框架下的最大后验估计理论,推导原始信号系数估计公式,并对包含噪声的图像系数进行处理,实现非下采样 Contourlet 域红外图像降噪。本章提出的方法能够对红外成像过程中产生的高斯噪声实现有效抑制,较完整地保持图像的边缘等细节信息,在峰值信噪比提高与视觉效果上优于小波变换、Contourlet 变换相关算法。

参 考 文 献

[1]谢杰成,张大力,徐文立. 小波图像去噪综述. 中国图象图形学报,2002,7(3):209-217.

[2]李旭超,朱善安. 小波域图像降噪概述. 中国图象图形学报,2006,11(9):1201-1209.

[3]潘泉,孟晋丽,张磊,等. 小波滤波方法及应用. 电子与信息学报,2007,29(1):236-242.

[4]熊江. 小波域图像降噪概述. 计算机科学,2007,34(7):232-234.

[5]Xu Y S,Weaver J B,Healy D M,et al. Wavelet transform domain filters:a spatially selective noise filtration technique. IEEE Transactions on Image Processing,1994,3(6):747-758.

[6]Pan Q,Zhang L,Dai G Z,et al. Two denoising methods by wavelet transform. IEEE Transactions on Signal Processing,1999,47(12):3401-3406.

[7]唐志航,黄哲,张东衡,等. 基于尺度相关性的自适应图像增强新算法. 计算机应用,2006,26(9):2084-2086.

[8]韩敏,刘云侠. 改进的双小波空域相关混沌信号降噪方法. 系统仿真学报,2009,21(15):4743-4747.

[9]Mallat S,Hwang W L. Singularity detection and processing with wavelets. IEEE Transactions on Information Theory,1992,38(2):617-643.

[10]Mallat S,Zhong S. Characterization of signals from multiscale edges. IEEE Transactions on Pattern Analysis and Machine Intelligence,1992,14(7):710-732.

[11]连可,王厚军,龙兵. 一种基于小波变换模极大值的估计 Lipschitz 指数新方法. 电子学报,2008,36(1):106-110.

[12]Donoho D L,Johnstone J M. Adapting to unknown smoothness via wavelet shrinkage. Journal of the America Statistical Association,1995,90(432):1200-1224.

[13]Donoho D L. De-noising by soft-thresholding. IEEE Transactions on Information Theory,1995,41(3):613-627.

[14]Donoho D L,Johnstone J M. Ideal spatial adaptation by wavelet shrinkage. Biometrika,1994,81(3):425-455.

[15]Chang S G,Yu B,Vetterli M. Adaptive wavelet thresholding for image denoising and compression. IEEE Transactions on Image Processing,2000,9(9):1532-1546.

[16]赵志刚,管聪慧. 基于多尺度边缘检测的自适应阈值小波图像降噪. 仪器仪表学报,2007,28(2):288-292.

[17]万晟聪,杨新. 基于自适应小波阈值的 SAR 图像降噪. 信号处理,2009,25(6):874-881.

[18]Shark L K,Yu C. Denoising by optimal fuzzy thresholding in wavelet domain. Electronics Letters,2000,36(6):581-582.

[19]Malfait M,Roose D. Wavelet-based image denoising using a Markov random field a priori

model. IEEE Transactions on Image Processing,1997,6(4):549-565.

[20]王文,芮国胜,王晓东,等. 图像多尺度统计模型综述. 中国图象图形学报,2007,12(6):961-969.

[21]Bamberger R H,Smith M J. A filter bank for the directional decomposition of images:theory and design. IEEE Trans. Signal Processing,1992,40(4):882-893.

[22]Vetterli M. Multidimensional subband coding:some theory and algorithms. Signal Processing,1984,16(2):97-112.

[23]Do M N. Directional Multiresolution Image Representation. Lausanne:Swiss Federal Institute of Technology,2001.

[24]Do M N,Vetterli M. Contourlets . New York:Academic Press,2002:1-27.

[25]Po D D Y,Do M N. Directional multiscale modeling of images using the Contourlet transform. IEEE Transactions on Image Processing,2006,15(6):1610-1620.

[26]Lu Y,Do M N. CRISP-Contourlet:a critically sampled directional multiresolution image representation. Proc. of the SPIE Conference on Wavelet Applications in Signal and Image Processing,San Diego,2003:655-665.

[27]金炜,尹曹谦. Contourlet 域超声图像自适应降斑算法研究. 光电子·激光,2008,19(5):696-699.

[28]程光权,成礼智. 基于冗余 Contourlet 变换的图像相关法去噪. 中国图象图形学报,2008,13(9):1678-1682.

[29]Coifman R R,Donoho D L. Translation invariant denoising//Wavelets and Statistics,Springer Lecture Notes in Statistics 103. New York:Springer-Verlag,1995:125-150.

[30]Eslami R, Radha H. The Contourlet transform for image denoising using cycle spinning. Proc. of the 37th Asimolar Conference on Signals,Systems and Computers,Pacific Grove,2003:1982-1986.

[31]戴维,于盛林,孙栓. 基于 Contourlet 变换自适应阈值的图像去噪算法. 电子学报,2007,35(10):1939-1943.

[32]刘丽萍,崔宁海,王琰. 一种新的 Contourlet 变换图像降噪算法. 沈阳理工大学学报,2012,31(1):31-35.

[33]程光权,成礼智. 基于冗余 Contourlet 变换的图像相关法去噪. 中国图象图形学报,2008,13(9):1678-1682.

[34]倪超,李奇,夏良正. 基于非下采样 Contourlet 扩散滤波的红外图像降噪. 东南大学学报(自然科学版),2010,40(1):272-276.

[35]闫晟,刘明刚,原建平. 一种基于 NSCT 变换的超生图像降噪新算法. 仪器仪表学报,2012,33(5):1005-1012.

第4章　红外成像制导中的图像分割

4.1　引　　言

图像分割是指将图像空间划分成若干个具有某些一致性属性的不重叠区域。对图像空间的划分建立在区域的相似性及非连续性这两个概念上,这里相似性是指同一区域中的像素特征是类似的,而非连续性则指不同区域间像素的特征存在突变。图像分割是计算机视觉和图像理解中的一项重要低层处理内容,也是目标特征提取、识别与跟踪的基础。从总体上说,图像分割技术一般总是围绕目标的边缘或区域来实现的。边缘表示图像信息的某种不连续性,它通常意味着一个区域的开始和另一个区域的结束,但是边缘特征受噪声影响较大。区域则反映目标的同质性或相似性,该特征受噪声干扰的影响较小,其不足之处是后续处理的信息量比边缘分割法大。因此,对噪声干扰较大的图像,综合考虑边缘和区域的分割方法往往会得到更好的效果,即可以先进行区域分割,然后再提取边缘。实际上,多年来并没有一种通用的分割理论和算法适用于所有图像,大多数分割算法都是针对具体问题而言的。因此,如何根据实际的应用领域,对现有分割方法进行改进,或引入新的概念、新的方法,仍然是图像分割技术研究的重点。

红外目标的分割问题以及固有的特殊性有别于一般的目标分割,其难点主要体现在:红外成像为热源成像,图像中目标和边界均模糊不清;目标自身无明显形状、尺寸、纹理等信息可以利用。目标的成像面积小,往往伴随着信号强度弱,目标分割要在低信噪比条件下进行。单帧处理常常无法保证检测性能,需要通过对多帧图像处理来积累目标能量,这使得存储和处理的数据量增大,增加了实时处理难度。一般的图像分割方法难以很好地解决目标内部灰度微小变化和空间不连贯的问题。红外图像中目标灰度不均匀容易造成目标分割区域的离散性较大。因此还需对目标的离散区域进行后处理。本章主要基于模糊理论和单阈值扩展方法,对红外图像的分割问题展开探讨。

4.2　基于模糊理论的图像处理

1965 年,Zadeh 博士在杂志 *Informationa and Control* 上发表了一篇开创性的论文"Fuzzy set",从而开创了一门新的学科——模糊数学。之后,模糊理论就成为研究的热点。

模糊概念来源于模糊现象,而模糊现象在自然界中是普遍存在的。例如,"大雨""中雨"和"小雨"就是模糊概念,因为谁也说不准三者之间的界限,说不清划分的具体标准。还有"青年人""中年人"和"老年人"之间的界限也很难确定,也属模糊概念。类似的例子可以举出很多。概括起来说,这种很难用确定的尺度(或精确模型)来刻画的现象就是模糊现象。

模糊理论的提出是源于对复杂系统的研究。系统的复杂性与系统模型的精度是相关的。正如系统理论的先驱 Zadeh 提出的不相容原理所言:随着复杂性的增加,精确的陈述失去意义而有意义的陈述失去精度。对于几乎没有数值数据存在,而只有模糊或非精确信息存在的复杂系统而言,Zadeh 意识到无法用经典的数学理论来解决,"我们需要一种从根本上不同的数学,是关于不能用概率分布描述的模糊或不清楚量的数学"来解决。模糊理论提供了一种理解这种系统特性的途径。

模糊理论研究的是一种不确定性现象,这种现象是事物之间的过渡性所引起的划分上的不确定性。它摆脱了"非此即彼"的精确性,从而使得概念外延具有不分明性,即"亦此亦彼"的模糊性。它与概率论所研究的随机性的区别在于:尽管随机性反映的也是一种不确定性,但它是反映事物是否发生的不确定性,它摆脱"一因一果"的因果决定性,反映事物"一因多果"的随机性。

在图像处理的过程中,必须充分考虑图像自身的特点和人的视觉特性。图像的成像过程是一种多到一的映射过程(三维景物仅以灰度形式表现),由此决定了图像本身存在许多不确定性和不精确性,即模糊性。而对于人的视觉感知来说,图像从黑到白的变化也是模糊的。这种不确定性和不精确性主要体现在图像灰度的不确定性、目标边缘的不确定性等。这种不确定性是经典的数学理论无法解决的。Zadeh 提出用模糊理论来研究不确定性和不精确性,为智能信息处理提供了有效的新途径。人们发现模糊理论对于图像的这种不确定性有很好的描述能力,所以可以引入模糊集理论作为有效描述图像特点和人视觉特性的模型和方法,分析诸如人的判断、感知及辨识等行为。

对于实际中存在各种模糊现象,如何从数学的角度来刻画呢? 正像用经典集合理论来描述非模糊现象一样,对模糊现象的刻画可以利用模糊集合理论。与经典集合理论的定义域相对应,在模糊集理论里面用论域 U 表示所研究的对象的取值范围。众所周知,在经典集合理论里集合 A 可由其特征函数唯一确定:

$$X_A(x) = \begin{cases} 1, & x \in A \\ 0, & x \notin A \end{cases} \tag{4.1}$$

即 $x \in A$ 和 $x \notin A$ 有且仅有一个成立,界限清晰。而模糊现象的分界则是模糊不清的。所以为了刻画模糊现象,有必要将离散的两点 0、1 扩充为连续状态的区间[0,1],这样,普通集合的特征函数就扩展为模糊集的隶属函数。

模糊集合是用从 0 到 1 之间连续变化的值描述某元素属于特定集合的程度，是描述和处理概念模糊或界限不清事物的数学工具。某元素属于模糊集合 $\widetilde{A}$ 的程度称为隶属度，可用 $\mu_A(x)$ 描述，隶属度函数值是闭区间 $[0,1]$ 上的一个数。这里给出一个模糊集的例子。

若取年龄作为论域，设 $U=[0,100]$，模糊集 $\widetilde{A}$ 和 $\widetilde{B}$ 表示"年轻"和"年老"两个模糊概念。Zadeh 给出的 $\widetilde{A}$ 和 $\widetilde{B}$ 的隶属函数分别为

$$\mu_A(x)=\begin{cases} 1, & 0 \leqslant x \leqslant 25 \\ \left[1+\left(\dfrac{x-25}{5}\right)^2\right]^{-1}, & 25 < x \leqslant 100 \end{cases} \tag{4.2}$$

$$\mu_B(x)=\begin{cases} 0, & 0 \leqslant x \leqslant 50 \\ \left[1+\left(\dfrac{x-50}{5}\right)-2\right]^{-1}, & 50 < x \leqslant 100 \end{cases} \tag{4.3}$$

隶属函数是模糊理论中最重要的概念，在实际中处理模糊现象的首要任务是确定隶属函数。下面介绍在实际应用中经常用到的三类隶属函数。

（1）S 函数（偏大型隶属函数）：

$$S(x;a,b)=\begin{cases} 0, & x \leqslant a \\ 2\left(\dfrac{x-a}{b-a}\right)^2, & a < x \leqslant \dfrac{a+b}{2} \\ 1-2\left(\dfrac{x-a}{b-a}\right)^2, & \dfrac{a+b}{2} < x \leqslant b \\ 1, & b < x \end{cases} \tag{4.4}$$

这种隶属函数用于表示像年老、热、高、浓等表示偏向大的一方的模糊现象。

（2）Z 函数（偏小型隶属函数）：

$$Z(x;a,b)=1-S(x;a,b) \tag{4.5}$$

这种隶属函数可用于表示像年轻、冷、矮、淡等偏向小的一方的模糊现象。

（3）Π 函数（中间型隶属函数）：

$$\Pi(x;a,b)=\begin{cases} S(x;b-a,b), & x \leqslant b \\ Z(x;b,b+a), & x > b \end{cases} \tag{4.6}$$

这种隶属函数可用于表示像中年、适中、平均等趋于中间的模糊现象。

对于模糊集的表示方法，一般可以分为如下。

（1）序对表示法：

$$\widetilde{A}=\{(x,A(x))|x \in U\} \tag{4.7}$$

（2）Zadeh 记号表示法。当论域 U 为有限集时，有 $\widetilde{A}=\sum\limits_{i=1}^{n}\dfrac{\widetilde{A}(x_i)}{x_i}$。这里 Zadeh 记号不代表分式求和，其分母是论域中的元素，分子式相应元素的隶属度。当隶属度为 0 时，该项可不写。当论域 U 为无限集时，则写成 $\widetilde{A}=\displaystyle\int_{x \in U}\dfrac{\widetilde{A}(x)}{x}$。这里

的积分符号表示各个元素与隶属度对应关系的一个总概括。

在图像处理的过程中,必须充分考虑图像成像的特点和人的视觉特性。图像的成像过程是一种多到一的映射过程,即三维景物仅以灰度形式表现,由此决定了图像本身存在许多不确定性和不精确性,即模糊性。这种不确定性和不精确性主要体现在图像灰度的不确定性、目标边缘的不确定性等。对于人的视觉感知来说,图像从黑到白的变化也是模糊的。图像的这些不确定性是经典的数学理论无法解决的,而模糊理论对于图像的这些不确定性则有很好的描述能力,并且对于噪声具有很好的鲁棒性,所以可将其引入作为有效描述图像特点和人视觉特性的模型和方法。从模糊理论提出至今,经过近 60 年的发展,模糊图像处理已形成各种不同的理论分支:

(1)模糊度量图像信息,如熵、相关性、散度,期望值等;

(2)模糊推理系统,如图像模糊化、推理、图像解模糊;

(3)模糊聚类,如模糊 C 均值聚类、概率 C 均值聚类等;

(4)模糊数学形态学,如模糊腐蚀、模糊膨胀等;

(5)组合方法,如神经模糊方法或模糊神经方法、模糊遗传算法、模糊小波分析等。

至于红外图像,其反映的是场景中目标和背景的红外辐射分布,而目标与其周围背景存在着热交换以及大气对热辐射的散射和吸收作用,使得红外图像中目标与背景的对比度较低、边缘模糊,其中的信息不像可见光图像那样直观明确且容易受到噪声的污染,这给红外图像分割带来很大的困难。本章接下来的内容针对红外图像的特点,探讨基于模糊 C 均值聚类的红外图像分割方法。

4.3　模糊 C 均值聚类图像分割

模糊 C 均值(fuzzy C-means,FCM)聚类算法是一种较为重要的模糊聚类算法,已经广泛用于模式识别、图像处理、知识发现和模糊规则等众多领域。针对红外图像分割,常用的基于灰度阈值的分割方法要求目标和背景对比度较强,基于边缘检测的分割方法要求目标的边界清楚,都不太适合。由 Bezdek 提出的 FCM 方法[1,2]被广泛地应用于医学图像分割[3-5]和工农业可见光图像分割[6-9],但少有报道应用于红外图像分割。根据红外图像特点,利用 FCM 算法进行分割具有一定的优越性。该方法没有将像素点硬分,而是将像素点按对类别的隶属程度进行分类。下面描述 FCM 分割算法的原理。

FCM 聚类用于图像分割的基本思想就是通过迭代寻找聚类中心和图像像素与聚类中心的隶属度关系使得目标函数达到最小,以实现图像的优化分割。FCM 分割算法的目标函数可表示如下:

$$J = \sum_{i=1}^{c} \sum_{j=1}^{n} u_{ij}^{m} (x_j - x_i')^2 \tag{4.8}$$

式中，c 是聚类数目；n 表示图像的像素个数；u_{ij} 是像素 j 相对于类 i 的隶属度；m 为模糊加权指数；x_i' 是计算得到的聚类中心；x_j 为像素的灰度值。隶属度 u_{ij} 的约束条件为

$$\sum_{k=1}^{c} u_{kj} = 1, \quad \forall j = 1, 2, \cdots, n \tag{4.9}$$

FCM 聚类算法可看做在约束条件(4.9)下，通过确定各个隶属度和聚类中心，求取目标函数的极小值。采用拉格朗日乘数法，考虑聚类点的权值，在约束条件下令

$$F = \sum_{i=1}^{c} \sum_{j=1}^{n} u_{ij}^m (x_j - x_i')^2 + \sum_{j=1}^{n} \lambda_j \left(1 - \sum_{k=1}^{c} u_{kj}\right) \tag{4.10}$$

F 对所有的输入变量分别求偏导数并令其等于零，解方程可以得到使式(4.10)达到最小的必要条件。

令

$$\frac{\partial F}{\partial u_{ij}} = 0 \Rightarrow m u_{ij}^{m-1} (x_j - x_i')^2 - \lambda_j = 0 \tag{4.11}$$

解得

$$u_{ij} = \left[\frac{\lambda_j}{m (x_j - x_i')^2}\right]^{\frac{1}{m-1}} \tag{4.12}$$

令

$$\frac{\partial F}{\partial \lambda_j} = 0 \Rightarrow 1 - \sum_{k=1}^{c} u_{ij} = 0 \tag{4.13}$$

把式(4.12)代入式(4.13)得

$$\left(\frac{\lambda_j}{m}\right)^{\frac{1}{m-1}} = \frac{1}{\sum\limits_{k=1}^{c} \left[\dfrac{1}{(x_j - x_k')^2}\right]^{\frac{1}{m-1}}} \tag{4.14}$$

把式(4.14)代入式(4.12)得

$$u_{ij} = \frac{(x_j - x_i')^{\frac{2}{1-m}}}{\sum\limits_{k=1}^{c} (x_j - x_k')^{\frac{2}{1-m}}} \tag{4.15}$$

令

$$\frac{\partial F}{\partial x_i'} = 0 \Rightarrow 2 \sum_{j=1}^{n} u_{ij}^m (x_j - x_i') = 0$$

所以

$$\sum_{j=1}^{n} u_{ij}^m x_j = \sum_{j=1}^{n} u_{ij}^m x_i'$$

$$\Rightarrow x_i' = \frac{\sum\limits_{j=1}^{n} u_{ij}^m x_j}{\sum\limits_{j=1}^{n} u_{ij}^m} \tag{4.16}$$

标准 FCM 聚类算法也具有不少缺点,主要表现为:

(1)FCM 算法对初始聚类中心比较敏感;

(2)FCM 算法没有估计像素的空间邻域信息因而对噪声比较敏感;

(3)FCM 算法没有考虑不同样本矢量对聚类效果的不同影响。

4.4　基于邻域加权的模糊 C 均值聚类分割

4.4.1　初始聚类中心的确定

标准 FCM 算法需要指定初始聚类数目,随机化初始隶属关系并计算初始聚类中心,然后进行迭代过程。初始聚类中心对于算法的收敛速度和精度有很大的影响。本节应用最小最大距离法[10]来进行初始聚类中心的获取。设样本集为图像的直方图 $\{p_t\}(t=0,1,\cdots,255)$,样本与已知聚类中心间的距离表达式为

$$d_{tt'}=|t-t'|\ 且\ p_t,p'_t\ 均不等于\ 0 \qquad (4.17)$$

式中,t' 是已知聚类中心。整个初始聚类中心获取过程描述如下:

(1)取直方图最大的像素灰度值作为第一个聚类中心 t'_1;

(2)根据给出的距离公式,确定出离 t'_1 最远的样本作为第二聚类中心 t'_2;

(3)逐一计算各样本与 t'_1 和 t'_2 之间的距离 d_{i1}、d_{i2},并确定 $d_i=\min(d_{i1},d_{i2})$,由各样本距离的最大值 $d_{\max}$ 确定出 t'_3;

(4)如果达到所要求的聚类中心数目,搜索过程结束,否则,计算剩余各样本与已求聚类中心的距离,按照相同的最小最大准则确定新的距离中心。

在上面的初始聚类中心的选择过程中,使用了图像的灰度级作为数据处理对象。这样做的结果一方面加速搜寻过程,另一方面聚类中心的搜寻只与灰度级的个数有关,而不会受到图像尺寸变化的影响,这样可以大大降低运算量。

4.4.2　图像邻域空间信息的利用

图像经过降噪后,仍然会残留下部分孤立噪声点。在利用标准 FCM 算法分割图像中,隶属度的计算只考虑了图像中当前像素点灰度值,未考虑其与邻域像素之间的关系,故算法对噪声十分敏感,如果直接利用 FCM 算法聚类会引起不期望的聚类结果[11]。

图像的一个重要特征就是邻域像素具有较高的相关性,即这些邻域像素具有相似的灰度值。一般而言,如果当前考察点的灰度与邻域像素点的灰度差别不大,那么它们属于同一类别的可能性较大。杨勇等通过引入表征邻域像素对中心像素作用的先验概率来重新确定当前像素的模糊隶属度值[12]。沙秋夫等通过考虑邻域信息定义当前点的空间函数进而确定当前点的隶属度值[13]。受他们的启发,本节考虑利用当前点与其邻域点灰度的差异作为样本点的权值来表征该点对聚类的

影响程度。对于与邻域各点灰度值相差较大的点希望获得较小的权值,以降低其对聚类结果的影响;反之,希望获得较大的权值,增强对聚类结果的影响。高斯函数的性质恰恰能满足要求。基于高斯函数距离来计算像素点权值可描述如下:

$$w'(x,y) = \frac{1}{l^2 - 1} \sum_{i=-l}^{l} \sum_{j=-l}^{l} \exp(-(h(i,j) - h(x,y))^2) \tag{4.18}$$

式中,$i=x,j=y$ 不同时发生。$h(x,y)$ 代表红外图像中像素点的灰度值,l 是点 (x,y) 邻域边长,$w'(x,y)$ 为聚类点的加权系数。对 w' 归一化,得到本节算法所用到的聚类点加权系数:

$$w(x,y) = \frac{1}{\sum_{i=1}^{m} \sum_{j=1}^{n} w'(i,j)} w'(x,y) \tag{4.19}$$

这里,m 和 n 分别代表图像长度和宽度。从式(4.18)可以看出,若 $h(x,y)$ 为目标点,因其与周围像素点灰度值接近,故其可以得到较大的聚类权值;而对于噪声点,由于其与周围点的灰度差异较大,故处理后得到较小的权重。噪声点的权值通过邻域像素来表达,因而被错误分类的可能性将减小。

4.4.3　基于样本加权的模糊 C 均值聚类算法

将按式(4.18)、式(4.19)计算的像素点聚类权值引入到目标函数中可以得到

$$J = \sum_{i=1}^{c} \sum_{j=1}^{n} w_j u_{ij}^m (x_j - x_i')^2 \tag{4.20}$$

式中,w_j 代表像素点 j 的聚类权值。隶属度 u_{ij} 的约束条件为

$$\sum_{k=1}^{c} u_{kj} = 1, \quad \forall j = 1, 2, \cdots, n \tag{4.21}$$

采用拉格朗日乘数法,考虑聚类点的权值,在约束条件下令

$$F = \sum_{i=1}^{c} \sum_{j=1}^{n} w_j u_{ij}^m (x_j - x_i')^2 + \sum_{j=1}^{n} \lambda_j \left(1 - \sum_{k=1}^{c} u_{kj}\right) \tag{4.22}$$

F 对所有的输入变量分别求偏导数并令其等于零,解方程可以得到使式(4.22)达到最小的必要条件。

令

$$\frac{\partial F}{\partial u_{ij}} = 0 \Rightarrow m u_{ij}^{m-1} w_j (x_j - x_i')^2 - \lambda_j = 0 \tag{4.23}$$

解得

$$u_{ij} = \left[\frac{\lambda_j}{m w_j (x_j - x_i')^2}\right]^{\frac{1}{m-1}} \tag{4.24}$$

令

$$\frac{\partial F}{\partial \lambda_j} = 0 \Rightarrow 1 - \sum_{k=1}^{c} u_{ij} = 0 \tag{4.25}$$

把式(4.24)代入式(4.25)得

$$\left(\frac{\lambda_j}{mw_j}\right)^{\frac{1}{m-1}} = \cfrac{1}{\displaystyle\sum_{k=1}^{c}\left[\cfrac{1}{(x_j-x_k')^2}\right]^{\frac{1}{m-1}}} \tag{4.26}$$

把式(4.26)代入式(4.24)得

$$u_{ij} = \cfrac{(x_j-x_i')^{\frac{2}{1-m}}}{\displaystyle\sum_{k=1}^{c}(x_j-x_k')^{\frac{2}{1-m}}} \tag{4.27}$$

令

$$\frac{\partial F}{\partial x_i'} = 0 \Rightarrow 2\sum_{j=1}^{n} w_j u_{ij}^m (x_j-x_i') = 0$$

所以

$$\sum_{j=1}^{n} w_j u_{ij}^m x_j = \sum_{j=1}^{n} w_j u_{ij}^m x_i'$$

$$\Rightarrow x_i' = \cfrac{\displaystyle\sum_{j=1}^{n} w_j u_{ij}^m x_j}{\displaystyle\sum_{j=1}^{n} w_j u_{ij}^m} \tag{4.28}$$

在隶属度空间进一步考虑邻域的作用,如果像素 j 对于类 i 的隶属度与像素 j 周围邻域像素相对类 i 的隶属度相差较大时,将该隶属度修正为与邻域像素较一致的值。本节采用邻域隶属度中值来修正像素隶属度,用公式描述如下:

$$u_{ij}' = \text{median}\{u_{ij},j\in\Omega\} \tag{4.29}$$

归一化有

$$u_{ij}'' = \cfrac{u_{ij}'}{\displaystyle\sum_{k=1}^{c} u_{kj}'} \tag{4.30}$$

Ω 表示像素 j 的矩形邻域。

4.4.4　算法过程

基于改进 FCM 算法的红外图像分割算法过程可以描述如下:

(1)利用基于直方图的最小最大距离法确定初始聚类中心;

(2)考虑像素空间邻域信息按照式(4.18)和式(4.19)计算像素点的聚类权值;

(3)由式(4.27)计算隶属度矩阵,然后按式(4.29)、式(4.30)进行修正;

(4)由修正后的隶属度按照式(4.28)计算聚类中心;

(5)由新得到的聚类中心依式(4.27)、式(4.29)、式(4.30)计算隶属度矩阵;

(6)比较相邻两个隶属度矩阵间的距离,若小于给定阈值则迭代过程结束,输出图像分割结果,反之回到步骤(4)进行下一次迭代。

4.4.5　仿真与分析

实验硬件平台为联想笔记本,CPU 主频 2GHz,内存 2GB,软件平台为 MATLAB 7.0。对降噪后的红外图像按照标准 FCM、考虑邻域的像素点加权 FCM1、考虑邻域的像素点加权与隶属度修正的 FCM2 算法进行分割。为了能定量比较分割效果,本节给出两个衡量准则:划分熵(partition entropy)[14]与区域间对比度[15]。划分熵的定义如下:

$$se = \frac{-\sum_{i=1}^{c}\sum_{j=1}^{n}(u_{ij}\ln u_{ij})}{n} \tag{4.31}$$

该值描述了模糊集的不确定程度。划分熵较小时,可认为获得了较好的分割效果。

图像分割把一幅图像分为若干个区域,因此这些区域间的特征应有较明显的差异,或者说有明显的对比,根据区域间特性的对比度可以判别分割的质量,故本节选择区域间对比度作为衡量分割效果的另一个准则。两个区域间对比度可以由下式描述:

$$c = \frac{|f_1 - f_2|}{f_1 + f_2} \tag{4.32}$$

式中,f_1、f_2 是分割区域 1 和 2 的灰度均值。图像的区域对比度是两两分割区域间对比度的和值。图像分割区域越准确,区域对比度的值就越大。这里的计算根据分割结果在原图像上进行。

三幅红外原图像、经高斯噪声污染图像以及利用 Contourlet 域 MAP 准则降噪后图像如图 4.1 所示。

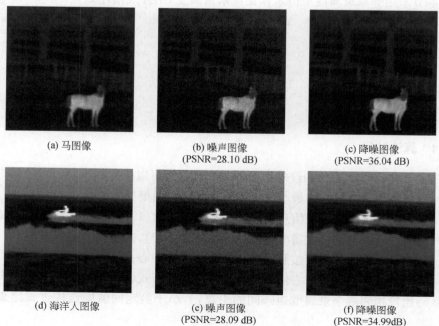

(a) 马图像　　　　　　　(b) 噪声图像　　　　　　　(c) 降噪图像
　　　　　　　　　　　　(PSNR=28.10 dB)　　　　　(PSNR=36.04 dB)

(d) 海洋人图像　　　　　(e) 噪声图像　　　　　　　(f) 降噪图像
　　　　　　　　　　　　(PSNR=28.09 dB)　　　　　(PSNR=34.99dB)

| (g) 森林人图像 | (h) 噪声图像
(PSNR=20.20dB) | (i) 降噪图像
(PSNR=30.43dB) |

图 4.1 红外原图像、噪声图像和降噪图像

对经 Contourlet 域 MAP 准则降噪后的红外图像按照标准 FCM、改进 FCM1、改进 FCM2 进行分割得到的划分熵、区域对比度和迭代次数比较见表 4.1,分割效果如图 4.2 所示。在实验中,对于 FCM 算法所需的初始聚类数目,根据图像特点并考虑灰度因素,马图像分为道路、草地、树与栅栏、马匹四类;海洋人图像分为天空、人与摩托艇、深色海水和浪花四类;森林人图像则分为天空、树木与草地、人三类。计算样本点聚类权值的邻域和隶属度修正的邻域均取 3×3。隶属度比较阈值设为 10^{-5}。

表 4.1 经过降噪的红外图像分割效果量化指标和迭代次数比较

图像	算法	划分熵	区域对比度	迭代次数
马	标准 FCM	0.3704	1.9271	42
	改进 FCM1	0.3611	1.9301	33
	改进 FCM2	0.3598	1.9452	34
海洋人	标准 FCM	0.2862	1.7430	100
	改进 FCM1	0.2029	1.9478	8
	改进 FCM2	0.1982	1.9516	8
森林人	标准 FCM	0.3178	1.2463	40
	改进 FCM1	0.1160	1.8187	7
	改进 FCM2	0.1115	1.8232	7

| (a) 标准FCM(马) | (b) 改进FCM1(马) | (c) 改进FCM2(马) |

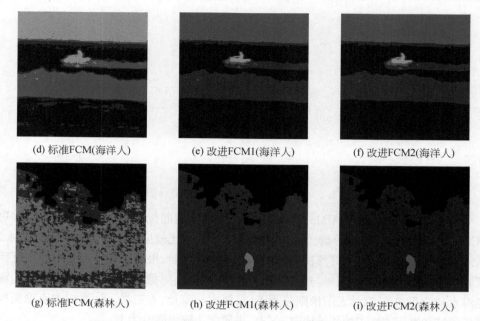

(d) 标准FCM(海洋人)　　　(e) 改进FCM1(海洋人)　　　(f) 改进FCM2(海洋人)

(g) 标准FCM(森林人)　　　(h) 改进FCM1(森林人)　　　(i) 改进FCM2(森林人)

图 4.2　标准 FCM 算法、改进 FCM1 算法、改进 FCM2 算法的分割效果

模糊加权指数 m 是模糊聚类中一个非常重要的参数,不同的 m 值会对模糊聚类的精度和速度产生不同的影响。通过实验归纳,通常取 $1<m\leqslant5$,当 $m=2$ 时,迭代次数和聚类时间都达到最小[16]。故本算法模糊指数 m 取 2。

从表 4.1 可以看出,在衡量分割质量的定量指标上,无论划分熵还是区域间对比度,改进 FCM2 算法均优于改进 FCM1 和标准 FCM 算法。其中,三幅图像的划分熵平均降低约 10％,区域间对比度提高约 27％。此外,在迭代次数上,改进算法都少于标准 FCM,平均减少 45 次。虽然改进 FCM1 与改进 FCM2 在迭代次数上基本相同,但改进 FCM2 要额外对隶属度进行修正,因此其执行速度要低于改进 FCM1。从图 4.2 可以看出,对于马图像,三种算法的分割结果符合期望要求,对于森林人图像,标准 FCM 算法将图像中的人物和树木、草地的一部分划分在一起,而在海洋人图像中,则将人物、摩托艇与天空划分为一类。对于改进 FCM1、改进 FCM2,两幅图像中人物都得到了较好的分割。在三幅分割结果图像中,相对于标准 FCM 算法,改进算法分割结果中包含较少的噪声,这可从马图像的树木与栅栏、海洋人图像的深色海水与浪花、森林人图像树木与草地的分割结果得出。对于所有三幅被噪声污染的红外图像,标准 FCM 算法分割结果中包含噪声较多,改进 FCM1 算法次之,改进 FCM2 算法最少。三幅图像通过标准 FCM 算法和改进 FCM 算法过程得到的聚类中心如表 4.2 所示,其中改进 FCM 算法得到的最终聚类中心的灰度值与期望分割目标的灰度值是一致的。以上分析说明,改进 FCM 算法在分割质量上优于标准 FCM 算法,改进 FCM1 算法分割速度最快。

表 4.2　经过降噪的红外图像通过聚类算法得到的聚类中心

图像	最终聚类中心 标准 FCM		本节方法确定的初始聚类中心		最终聚类中心			
					改进 FCM1		改进 FCM2	
马	56.66	74.72	52	70	55.99	73.74	55.99	93.55
	94.75	197.42	85	210	93.49	203.57	73.75	203.59
海洋人	63.13	87.11	63	127	65.52	174.73	65.53	174.75
	143.78	175.73	190	254	143.46	245.49	143.54	245.95
森林人	24.05	81.71	63	127	23.39	89.61	23.35	89.59
	96.11		254		238.26		238.47	

　　图 4.3 为利用多阈值 Otsu 算法对三幅图像进行分割的效果图。从中可看出,马图像中道路、草地、树与栅栏等没有划分出来,而海洋人图像与森林人图像则包含较多的噪声。

(a) 马　　　　　　　　　　(b) 海洋人　　　　　　　　　　(c) 森林人

图 4.3　Otsu 多阈值分割效果

　　对实际飞机红外图像按照本章方法进行分割,效果如图 4.4 所示。分割过程中,聚类数目为 4,以实现飞机机身、飞机尾焰、浅云和暗色天空的分离。从效果图可看出,标准 FCM 算法没有将飞机尾焰分割出来,改进 FCM1 算法实现有效分割并包含较少噪声,而改进 FCM2 算法在保证有效分割的基础上包含更少的噪声。多阈值 Otsu 算法则没有分割出浅云和暗色天空。

(a) 红外飞机图像　　　　　　　　(b) 标准 FCM　　　　　　　　(c) 改进 FCM1

(d) 改进FMC2

(e) Otsu法

图 4.4　实际受污染红外图像分割效果

4.5　基于核距离邻域加权的模糊 C 均值聚类分割

　　FCM 聚类方法的有效性很大程度上取决于样本的分布情况,如果一类样本散布较大,而另一类散布较小,该方法效果就会比较差。基于上述原因,很多研究者把核方法引入聚类分析中,提出核聚类的方法[17,18]。核方法是指在任何含有点积的算法中,用核函数来代替点积的方法,它从理论上为训练学习机提供了一种系统方法。核方法的基本策略是将数据映射到一个可以发现线性关系的空间,通常由两个部分组成:初始映射和模式分析算法。初始映射由核函数隐式定义,依赖于具体的数据类型和关于模式的领域知识;模式分析算法用来发现这一空间的线性模式。

　　核聚类方法通常利用 Mercer 核把输入空间的样本映射到高维特征空间,然后在特征空间中进行聚类。核聚类方法在聚类效果上比经典的聚类算法有较大的改进,它通过非线性映射能够较好地分辨、提取并放大有用的特征,从而实现更准确的聚类并且具有较快的收敛速度。

4.5.1　算法原理

　　模糊核聚类通过非线性变换 $\Phi(x)$ 把输入模式空间 x 映射到一个高维特征空间,增加模式的线性可分概率,即扩大模式类之间的差异。然后,在高维特征空间中进行模糊 C 均值聚类,即通过将输入空间的样本 $x_k(k=1,2,\cdots,n)$ 映射为 $\Phi(x_k)$ 进行聚类,从而得到原始空间的聚类划分。模糊核聚类的目标函数定义为

$$J = \sum_{i=1}^{c} \sum_{j=1}^{n} u_{ij}^m \parallel \Phi(x_j) - \Phi(x_i') \parallel^2 \tag{4.33}$$

$$\parallel \Phi(x_j) - \Phi(x_i') \parallel^2 = \Phi^2(x_j) - 2\Phi(x_j)\Phi(x_i') + \Phi^2(x_i')$$
$$= K(x_j, x_j) - 2K(x_j, x_i') + K(x_i', x_i') \tag{4.34}$$

取高斯核函数,即

$$K(x_j, x_i') = \exp\left(-\frac{\|x_j - x_i'\|^2}{2\sigma^2}\right) \tag{4.35}$$

代入得

$$\|\Phi(x_j) - \Phi(x_i')\|^2 = 2 - 2K(x_j, x_i') \tag{4.36}$$

综合核距离与邻域加权的模糊 C 均值聚类分割的目标函数定义为

$$J = \sum_{i=1}^{c} \sum_{j=1}^{n} w_j u_{ij}^m \|\Phi(x_j) - \Phi(x_i')\|^2 \tag{4.37}$$

由隶属度约束条件可得

$$F = \sum_{i=1}^{c} \sum_{j=1}^{n} w_j u_{ij}^m (2 - 2K(x_j, x_i')) + \sum_{j=1}^{n} \lambda_j \left(1 - \sum_{k=1}^{c} u_{kj}\right) \tag{4.38}$$

F 对所有的输入变量分别求偏导数并令其等于零,解方程可以得到使上式达到最小的必要条件。

令

$$\frac{\partial F}{\partial u_{ij}} = 0 \Rightarrow w_j m u_{ij}^{m-1} (2 - 2K(x_j, x_i')) - \lambda_j = 0$$

$$u_{ij} = \left[\frac{\lambda_j}{w_j m (2 - 2K(x_j, x_i'))}\right]^{\frac{1}{m-1}} \tag{4.39}$$

$\dfrac{\partial F}{\partial \lambda_j} = 0 \Rightarrow 1 - \displaystyle\sum_{k=1}^{c} u_{ij} = 0$, 将式(4.39)代入得

$$\sum_{k=1}^{c} \left[\frac{\lambda_j}{w_j m (2 - 2K(x_j, x_k'))}\right]^{\frac{1}{m-1}} = 1$$

$$\left(\frac{\lambda_j}{2 w_j m}\right)^{\frac{1}{m-1}} = \frac{1}{\displaystyle\sum_{k=1}^{c} \left(\dfrac{1}{1 - K(x_j, x_k')}\right)^{\frac{1}{m-1}}} \tag{4.40}$$

把式(4.40)代入式(4.39)得

$$u_{ij} = \frac{\left[\dfrac{1}{1 - K(x_j, x_i')}\right]^{\frac{1}{m-1}}}{\displaystyle\sum_{k=1}^{c} \left[\dfrac{1}{1 - K(x_j, x_k')}\right]^{\frac{1}{m-1}}} \tag{4.41}$$

$$\frac{\partial F}{\partial x_i'} = 0 \Rightarrow \sum_{j=1}^{n} w_j u_{ij}^m K(x_j, x_i')(x_j - x_i') = 0 \tag{4.42}$$

令

$$\sum_{j=1}^{n} w_j u_{ij}^m K(x_j, x_i') x_j = x_i' \sum_{j=1}^{n} w_j u_{ij}^m K(x_j, x_i')$$

$$x_i' = \frac{\displaystyle\sum_{j=1}^{n} w_j u_{ij}^m K(x_j, x_i') x_j}{\displaystyle\sum_{j=1}^{n} w_j u_{ij}^m K(x_j, x_i')} \tag{4.43}$$

4.5.2　仿真与分析

利用本节提出的聚类算法对马、海洋人、森林人和飞机四幅红外图像进行分割得到图 4.5 所示的分割结果。

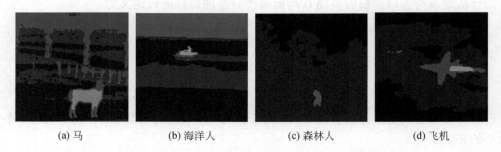

(a) 马　　　　　(b) 海洋人　　　　　(c) 森林人　　　　　(d) 飞机

图 4.5　核距离邻域加权 FCM 算法分割效果图

从分割结果中可以看出,四幅图像都得到了预期的分割结果且包含较少的噪声。利用本节算法的划分熵和区域对比度如表 4.3 所示。

表 4.3　核距离邻域加权 FCM 分割效果量化指标和迭代次数

图像	划分熵	区域对比度	迭代次数
马	0.3368	1.9532	29
海洋人	0.1872	1.9788	8
森林人	0.1023	1.8379	7

从表中数据可以看出,相比 FCM1、FCM2,本节提出算法的划分熵最小,区域对比度最大,且通过较少的迭代次数即收敛。

4.6　红外图像双阈值分割算法

单阈值分割算法是红外图像分割常用方法,该类算法数量多,技术上也比较成熟,最大类间方差法[19]、最大熵法[20]、迭代法等自适应阈值选取方法是其中杰出的代表。双阈值分割算法可以通过扩展单阈值分割算法得到,计算量是算法扩展过程中考虑的首要问题。寻找直方图的峰值和谷值,便能得到红外图像的多个阈值,按照一定的规则逐步合并峰值和谷值,直到到达所需数目,这是双阈值分割算法的一个基本思路。

本节首先介绍了最大类间方差法及该方法在多阈值分割上的应用,而后提出了一种适用于普通状态目标的基于峰值合并的双阈值选择算法。由于考虑红外图像的具体特点设定阈值的上下界可提高分割速度和精度,介绍了一种阈值上下界的选择算法。

4.6.1　利用最大类间方差法的双阈值分割

最大类间方差法(也称为 Otsu 法)是最常用基于灰度直方图的阈值分割之一。该算法是 1978 年 Otsu 在最小二乘法原理的基础上推导得来的。Otsu 方法计算简单,快速有效,因而在图像处理中得到了广泛的应用。

设图像的灰度级为 $\{0,1,\cdots,L-1\}$,灰度级为 i 的像素数为 n_i,总像素数 $N=\sum_{i=0}^{L-1} n_i$,归一化直方图为 $p_i=n_i/N$,用阈值 t 将图像中的像素按灰度级划分成两类:C_0 和 C_1,$C_0=\{0,1,2,\cdots,t\}$,$C_1=\{t+1,t+2,\cdots,L-1\}$,这两类的概率分布为

$$C_0 : p_0/w_0,\cdots,p_t/w_0$$
$$C_1 : p_{t+1}/w_1,\cdots,p_{L-1}/w_1$$

式中

$$w_0 = \sum_{i=0}^{t} p_i = w(t) \tag{4.44}$$

$$w_1 = \sum_{i=t+1}^{L-1} p_i = 1 - w(t) \tag{4.45}$$

类间方差函数定义为

$$\sigma_B(t) = w_0 (\mu_0 - \mu_r)^2 + w_1 (\mu_1 - \mu_r)^2 \tag{4.46}$$

式中,$\mu_r = \sum_{i=0}^{L-1} i p_i$ 为整幅图像的均值;μ_0 和 μ_1 分别为 C_0 和 C_1 两类的均值。

Otsu 已经证明了当类间方差函数取极大值时,得到的 t^* 就是图像分割的最佳阈值:

$$t^* = \operatorname{argmax}\{\sigma_B^2(t)\}, \quad t \in \{0,1,\cdots,L-1\} \tag{4.47}$$

可以看出,类间方差代表了图像明、暗两类的差别,类间方差越大,说明构成图像的两部分差别越大,将目标部分错分为背景或背景部分错分为目标都会导致两部分差别变小,类间方差最大的分割表示两类错分的概率最小。该方法计算简单,因此在图像分割中得到了广泛的应用。但是在低对比度图像、感兴趣的目标很小的情况下常常不能正确地完成分割任务。当目标的相对面积大于整幅图像的30%时,包括最大类间方差方法在内的传统方法的分割性能接近最佳值,随着相对面积的减小,这些方法的性能迅速下降。

使用 Otsu 算法多次迭代可以获得多个阈值。红外图像中前景面积较小时,Otsu 分割选择的阈值也比实际所需阈值小;依次使用上次分割得到的阈值分割直方图,选取直方图中灰度值较高部分再次使用 Otsu 方法分割,直至阈值不变或者

得到所需数目的阈值。

　　经过以上分割过程,就能得到所需的多个阈值;下一步的工作是从多个值中选取 2 个用于双阈值分割。阈值选择时要充分考虑红外图像的特点,此处使用平均灰度差值作为选择阈值的依据,并使用先验信息缩小搜索范围。具体算法如下:

　　(1)利用尾焰面积大于 20 个像素的条件,筛除不符合条件的阈值。

　　(2)分别计算每个阈值分割出的前景的灰度均值。

　　(3)计算相邻灰度均值的差分与最大的灰度均值的比值。

　　(4)选出最大的 2 个比值;若两个比值都大于设定值(默认为 0.1),则选择对应灰度值较高的比值作为所需比值,否则选取最大的比值作为所需比值;将选出的比值前方的阈值作为分割机身和背景的阈值 T_1,后方的阈值作为分割机身和尾焰的阈值 T_2。

　　(5)若某个阈值分割出的前景面积超过了总面积的 k 倍,则放弃该阈值;这可能导致输出为单阈值或者没有输出;实验中,只有噪声过大或者末段跟踪过程中才会出现输出为单阈值的情况。

　　图 4.6 是 Otsu 双阈值法分割结果。本算法速度较快,对于 128×128 的红外图像,在 Pentium4 2.8GHz 处理器、1GB 内存的计算机上平均每帧图像的分割时间不超过 2ms;对于普通姿态的红外飞机图像,分割准确率较高,可以达到 85% 以上;目标加力时,该算法能够有效区分出尾焰区域。该算法的主要特点是:分割效果比较稳定,适用于目标姿态和状态未知时的情况。

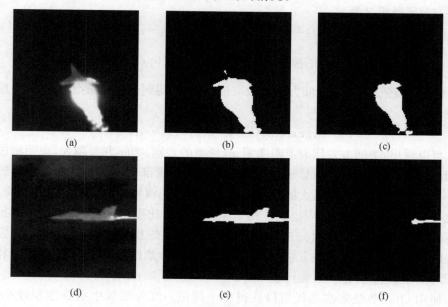

图 4.6　Otsu 方法双阈值分割结果

4.6.2　基于峰值合并的多阈值提取及其改进

文献[21]提出了一种阈值选取方案,其计算速度快,适用于直方图具有明显波谷的情况。算法如下:

(1)平滑图像以去除噪声;提取灰度直方图,并平滑直方图序列,以去除小幅度的波动。

(2)求取平滑后的直方图曲线上的峰值和谷值;若有两峰值或两谷值相邻,则去除较小的一个,以保证峰值和谷值依次相间。

(3)将每一个灰度值所对应的像素数目,合并到与该灰度值相邻的峰值处,并将非峰值处的灰度值设为 0。

(4)计算剩余峰值的数量,若不大于设定值,则选择各个峰值之间的谷值为阈值,算法结束;否则转到步骤(5)。

(5)计算第 i 个峰值和第 $i+1$ 个峰值的关系函数 $F(i)$,$F(i)$ 的计算原则是两个峰值所在灰度离得越近,幅值越小,两个幅值差得越多,则 $F(i)$ 越大;文中取

$$F(i) = \left| \frac{H(i) - H(i+1)}{\max(H(i), H(i+1)) \cdot [G(i+1) - G(i)]^3} \right| \tag{4.48}$$

式中,$H(i)$ 为第 i 个峰值的幅度;$G(i)$ 为第 i 个峰值所在灰度;

(6)寻找最大的 $F(k)$,将第 $k+1$ 个峰值合并到第 k 个峰值,并删除原第 k 和第 $k+1$ 个峰值之间的谷值,合并后的峰值参数作如下改动:

$$G(k) = \frac{G(k)H(k) + G(k+1)H(k+1)}{H(k) + H(k+1)} \tag{4.49}$$

$$H(k) = H(k) + H(k+1) \tag{4.50}$$

(7)转到步骤(4)。

上述算法中,峰值关系函数主要有两部分组成:峰值的相对幅度差值 $\frac{\Delta H(i)}{\max(H_{i,i+1})} = \frac{|H(i) - H(i+1)|}{\max(H(i), H(i+1))}$ 和灰度差值 $G(i+1) - G(i)$。相对幅度差值主要反映相邻峰值对应区域的面积差异,灰度值反映的是相邻峰值的距离。红外飞机图像中,尾焰、机身和背景间灰度级别上有着较明显的差异,这需要考虑整体的分割效果,而不仅仅是峰值附近的灰度均值;我们期望这一点能在 $F(i)$ 中得到体现,所以此处将 $F(i)$ 作了如下改动:使用以 $G(i)$ 为阈值分割图像后的平均灰度差值 $M(i+1) - M(i)$ 代替灰度差值。$M(i)$ 的计算公式为

$$M(i) = \sum_{k=G(i)}^{N} k \cdot p_k \bigg/ \sum_{k=G(i)}^{N} p_k \tag{4.51}$$

式中,p_k 是原直方图中灰度值为 k 的像素数目,改进后的 $F(i)$ 为

$$F(i) = \left| \frac{H(i) - H(i+1)}{\max(H(i), H(i+1)) \cdot [M(i+1) - M(i)]^3} \right| \tag{4.52}$$

使用峰值合并算法进行双阈值分割的结果如图 4.7 所示。

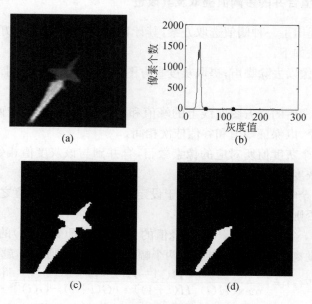

图 4.7　红外图像的双阈值分割

　　图 4.7(b)中曲线为图像的直方图,圆点为求出的门限值;图(c)为利用较低阈值分割出的机身和尾焰图像;图(d)为用较高阈值分割出的尾焰图像。算法改动后,对于非加力状态下的飞机图像分割正确率由原来的 87% 提升到了 98%;但是加力状态下的图像,改动后算法的分割效果反倒不如改动前。

4.6.3　阈值范围的选取

　　与普通图像相比,以天空为背景的飞机目标的红外图像具有明显的不同。其前景面积相对较小,即便在目标接近充满视场时,前景也只能占到总面积的 28%[22],机身和尾焰的灰度远高于背景;此外,红外导引头采样间隔很小,相邻两帧中目标的面积变化不大。以上信息都能为寻找适合红外图像自身特点的阈值选择算法提供帮助。

　　成像目标跟踪阶段图像中,目标区域的灰度值多数大于图像灰度的均值,可将第一个阈值的下限定为整个图像的均值。即

$$t_{1\min} = \sum_{i=1}^{N} i \times p(i) \tag{4.53}$$

式中,i 为图像的灰度级;N 为图像的最高灰度级;$p(i)$ 为第 i 灰度级像素在图像中所占比例。

　　显然,灰度值大于 $t_{1\min}$ 的像素大多数对应目标,因此,可用下式计算第一个阈

值的上限：

$$t_{1\max} = \sum_{i=t_{1\min}+k_1}^{N} i \times p(i)/P_2 \tag{4.54}$$

式中，k_1 为第一个阈值上限的调整值；P_2 则由下式确定：

$$P_2 = \sum_{i=t_{1\min}+k_1}^{N} p(i) \tag{4.55}$$

k_1 的取值与目标在图像中所占的比例有关；当该比例较小时，代表背景的像素远多于代表目标的像素，灰度值大于 $t_{1\min}$ 的像素中包含了许多对应背景的像素，k_1 应取一个适当的正值以进一步消除背景的影响；随着目标在图像中所占比例逐步增大，k_1 应逐步减小。目标接近充满成像系统的视场时，灰度值大于 $t_{1\min}$ 的像素中仅包含少量背景像素，k_1 可取 0。对于以天空为背景的飞机目标，通常 k_1 的取值范围为 $[0,10]$，其中 $k_1 = 10$ 对应目标面积小于图像面积的 3.5% 的情况；当前帧的 k_1 值可由上一帧中目标的面积确定。此时便可得到 t_1 的取值范围：$[t_{1\min}, t_{1\max}]$。

第二个阈值的取值范围下限 $t_{2\min} = t_{1\max} + 1$，而阈值的上限可用下式确定：

$$\sum_{i=t_{2\min}+1}^{t_{2\max}} p(i) = k_2 \times P_2 \tag{4.56}$$

式中，k_2 为第二个阈值上限的调整值，其取值范围为 $[0.95, 1]$。

在确定阈值范围后，就能进一步减少双阈值选取算法的计算量，提高运算速度和分割准确率。实际操作中，由于上述双阈值分割算法效果已经比较好，因此只用到了 $t_{1\min}$ 作为筛选阈值的条件。

4.7　加力红外目标图像的分割算法

加力目标图像的分割是图像分割的难点，这是因为红外图像中飞机加力时尾焰周围空气的热辐射强度与飞机蒙皮相近，基于直方图的分割方法难以区分机身与尾焰周围热空气区域，这会影响到后续的识别。

本节提出了一种基于边缘的子区域分割算法，对于噪声比较小的图像，该算法能够在一定程度上解决加力图像分割的问题。

4.7.1　边缘提取算法及选择

图像中灰度急剧变化的点，通常称为边缘或者边缘点。机器视觉中，边缘点常常与物体的边界或者其他一些有意义的变化相对应，找到图像中的边缘，也就能进一步找到感兴趣的目标区域。红外图像序列中，目标初期面积较小，中期目标与背景的交界处可能出现渐变区域，这给发现目标、精确提取目标区域带来困难；边缘信息为解决上述问题提供了重要途径。边缘可分为三类：阶梯状、脉冲状和屋顶状,如图 4.8 所示。

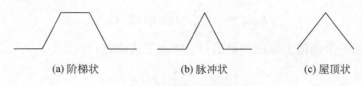

(a)阶梯状　　　　(b)脉冲状　　　　(c)屋顶状

图 4.8　常见边缘剖面

图像边缘检测与提取的研究一直贯穿于图像处理和分析的始终,是图像处理中的重要内容。边缘检测的基本算法很多,主要包括基于算子边缘检测、基于小波变换的边缘检测和基于数学形态学的边缘检测。

常用的边缘检测算子有 Roberts 算子、Sobel 算子、Prewitt 算子、高斯偏导滤波算子(LoG)以及 Canny 边缘检测器。Roberts 算子定位比较准确,但由于不包括平滑,对噪声比较敏感;Prewitt 算子和 Sobel 算子都是一阶的微分算子,前者用到了平均值滤波,后者则用加权平均滤波且检测的图像边缘可能大于 2 个像素,这两个算子对灰度渐变的低噪声图像有着良好的检测效果。LoG 滤波器通过检测二阶导数的过零点来判断边缘,在边缘定位精度和消除噪声间存在着矛盾;Canny 方法是一阶传统微分中检测阶跃型边缘效果最好的算子之一,但是由于用到了非极大值抑制,实际工作中运算量大,速度较慢。

文献[23]提出了一种利用具有微分性的双正交小波算子检测边缘的方法,该算法利用高通部分为 $[0.35355, 1.0607, -1.0607, -0.35355]$,低通部分为 $[0.17678, 0.53033, 0.53033, 0.17678]$ 的双正交小波算子计算小波模值,能够有效检测红外图像的边缘。

灰度级形态学的膨胀和腐蚀也可以用来提取图像的形态学梯度,将梯度表示为 g,那么有

$$g = (f \oplus b) - (f \,!\, b) \tag{4.57}$$

选用结构元素的 b 为

$$\begin{bmatrix} 0 & 1 & 0 \\ 1 & 1 & 1 \\ 0 & 1 & 0 \end{bmatrix}$$

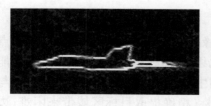

图 4.9　灰度级形态学提取的图像边缘

图 4.9 显示了边缘提取的结果。

形态学运算使输入图像中灰度级的跃变更为急剧,运算中使用了对称结构元素,所得到的梯度对边缘的依赖性更小。

考虑到边缘提取是为了给图像分割提供依据,也可以作为基于边缘的关键部

位提取算法的基础,需要较快的运算速度和准确率。在综合比较各种算法的基础上,本节选择了 Sobel 算子方法提取边缘,该算法能够检测多个方向的边缘,计算量相对较小且易于实现。

选用的 Sobel 算子为

$$\frac{1}{4}\begin{bmatrix} 1 & 0 & -1 \\ 2 & 0 & -2 \\ 1 & 0 & -1 \end{bmatrix}\quad \frac{1}{4}\begin{bmatrix} -1 & -2 & -1 \\ 0 & 0 & 0 \\ 1 & 2 & 1 \end{bmatrix} \tag{4.58}$$

4.7.2　基于边缘和子区域分割算法

红外图像中,边缘点是尾焰、机身和目标的边界点,也是灰度变化最剧烈的点;与边界邻近的区域内,边缘点的灰度值比背景高,比目标点低,可以作为该区域灰度分割的阈值。

基于此,我们提出了基于边缘的子区域分割算法,首先提取图像的边缘点,然后将图像划分为不同的子区域,利用子区域中边缘点的灰度值作为阈值分割图像。具体算法如图 4.10 所示。

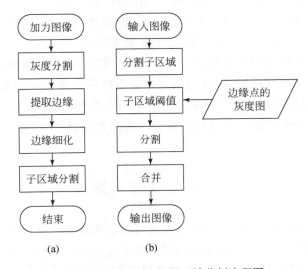

图 4.10　基于边缘的子区域分割流程图

图 4.10(a)是分割过程的整体流程,图(b)是子区域分割子函数的流程。分割效果如图 4.11 所示。

图 4.11 中,图(b)和图(e)为灰度分割的情况,图(c)和图(f)为提取出的边缘图像,图(d)和图(g)为基于边缘的子区域分割效果。相对于灰度分割的情况,本方法可以有效避免尾焰周围的热空气产生的影响。对于目标较小的情况,也可以避免信息的丢失。实验中选择的子区域大小为 8×8 的小块,在 Pentium4 2.8GHz

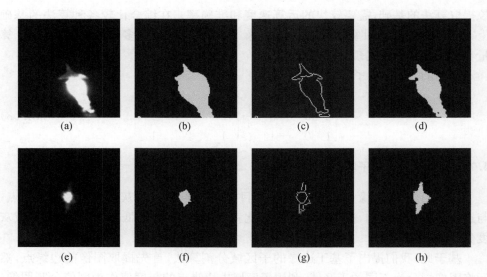

图 4.11　基于边缘的子区域分割效果

处理器、1GB 内存的计算机上平均处理每帧图像用时 17ms。

　　算法对边缘提取的依赖性较大,噪声较小时算法分割的准确率能够可以达到 70％以上,但是对于噪声较大的图像,分割准确率不到 50％。

　　加力状态下目标的图像分割是一个难点,此类图像的尾焰分割比较容易,但机身和尾焰周围空气灰度相近,单纯的灰度分割难以将二者分割开来。此处基于边缘的分割方法,分割结果较灰度分割算法有了较大改进,但对噪声较大的图像仍然难以有效分割。若能够进一步找到针对性的边缘提取算法,分割结果将会得到大幅度改善。

4.8　区域选择与填充

　　图像分割完毕后,图中除目标区域外还可能出现其他干扰,目标区域内部亦可能出现孔洞,这就需要利用区域选择和填充算法处理分割好的图像

　　使用数学形态学中的膨胀等操作实现的区域选择和填充算法计算量大,难以用在速度要求较高的红外图像处理中。红外图像构成相对简单,处理该类图像时可以使用区域标记算法实现区域选择和填充功能。

　　文献[24]介绍了一种基于映射表的八连通边缘快速标记算法,它由邻接表生成、映射表生成和标号修正三个部分组成。其理论基础如下。

　　设图像大小为 $M \times N$,$f(i,j)$ 表示在第 i 行第 j 列上的图像值,其中 $0 \leqslant i < M$,$0 \leqslant j < N$。用黑白两种颜色来描述图像,黑像素定义为 1,白像素定义为 0,在下面

的讨论中，$f(i,j)$ 除了表示像素的位置外还代表像素当前的标记值。

二值图像的标记扫描过程自上而下，自左而右，同一行中遇到白像素到黑像素的突变时，则准备标记。

规则 1：白像素 $f(i,j-1)$ 到黑像素 $f(i,j)$ 突变过程中，只需考虑 $f(i-1,j-1)$、$f(i-1,j)$、$f(i-1,j+1)$ 的当前值，便能保证 $f(i,j)$ 的标志与其 8 相邻像素标志相一致。

规则 2：黑像素 $f(i,j-1)$ 到白像素 $f(i,j)$ 的过程中，只需考察 $f(i,j-1)$ 与 $f(i-1,j+1)$ 的当前值，便能保证 $f(i,j)$ 的标志与 8 相邻像素的标志相一致。

根据上面的规则，依次通过标志索引表初始化、扫描二值图像和标记值修正三个步骤便可完成连通区的标记。

在标记图上实现区域选取非常容易，首先找到感兴趣区域的种子点，以及标记图中种子点位置的标记值，统计标记值并去除相同的元素，然后就能根据统计好的标记值选择相应的区域了。

远距离红外图像中前景较小，区域分割得到的二值图像中背景区域连续且面积最大。根据这一特点得到的区域填充算法如下：

(1)在二值图像外侧加上宽度为 1，值为 0 的边框；

(2)对加框的二值图像求反，并标记连通区，标记过程中记录各个区域的面积；

(3)选择区域最大的连通区作为前景，并将其他所有的前景点设为背景；

(4)反色，去除边框，得到经过填充的图像。

算法用到了加框操作，这是为了避免目标将背景分割成不连续的两个区域的情况产生。

图 4.12 所示为区域选择和填充的效果；图(a)所示的是区域填充之前的图像，目标中间存在较大孔洞前景中除了目标区域外，还有两个小的干扰；图(b)为区域选择去除干扰的结果，图中选取了面积最大的前景区域为目标；图(c)为对图(b)进行区域填充的结果。

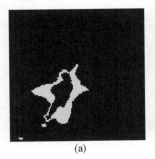 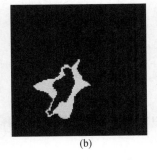 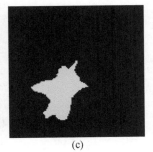

(a)　　　　　　　　　(b)　　　　　　　　　(c)

图 4.12　区域选择与填充

基于连通区域的区域选择和标记的速度很快，在 Pentium4 2.8GHz 处理器、1GB 内存的计算机完成上述 128×128 图像的区域选择和填充共需 1.7ms。

4.9　红外图像序列的分割

红外导引头采样间隔短，跟踪过程中相邻帧之间目标区域的位置、形状、面积、姿态等特征变化不大，可以利用先前帧的信息预测当前帧中目标的特征，缩小阈值搜索范围，提高分割精度。

图像分割时，只需要使用面积信息作为阈值选择的依据就能得到较好的效果。假设已知先前帧中机身和尾焰的面积，并对当前帧中机身和尾焰区域的面积作了预测，在获得当前帧的多个阈值后，便可根据面积最近的原则选择合适的阈值。为了避免两次选择同一阈值，在选择完高阈值后，要将已选的阈值删除。若选出的阈值分割出的面积与预测面积差异过大，则判断为多阈值提取方法选择不合适，需更换算法重新选择阈值。基于面积引导的阈值选择算法如图 4.13 所示。

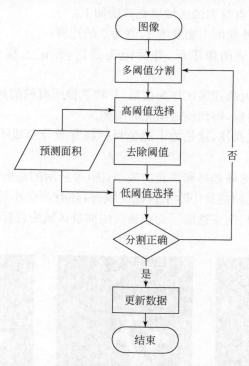

图 4.13　基于面积引导的阈值选择算法

4.10 小 结

本章在分析红外图像特性的基础上，将模糊理论引入分割问题中，重点介绍了基于模糊 C 均值聚类的红外图像分割算法。在分析模糊 C 均值聚类图像分割算法的原理及其存在问题的基础上，综合考虑基于样本直方图的最小最大距离法的初始聚类中心、邻域像素相关性的样本点聚类权值、邻域隶属度修正及核距离，分别推导了基于邻域加权的模糊 C 均值聚类和基于核距离邻域加权的模糊 C 均值聚类的计算公式。随后，将其应用于红外图像分割中，并通过分割熵和区域对比度两个量化指标来衡量提出算法的分割效果。对一系列红外图像进行实验的结果表明，相对于标准模糊 C 均值聚类算法，提出的改进方法收敛速度快，抑制了噪声对聚类的影响，在分割精度上具有比较明显的优势，可以更容易获取有用信息，为进一步对图像的分析和理解打下基础。

此外，为了能够更有效分割不同状态的红外图像，本章还提出了两种红外图像的双阈值分割方法以满足不同的分割需求，基于最大类间方差的双阈值分割算法稳定性好；用峰值合并算法分割非加力状态目标的图像准确率高。本章提出的基于边缘信息的子区域分割算法则适用于加力图像的分割。由于考虑红外图像的具体特点设定阈值的上下界可提高分割速度和精度，进一步提出了一种阈值上下界的选择算法。为了更好地发挥区域分割的作用，本章还提出了利用序列信息引导阈值分割的方法和基于连通区标记的区域选择与填充算法。

参 考 文 献

[1] Trivedi M M, Bezdek J C. Low-level segmentation of aerial images with fuzzy clustering. IEEE Transactions on SMC, 1986, 16(4): 589-598.

[2] Bezdek J C. Pattern Recognition with Fuzzy Objective Function Algorithms. Norwell: Kluwer Academic Publishers, 1981.

[3] 陈志彬, 邱天爽. 一种基于 FCM 和 Level Set 的 MRI 医学图像分割方法. 电子学报, 2008, 36(9): 1733-1736.

[4] Zhou J, Krishnan S, Chong V, et al. Extraction of tongue carcinoma using genetic algorithm-induced fuzzy clustering and artificial neural network from MR images. Proceedings of IEEE EMBS, San Francisco, 2004: 1790-1793.

[5] Suri J S. Two-dimensional fast magnetic resonance brain segmentation. IEEE Transactions on Engineering in Medicine and Biology Magazine, 2001, 20(4): 84-95.

[6] 孙鹏, 周晓杰, 柴天佑. 基于纹理粗糙度的回转窑火焰图像 FCM 分割方法. 系统仿真学报, 2008, 20(16): 4438-4442.

[7] 刘木华, 赵杰文, 张海东. 基于模糊 C 均值聚类的牛肉图像中脂肪和肌肉区域分割技术. 农

业工程学报,2004,20(2):161-163.

[8]冯登超,杨兆选,乔晓军.基于改进型模糊聚类算法的植物病斑检测.计算机工程与应用,2007,43(24):203-205.

[9]毛罕平,张艳诚,胡波.基于模糊 C 均值聚类的作物病害叶片图像分割方法研究.农业工程学报,2008,24(9):136-140.

[10]舒宁,马洪超,孙和利.模式识别的理论及方法.武汉:武汉大学出版社,2004:65-67.

[11]Ramachandra A R,Srinivas V V. Regionalization of watersheds by fuzzy cluster analysis. Journal of Hydrology,2005,318(1):57-79.

[12]杨勇,郑崇勋,林盘,等.基于改进的模糊 C 均值聚类图像分割新算法.光电子·激光,2005,16(9):1118-1122.

[13]沙秋夫,刘海宾,何希勤,等.基于邻域的模糊 C-均值图像分割算法.计算机应用研究,2007,24(12):379-381.

[14]Chuang K S,Tzeng H L,Chen S,et al. Fuzzy C-means clustering with spatial information for image segmentation. Computerized Medical Imaging and Graphics,2006,30(1):9-15.

[15]章毓晋.图像工程(中册).2版.北京:清华大学出版社,2005:184-185.

[16]李杰,徐勇,朱昭贤,等.模糊 C 均值算法参数仿真研究.系统仿真学报,2008,20(2):509-513.

[17]Andras P. Kernel-kohonen networks[J]. International Journal of Neural Systems,2002,12(2):117-135.

[18]Kim K I,Jung K,Kim H J. Face recognition using kernel principal component analysis [J]. IEEE Signal Processing Letters,2002,9(2):40-42.

[19]Otsu N. A threshold selection method from gray-level histogram. IEEE Transactions on SMC,1979,9(1):62-66.

[20]Pun T. A new method for gray-level picture thresholding using the entropy of the histogram. Signal Processing,1980,2:223-237.

[21]Li Z Y,Jin F,Sun Z K. Target tracking and aimpoint selection in homing stage. Aerospace and Electronics Conference,Dayton,1990:293-296.

[22]涂建平,彭应宁.飞机目标红外图像序列双阈值分割方法.兵工学报,2004,1:37-40.

[23]李国嵩,孟卫华.基于小波变换的图像搜索分割方法.红外与激光工程,2009,38(1):185-188.

[24]宋家慧.图像跟踪系统的研制及跟踪算法的研究.南京:东南大学硕士学位论文,2005.

第5章 红外成像制导中的弱小运动目标检测

5.1 引　　言

红外成像制导武器在远距离目标跟踪阶段,由于武器系统与目标的相对距离很大,目标在成像系统中所成的像呈现斑点状,无明显形状信息,信息量较少,通常只占几个或十几个像素点。在该阶段,目标在视场中存在的时间很长,信号强度弱且易被杂波湮没,此时如能稳定检测出目标,对于增大作战距离和增加反应时间,提高己方的生存概率具有重要的意义。因此,较远距离成像的小目标检测问题成为了近些年来红外图像处理与目标检测研究的热点和难点。在红外远距离空中探测所生成的红外图像中,小目标的亮度通常高于背景亮度,而且目标面积小,亮度变化也较小。天空背景主要由云层、雨、雾等构成,而噪声则主要是红外系统内部的干扰。红外小目标图像背景干扰面积大,信噪比较低,它的这种空间特性使得传统的利用目标大小、形状以及特征的图像处理检测技术无法得以应用。

小目标具有如下特点:①无形状尺寸纹理信息可以利用;②由于目标在图像上成像面积小,往往伴随着信号强度弱,目标捕获要在低信噪比条件下进行,传统的仅仅基于强度信息的检测方法失效;③单帧处理无法保证检验性能,需要通过对多帧图像处理来积累目标能量,这使得存储和处理的数据量增大,为实时处理增加了难度;④如果对目标运动缺乏先验信息,则难度更大。

由上述分析可以看出,红外运动小目标检测系统应该具备以下功能:一是抑制图像背景,检测出潜在的目标;二是通过在图像序列中沿目标运动轨迹进行能量积累,剔除高频噪声干扰,确定真正的目标。相应地,红外运动小目标检测系统主要由两个功能模块构成:第一个是背景抑制模块,它通过对单帧红外图像的处理,达到抑制起伏背景,提高目标与背景的信噪比,增加目标的可检测性的目的;第二个是目标检测模块,它通过对序列图像的处理,进一步剔除高频噪声干扰,最终实现对场景中存在的红外运动小目标的有效检测。二者中,背景抑制模块是前提,是后面序列检测模块的有力保障;而序列检测模块是关键,是系统检测性能优劣的直接体现。二者紧密联系,缺一不可。

本章首先介绍小目标检测图像序列模型,然后在小波域和非下采样 Contourlet 域给出基于跟踪前检测的小目标检测算法,最后对小目标检测过程进行理论分析。

5.2　红外弱小目标图像序列模型

　　目标亮度的短时平稳性和运动轨迹的连续性是有效分割目标与噪声的关键。综合国内外相关文献,其微弱小目标检测算法无不是以此为基础的。由于微弱点状运动目标的信噪杂波比极低,在单帧图像上几乎不可能检测出目标,或即使检测出目标也常常伴随着大量的假目标。因此,目前的检测技术多采用基于多帧的检测技术。所谓多帧检测技术是指从给定的一段三维图像中检测出目标并估计其运动轨迹。

　　多帧检测问题可以表述为:在给定的三维图像空间中检测目标的存在与否,并估计目标的轨迹。多帧检测方案基本上可分为两类:一类为先检测后跟踪(detect-before-track,DBT),另一类为先跟踪后检测(track-before-detect,TBD)。前者在目标检测阶段,对每帧图像都作出目标存在与否的判决,紧接着的目标跟踪算法把对目标的观测结果与目标轨迹进行关联,并作出相应的判决。这种算法的性能代表了任何一个合理的多帧检测算法可能具有的性能下限。然而,这种先检测后跟踪的算法只有在信噪比很高的情况下才可能取得较好的性能。与这种方法相比,先跟踪后检测的方法则在三维图像中对较多的可能轨迹进行跟踪,但起初并不对这些轨迹是否真正代表目标做出判决,而是对每条跟踪的轨迹计算其后验概率函数,如果某条轨迹的后验概率函数值超过某一门限,就认为该条轨迹代表一个目标。基于运动特征的检测技术只用运动特性对目标进行描述,并将目标的检测与跟踪问题简化为轨迹的检测,即在三维图像中检测直线或曲线,因为目标的运动总会在三维图像中留下一条轨迹。正是由于目标的运动为检测提供了必要的信息,因此,充分利用运动信息是运动点目标检测的关键。

　　对于红外图像中的弱小目标检测问题,一般可以认为场景图像是由目标、背景和噪声三部分组成,可用红外弱小目标场景序列图像模型来表示:

$$f(x,y,t)=b(x,y,t)+s(x,j,t)+n(x,y,t) \tag{5.1}$$

式中,t 为采样时刻;(x,y) 表示图像中像素点的位置坐标;$f(x,y)$ 代表红外图像的灰度值;$b(x,y)$ 表示背景图像的灰度值;$s(x,y)$ 为弱小目标的灰度值;$n(x,y)$ 代表噪声图像的灰度值。

　　小目标为只占几个或十几个像素的灰度奇异点,由于它所占面积很小,缺乏尺寸、形状、纹理等结构信息,唯一可供利用的就是目标的强度信息,在红外图像中表现为灰度特征。

　　背景通常具有"强相关"的特点,它占据了整个场景图像的低频空间。同时,由于场景和传感器内部热分布的不均匀性,背景图像是一个非平稳过程,图像中局部灰度值可能会有较大的变化,表现为"强起伏"的特点。另外,背景图像中还包含了部分空间域中的高频分量,它们主要分布在背景图像各个同质区的边缘处,如天空背景图像中的云层边缘。

噪声是传感器及电路产生的各类噪声的总和,它的各像素之间互不相关,并且与背景像素也不相关,在空间域中表现为和小目标类似的高频特征。但是,它在空间分布上是随机的,帧间分布不具有运动小目标所有的空间相关性。

在空中背景图像序列中,根据像素点时域波形的特点,探测器成像平面上的像素点可分为四类:第一类是无云背景点,这类像素点的亮度值比较稳定;第二类是云杂波背景点,这类像素点位于云杂波经过的区域,在不同的采样时刻,亮度变化较大;第三类为目标经过的像素点,但这类像素点位于无云背景区域内,在目标经过的局部时段内,亮度起伏较大;第四类像素点也是目标经过的像素点,但像素点位于云杂波背景区域内,在目标经过前后,像素点的亮度比较稳定。

对于上面分析的第一、二类像素点,在公式中没有第二项,对于第二类像素点,公式第一项需要在背景亮度常值的基础上叠加一个起伏值。对于第三、第四类像素点,需要分析小目标在成像平面上的亮度特性。远距离目标在传感器上所成的像等效于一个点源目标。在理想情况下,点源目标在成像平面上的投影不足一个像素大小。由于光学成像系统一般为非理想光学系统,从而导致点源目标的投影可能占据一个或多个像素,具体大小取于光学系统的点扩展函数,它通常可用二维高斯函数近似[1]。在 t_0 时刻点源目标在红外焦平面上的亮度分布可用下式表示:

$$s(x,y,t_0) = A\exp\left(-\frac{(x-x_0)^2}{2\sigma_x^2} - \frac{(y-y_0)^2}{2\sigma_y^2}\right) \tag{5.2}$$

式中,(x_0,y_0) 是 t_0 时刻点源目标所成像的中心位置;A 是此时目标在 (x_0,y_0) 上的亮度;σ_x、σ_y 分别是传感器在 x 轴方向和 y 轴方向的扩展参数,对于一个光学传感器而言是常数,可以通过实验测得。

当目标运动时,由于目标所成像的中心位置发生变化,目标所经过的像素点的亮度也会发生变化。假设 t_0 时刻目标所成像的中心位置位于 (x_0,y_0),目标的运动速度为 (v_x,v_y),在 t 时刻目标所成像的中心位置变为

$$\begin{aligned} x_t &= x_0 + v_x(t-t_0) \\ y_t &= y_0 + v_y(t-t_0) \end{aligned} \tag{5.3}$$

根据上式可得到 t 时刻在像素点 (x_0,y_0) 处亮度为

$$s(x_0,y_0,t) = A\exp\left(-\frac{[v_x(t-t_0)]^2}{2\sigma_x^2} - \frac{[v_y(t-t_0)]^2}{2\sigma_y^2}\right) \tag{5.4}$$

在第三、四类像素情况下,需将上式叠加到红外图像序列模型中。

本章接下来的内容主要基于跟踪前检测 DBT 算法对弱小目标检测进行探讨。DBT 算法在实际的小目标检测、跟踪系统中广泛采用,其一般步骤如下:

(1)图像预处理,用于抑制图像背景,提高小目标的可检测性;

(2)图像分割,得到候选目标;

(3)利用目标在图像序列中的连续性信息,排除虚警,确定并跟踪目标。

5.3　基于尺度间系数相关性的小波域小目标检测

由于小目标的检测是判断图像中的孤立奇异点,而小波变换可以很好地区别位于高频部分的目标(奇异点)与位于低频部分的背景,因而在小目标检测方面得到了人们的重视[2-11]。

本节提出了一种新的基于小波变换和管道滤波的红外小目标检测方法。该方法首先分析小波系数尺度间的相关特征,进而计算目标系数、背景边缘系数和噪声系数的尺度间归一化相关系数,随后通过区分相关系数的差异来抑制背景并得到候选目标点集。接下来,结合小目标的运动速度,合理设置目标检测和位置变化门限,利用管道滤波方法进一步滤除噪声并最终实现目标检测。如无特殊说明,本章所有实验算法运行的硬件环境为联想笔记本,CPU 主频为 2GHz,内存为 2GB。软件环境为 MATLAB 7.0。

5.3.1　噪声、背景和目标的小波系数特性分析

红外小目标图像经小波变换后由低频子带和高频子带构成。低频分量主要反映了背景的特征,而目标则包含在各个高频分量中。在小波变换得到的高频子图中已滤除大范围连续的背景信息,只包括背景边缘信息和奇异点集,而小目标就包含在奇异点集内。图 5.1 是红外小目标视频 1 中一帧图像的小波变换二级分解,小波变换基为"haar",图像大小为 128×128,各尺度各方向系数按下式处理后进行显示,w 为小波系数:

$$w'(x,y)=\left[\,|w(x,y)|\times\frac{255}{\max(|w(x,y)|)-\min(|w(x,y)|)}\right] \tag{5.5}$$

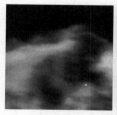

(a) 原图像　　　　(b) 一级水平方向　　　　(c) 一级垂直方向　　　　(d) 一级对角方向

 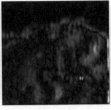 

(e) 二级水平方向　　　　(f) 二级垂直方向　　　　(g) 二级对角方向

图 5.1　红外小目标图像的二级平稳小波分解

在小波分析中,含噪信号在多尺度分解后,真实信号在各尺度上的系数间具有很强的相关性,而噪声系数的相关性则很弱或者不相关。因此相邻尺度小波系数相关性可以用来确定哪些系数是由图像中的噪声产生,哪些是由图像中的细节特征产生[12-15]。

从图 5.1 中可看出,高频每个方向上的检测图像中包含小目标信息、噪声和少量的背景边缘信息。由于背景边缘具有一定的形状和方向特性,在小波分解后的不同尺度不同方向高频分量上的位置分布相关性相对较弱。而小目标不具有形状特性,在分解后的不同尺度不同方向高频分量上的位置分布相关性较强。噪声系数在不同尺度不同方向高频分量上的位置分布相关性也较弱。通过利用不同信号小波系数在不同尺度不同方向上相关特性的不同,可以进一步抑制背景和噪声并增强目标。

5.3.2　尺度间归一化相关系数的计算及阈值设定

对每一尺度每一方向的小波系数,按下式计算相关系数:

$$\text{corr}(j,d,m,n) = w(j,d,m,n)\prod_{r=1}^{2}w(j+1,r,m,n) \tag{5.6}$$

式中,$w(j,d,m,n)$ 表示尺度 j 方向 d 位置 (m,n) 处的小波变换系数,尺度 $j+1$ 的方向 r 与尺度 j 的方向 d 不同。

相关系数归一化:

$$\overline{\text{corr}(j,d,m,n)} = \text{corr}(j,d,m,n)\left(\frac{\text{ew}(j,d)}{\text{ecorr}(j,d)}\right)^{0.5} \tag{5.7}$$

$$\text{ew}(j,d) = \sum_{m}\sum_{n}w(j,d,m,n)^{2} \tag{5.8}$$

$$\text{ecorr}(j,d) = \sum_{m}\sum_{n}\text{corr}(j,d,m,n)^{2} \tag{5.9}$$

式中,$\text{ew}(j,d)$ 和 $\text{ecorr}(j,d)$ 分别表示尺度 j 方向 d 的小波系数能量和相关系数能量。将当前点变换系数作为阈值,如果相关系数大于该阈值则保留,反之则抑制。

5.3.3 考虑小目标面积的单帧图像分割

利用阈值法分割重构图像,阈值按如下方法确定:对于小目标图像,利用成像传感器的灵敏度、分辨率、可成像距离和目标可能的实际大小等信息,估计目标在图像中的面积大小[16],即所占像素数目 m_0,本算法取 10 个像素。以重构图像灰度中值为起点,在直方图上正向搜索第一个统计数为 m_0 的灰度值作为分割阈值。

5.3.4 管道滤波序列图像检测

对于红外弱小目标检测,由于包含目标的红外图像信噪比较低,仅通过单帧进行检测很难满足要求,必须结合多帧实现检测。经过单帧检测后,除了真实目标外,图像中可能存在虚假目标和强噪声。假如在一帧图像某位置处有目标,则该目标在相邻的若干帧中必然会出现在该位置的某一个小邻域内;而噪声由于分布的随机性,在连续的多帧图像中没有这种连续性。因此,可以根据序列图像中目标运动的连续性、虚假目标或噪声运动的随机性来确认真实目标。

本节采用移动式管道滤波方法进行多帧检测。移动式管道滤波法的基本原理是:根据目标运动的连续性,在序列图像的空间位置上以目标为中心建立的一个空间管道,管道的直径代表目标周围的邻域尺寸,管道的长度代表检测时所需的图像帧数。当管道窗口移动到有目标的位置时,由于目标出现的连续性,必然有较多的可疑像素落在窗口内,窗内像素的累加值会大于一个门限。如果没有目标,由于噪声分布的随机性,窗内像素的累加值就较小,从而判断出管道内一帧图像是否包含目标并确定位置。移动式管道滤波算法描述如下:

(1)按照设定的管道长度建立管道。对于即将进入管道的每一帧图像,都要同已存在于管道内的经过形态学膨胀处理的前一帧图像进行相与运算,以进一步滤除噪声。

(2)管道建立后,类似于流水线结构,每新进入一帧图像,完成检测的图像就流出管道,其余图像依次流动。对于最先进入管道的单帧二值图像,标识其中的 8 连通区域,以此作为候选目标区域。

(3)对于每一候选目标区域,计算其质心,以其作为管道中心,按下式在整个管道中计算可疑目标像素的个数:

$$M = \sum_{i=1}^{l} \sum_{j=-\lfloor m/2 \rfloor}^{\lfloor m/2 \rfloor} \sum_{k=-\lfloor m/2 \rfloor}^{\lfloor m/2 \rfloor} f(x_0 + j, y_0 + k, i) \tag{5.10}$$

式中,l 为管道长度;m 是管道直径;(x_0, y_0) 是候选目标区域质心坐标;i 为管道中帧号;M 为可疑目标像素数。为进一步滤除随机噪声和固定位置噪声,确定目标的条件为:M 大于某一门限且同一位置处候选目标数目小于某一门限。如条件满足,记录目标位置。

(4)更新管道,标识当前最早进入管道图像的 8 连通区域,作为候选目标区域,转到步骤(3),直到所有图像帧处理完毕。

5.3.5　算法过程

本节算法过程如下：

(1)对小目标红外图像进行小波变换,将图像分解为低频部分和高频部分。

(2)对每一尺度每一方向的小波系数,按式(5.6)计算相关系数。

(3)按式(5.7)～式(5.9)对相关系数归一化。

(4)利用归一化相关系数来区分目标系数、背景边缘系数和噪声系数,如

$$\overline{|\mathrm{corr}(j,d,m,n)|} < |w(j,d,m,n)| \tag{5.11}$$

则认为是噪声或背景边缘系数,将之置零实现抑制;反之保留为目标系数。

(5)如达到最大尺度且方向遍历完毕,进入下一步;反之回到步骤(2)。

(6)将低频小波系数置零,结合保留的小波系数实施小波反变换。

(7)将小波反变换后得到的重构图像,按下式进行映射,以拉大重构图像的灰度范围,g 为图像灰度：

$$g' = \left[|g| \times \frac{255}{\max(|g|) - \min(|g|)} \right] \tag{5.12}$$

(8)利用考虑小目标面积的阈值法分割重构图像。

(9)标识单帧处理结果中的连通区域,确定候选目标点集。结合小目标的运动速度,合理设置管道长度和管道直径,利用管道滤波方法进一步滤除噪声并实现目标的最终检测。

5.3.6　仿真与分析

本实验的小波变换基为"haar",采用二维平稳小波变换函数 swt2 进行变换,分解尺度为 3。

1. 单帧处理算法的实验验证

对图 5.1(a)、红外小目标视频 2 中一帧图像分别按照小波低频抑制、小波相关抑制进行噪声和背景的抑制,效果如图 5.2 所示。从图 5.2 中可看出,相关法抑制背景和噪声的能力都强于低频直接抑制法,这主要表现为所包含的噪声和云层背景边缘要少。

(a) 小波域低频抑制　　　　(b) 小波域相关抑制　　　　(c) 原图像

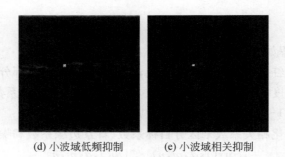

　　　　(d) 小波域低频抑制　　　　　　(e) 小波域相关抑制

图 5.2　小波域降噪和背景抑制效果图

　　对两个视频中的两帧图像按照本节方法进行阈值分割得到图 5.3。从处理结果看出,两帧图像都准确地检测出小目标的位置。

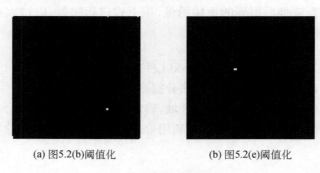

　　　　(a) 图5.2(b)阈值化　　　　　　　(b) 图5.2(e)阈值化

图 5.3　阈值分割效果图

2. 算法的背景抑制效果

　　为了验证本节算法的背景抑制效果,将两帧原图像分别经过空域高通滤波、形态学顶帽变换滤波[17]、巴特沃思高通滤波、小波相关法进行处理,效果如图 5.4 所示。相关法只执行到 5.3.5 节的步骤(7)。空域高通滤波器为

$$H=\begin{bmatrix} 1 & 1 & 1 & 1 & 1 \\ 1 & 1 & 1 & 1 & 1 \\ 1 & 1 & -25 & 1 & 1 \\ 1 & 1 & 1 & 1 & 1 \\ 1 & 1 & 1 & 1 & 1 \end{bmatrix} \tag{5.13}$$

巴特沃思滤波的截止频率为 12.8Hz。从图 5.4 中可以看出,空域高通滤波背景残留最多,形态学顶帽变换法与巴特沃思法目标较弱,而相关法得到的目标最强。为了定量衡量算法背景抑制效果,给出两帧小目标图像经过各算法处理后的信噪比,如表 5.1 所示。从中可看出,两帧图像中小波相关法的信噪比都达到了最大。信

噪比的计算如下：

$$SNR = \frac{s - \mu}{\sigma} \tag{5.14}$$

式中，s 为目标灰度；μ 代表目标邻域的灰度均值；σ 是邻域灰度标准差。考虑到检测目标大小，这里取 40×40 邻域。

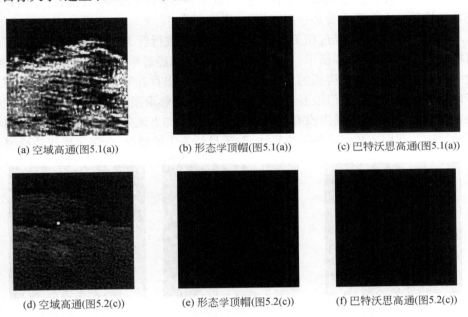

(a) 空域高通(图5.1(a))　　　(b) 形态学顶帽(图5.1(a))　　　(c) 巴特沃思高通(图5.1(a))

(d) 空域高通(图5.2(c))　　　(e) 形态学顶帽(图5.2(c))　　　(f) 巴特沃思高通(图5.2(c))

图 5.4　对图 5.1(a)、图 5.2(c)利用各个算法进行背景抑制效果图

表 5.1　各个算法的信噪比（一）

图像	原图像	空域高通	形态学顶帽	巴特沃思高通	小波相关
图 5.1(a)	2.7343	1.7108	6.4608	5.4417	16.6839
图 5.2(c)	3.5816	5.1208	4.4955	4.3977	12.3202

3. 管道滤波算法的实验验证

管径选择的依据除了依赖目标大小外，还需要考虑目标在两帧之间的位移。当目标运动速度过快或者运动较为复杂时，如果管道直径选择不合适，会造成目标检测失败。管道长度和目标判决门限则影响检测时间和检测概率。取红外视频 1 的 50 帧包含小目标的连续图像，目标的运动速度在每帧 1～2 个像素，从视场的右下方向左上方近似做匀速直线飞行，目标大小为十几个像素，红外序列图像中偶尔出现目标丢失。

在本节的检测算法中,定义管径为 5 个像素,管长为 5 帧图像,管道滤波目标检测门限按下式确定:

$$T=l\times(r\times r/2) \tag{5.15}$$

式中,l 为管长;r 为管径。

为了进一步滤除序列图像中固定位置强噪声,本节算法要求在同一空间位置上目标检测的次数要小于某一门限值,这里设置为 3。

对视频 1 的 50 帧经过相关法处理的二值图像进行管道滤波,以提取真正红外目标,运动航迹如图 5.5 所示。图 5.5(a)为将 50 帧经过单帧处理且不经过管道滤波的二值图像直接累积得到的目标运动航迹,可看出存在噪声点。图 5.5(b)展示了序列图像经管道滤波但没有考虑目标位置出现次数限制条件的运动航迹累积效果,可以看出固定位置噪声没有消除。图 5.5(c)则加上该条件,得到较好的小目标运动航迹。利用本节提出的完整算法,除了目标丢失的情况,全部实现成功检测。

　　(a) 直接累积　　　　　　　　(b) 消除随机噪声　　　　　　　(c) 消除固定位置噪声

图 5.5　小目标运动航迹

本节利用小波变换和管道滤波研究了距离较远的红外小目标检测方法。该算法通过分析不同信号在尺度间相关性的差异特征来实现单帧图像小目标检测。随后,在单帧检测的基础上,基于目标运动的连续性和噪声的随机性,合理设置相关门限,利用管道滤波完成红外小目标的序列图像检测过程。仿真结果表明,本节给出的算法能够获得相对较高的信噪比并准确稳定地检测出信噪比大于 2 的弱小目标。

5.4　基于小波高频系数直接映射的小目标检测

在复杂背景下检测小目标时,背景信息和噪声会对小目标的检测造成较大的影响。已有的基于小波变换的小目标检测方法都是对图像小波系数做相应处理,进行背景抑制后再重构,然后在空域进一步采用其他方法完成检测过程。此外,若使用小波分析方法,需要对图像进行多层小波分解,这样会降低检测的实时性。

本节提出了一种新的基于小波域的小目标检测方法。该方法对空中小目标图像进行一级小波分解，然后在考虑系数方向能量的基础上对三个方向的高频系数进行阈值化处理以滤除噪声并抑制背景，随后将保留的高频系数映射成灰度图像，最后通过图像一维最大熵法、形态学开算子、高频图像综合和多帧表决的方法实现小目标的检测。

5.4.1　基于系数能量的背景抑制

小波变换后的系数分为两类：第一类小波系数仅仅由噪声变换后得到，幅值小而数目较多；第二类小波系数由信号变换获得，幅值大且数目较少[18]。在小目标图像中，目标信号的系数处于第二类系数中。这样，通过小波系数幅值上的差异可以构造一种降噪方法。对小波系数设置一个阈值，大于这个阈值的小波系数属于第二类系数，可以保留；而小于这个阈值的小波系数就是第一类系数，可以去除。Donoho 提出的阈值表达式为

$$T = \sigma \sqrt{2\ln N} \tag{5.16}$$

式中，N 表示图像像素数；σ 表示噪声系数标准差。

当分解尺度给出后，各个尺度所包含的总能量就确定了。每一尺度均包含水平、垂直和对角三个方向，某方向上的系数能量占整个尺度能量的比重越大，说明该方向包含较多的细节成分，该成分有相当部分对应于原图像的背景边缘，在小目标检测中应当进一步抑制。因此，给出考虑方向系数能量因素的阈值表达式：

$$T = \sigma \sqrt{2\ln N}(1+r) \tag{5.17}$$

$$r = \frac{\displaystyle\sum_{x=1}^{m}\sum_{y=1}^{n} w^2(x,y)}{\displaystyle\sum_{d=1}^{3}\sum_{x=1}^{m}\sum_{y=1}^{n} w^2(x,y)} \tag{5.18}$$

式中，r 代表某尺度某方向系数能量比。式(5.18)中分母和项表示某尺度系数总能量，分子和项表示该尺度某方向的系数能量。从式(5.17)可以看出，某方向系数能量越大，包含背景边缘信息越多，系数阈值就越大。

5.4.2　小波高频系数线性映射及关联

将小波高频系数取绝对值，并按式(5.5)映射到灰度空间，得到三个方向的高频图像。图 5.6 是小目标视频 1 图像的"db4"小波一级分解图。

二值化的高频图像中包括若干亮点噪声，而形态学开运算可以滤除小于结构元素的亮点[19]，故可利用形态学开算子进一步滤除噪声。

从图 5.6 中可看出，小目标在高频图像中位置相对稳定，故可将水平、垂直和对角三幅图像两两相与，保留在任意两幅图像相同位置灰度值均为 255 的像素，形

成结果图像。

(a) 原图像　　　　　　(b) 水平方向　　　　　(c) 垂直方向　　　　　(d) 对角方向

图 5.6　小目标图像的一级小波分解图

5.4.3　算法过程

假定红外图像中包含一个目标。小波域红外小目标检测流程如下：

（1）对小目标红外图像进行小波一级分解，将图像分解为 LL、LH、HL 和 HH 四部分，分别表示图像的低频部分和水平、垂直以及对角方向的高频部分。

（2）去掉低频部分 LL 的影响，分别按式（5.16）、式（5.17）计算噪声和背景抑制阈值，对高频部分系数进行阈值化处理：

$$w=\begin{cases}w, & |w|\geqslant T \\ 0, & |w|<T\end{cases} \qquad (5.19)$$

（3）按式（5.5）映射到灰度空间，得到三个方向的高频图像。

（4）按照一维最大熵法分割高频图像，方法描述如下：

$$T'=\underset{t}{\mathrm{argmax}}(H_0+H_1) \qquad (5.20)$$

$$H_0=-\sum_{i=0}^{t}\frac{p_i}{p_s}\ln\frac{p_i}{p_s} \qquad (5.21)$$

$$H_1=-\sum_{i=t+1}^{L}\frac{p_i}{1-p_s}\ln\frac{p_i}{1-p_s} \qquad (5.22)$$

$$p_s=\sum_{i=0}^{t}p_i \qquad (5.23)$$

式中，p_i 是高频图像灰度级 i 出现的概率；L 是图像最大灰度，按照式（5.20）计算使得图像灰度熵最大的灰度级作为高频图像分割阈值，利用该值将高频图像二值化。

（5）利用形态开运算消除二值化的高频图像中若干亮点噪声。

（6）将水平、垂直和对角三幅图像两两相与，保留在任意两幅图像相同位置灰度值均为 255 的像素，形成结果图像。

（7）利用目标在相邻帧间位置的连续性，通过改进管道滤波算法获得包含最终目标的图像。

（8）为消除前面处理对目标位置计算造成的误差，以最终检测图像中目标区域的质心作为小目标位置,并在原图像中以该质心为中心,大小 $9×9$ 的方形区域作为跟踪窗。

5.4.4　仿真与分析

1. 算法的实验验证

对图 5.6(a)分别按照式(5.16)、式(5.17)抑制噪声和背景的效果如图 5.7 所示。本节将基于式(5.16)的抑制算法称为小波阈值法 1,基于式(5.17)的称为小波阈值法 2,两种方法的后续处理过程一致。从图 5.7 中可看出,在高频各个方向上,小波阈值法 2 所包含的噪声和云层背景边缘要少于小波阈值法 1。

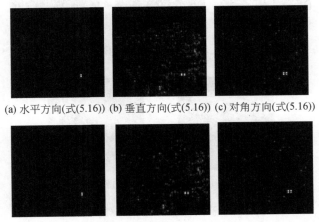

(a) 水平方向(式(5.16)) (b) 垂直方向(式(5.16)) (c) 对角方向(式(5.16))

(d) 水平方向(式(5.17)) (e) 垂直方向(式(5.17)) (f) 对角方向(式(5.17))

图 5.7　小波域降噪和背景抑制效果图

对图 5.7(d)、(e)、(f)按照一维最大熵阈值法进行二值化、形态学开运算滤波如图 5.8 所示。考虑到目标大小在 10 个像素左右,形态开运算的结构元素大小选为 $2×2$,形状为方形。通过开运算,高频各个方向进一步滤除了残留非目标点。

将图 5.8 中(d)、(e)、(f)三幅图像进行两两相与运算,保留在任意两幅图像相同位置灰度值均为 255 的像素,形成候选目标区域。如候选目标区域数目为 1 个,计算质心并在原图像中生成 $9×9$ 的跟踪窗。处理效果如图 5.9 所示。图 5.9(a)计算得到的质心坐标为(97,97)。

从小目标视频 2 和视频 3 中各取一帧图像处理效果如图 5.10 所示。图 5.10(b)的检测质心为(73,42),图 5.10(e)的为 (55,50)。从图 5.9 和图 5.10 的处理结果看出,三帧图像都准确地检测出小目标的位置。

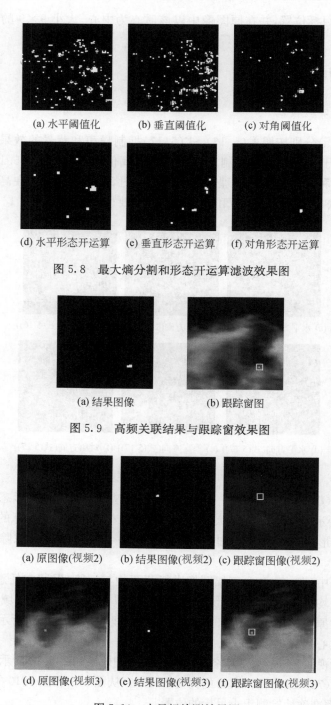

(a) 水平阈值化　　　　(b) 垂直阈值化　　　　(c) 对角阈值化

(d) 水平形态开运算　　(e) 垂直形态开运算　　(f) 对角形态开运算

图 5.8　最大熵分割和形态开运算滤波效果图

(a) 结果图像　　　　　(b) 跟踪窗图

图 5.9　高频关联结果与跟踪窗效果图

(a) 原图像(视频2)　(b) 结果图像(视频2)　(c) 跟踪窗图像(视频2)

(d) 原图像(视频3)　(e) 结果图像(视频3)　(f) 跟踪窗图像(视频3)

图 5.10　小目标检测效果图

取视频 1 的 100 帧包含小目标的连续图像,对每帧经过小波变换的高频三幅图像进行关联,并进一步利用目标在相邻帧间位置的连续性进行多帧综合,则全部实现目标检测。

2. 算法的背景抑制效果

为了验证本节算法的背景抑制效果,将图 5.6(a)分别经过空域高通滤波、形态学顶帽变换滤波、巴特沃思高通滤波、小波阈值法 1 和小波阈值法 2 进行处理,效果如图 5.11 所示。小波阈值法只执行到 5.4.3 节的步骤(3)。

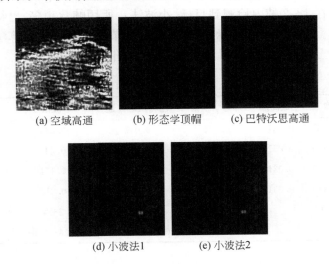

(a) 空域高通　　　　　(b) 形态学顶帽　　　　　(c) 巴特沃思高通

(d) 小波法1　　　　　(e) 小波法2

图 5.11　各个算法背景抑制效果图

分别将小波阈值法 1、2 高频三个方向进行和平均得到图 5.11(d)和(e)。巴特沃思滤波的截止频率为 12.8。从图 5.11 中可以看出,空域高通滤波背景残留最多,形态学顶帽变换法与巴特沃思法目标较弱,而小波阈值法目标最强。为了定量衡量算法背景抑制效果,给出三帧小目标图像经过各算法处理后的信噪比如表 5.2 所示。从中可看出,三帧图像中小波阈值法 2 的信噪比值都达到了最大。

表 5.2　各个算法的信噪比(二)

图像	原图像	空域高通	形态学顶帽	巴特沃思高通	小波法 1	小波法 2
图 5.6(a)	2.7343	1.7108	6.4608	5.4417	6.2388	6.7216
图 5.10(a)	3.5816	5.1208	4.4955	4.3977	9.0199	9.8419
图 5.10(d)	2.6588	1.6344	8.0113	6.3411	8.5980	8.7734

3. 算法的实时性分析

针对小目标视频 1,各种算法单帧处理时间、检测所需帧数、检测合计用时比较如表 5.3 所示。在表 5.3 中,由于空域高通背景抑制效果较差,检测到小目标需要关联后续多帧且要与多种算法配合,故只给出了单帧处理时间。在剩余四种算法中,形态学顶帽法与巴特沃思高通滤波法检测的时间还包括一维最大熵分割和形态学开运算滤波的时间。从表中可以看出,除了空域高通,在单帧处理时间上,巴特沃思高通法用时最少,其次为形态学顶帽、小波法 1 和小波法 2。但小波法 2 算法平均可以在 1~2 帧内检测到目标,小波法 1 所用帧数稍多,巴特沃思高通法用帧平均最多。故从检测到目标的角度上说,本节给出的小波域算法用时与典型空域法相当甚至稍快,这可从合计用时数据中看出。

表 5.3　各个算法的运算时间比较　　　　　　　　　(单位:s)

	图像	空域高通	形态学顶帽	巴特沃思高通	小波法 1	小波法 2
第一次	图 5.6(a)	0.031	0.094	0.047	0.234	0.265
第二次	图 5.6(a)	0.031	0.093	0.047	0.234	0.247
第三次	图 5.6(a)	0.031	0.078	0.047	0.171	0.219
平均用时	图 5.6(a)	0.031	0.088	0.047	0.213	0.244
检测帧数	视频 1		4~8	5~10	2~4	1~2
合计用时	视频 1		0.352~0.704	0.235~0.470	0.426~0.852	0.244~0.488

本节提出了小波高频系数直接映射的红外小目标检测方法。与已有的小波域小目标检测算法对小波分解各尺度各方向系数进行处理后,通过反变换得到重构图像,进而再利用空域方法完成目标检测的过程不同,本节算法的特色在于,在考虑小波分解各方向系数能量的基础上,对噪声和背景边缘系数进行抑制,随后,不通过反变换重构图像,而是将各方向小波系数映射为灰度图像,进而通过一系列空域处理完成检测过程。为了提高实时性,本节算法采用一级小波分解。实验表明,与一些常用的检测算法相比,本节算法能够准确检测目标,并且在背景抑制方面具有一定优势,能获得相对较高的信噪比。此外,通过实验可以看到,本节引用的常用小目标检测算法基本没有可能在一帧图像中检测到目标,需要多帧图像的累积检测。而本节算法在很多情况下能够通过单帧图像检测出目标,即使需要多帧累积,需要的帧数也很少,因而在检测速度方面也具有一定的优势。

5.5　基于尺度间相关性的非下采样 Contourlet 变换小目标检测

　　二维可分离小波变换只具有水平、垂直、对角三个方向,方向性和各向异性上的缺陷使小波变换不能很好地表示图像中的方向信息。Do 等提出的 Contourlet 变换,是一种多尺度的、局部的、方向性的真正的二维图像表示方法[20]。但是,由于下采样过程的存在,Contourlet 变换缺乏平移不变性,图像处理后在边缘处会产生伪 Gibbs 失真。随后,Cunha 等提出了非下采样 Contourlet 变换（non-sampled contourlet transform,NSCT）,它既具有 Contourlet 变换的优点,又具有平移不变性,因而可以有效地解决伪 Gibbs 失真这个问题[21,22]。NSCT 不仅能将图像各频带区分开,且多向和平移不变性使其细节保护能力增强,因此,如果将其应用到红外小目标检测当中,应当能够得到优于小波变换的结果。吴一全等分别利用 Contourlet 变换和 NSCT,对红外小目标图像构造多尺度距离像,进而通过直方图统计实现小目标检测[23,24]。

　　本节提出了一种新的基于 NSCT 的红外小目标检测方法。该方法将小波系数尺度间的相关性特征引入 NSCT 系数中,通过区分目标系数与背景边缘、噪声系数在尺度间相关系数的差异来抑制背景并最终检测目标。

5.5.1　红外小目标图像的非下采样 Contourlet 变换

　　如第 3 章所言,NSCT 继承了 Contourlet 变换的多尺度、多方向以及良好的空域和频域局部特性,变换后系数能量更加集中,能够更好地捕捉和跟踪图像中重要的几何特征。同时,由于没有上采样和下采样,因此图像的分解和重构过程中不具有频率混叠项,这使得 NSCT 具有平移不变性以及各级子带图像与原图像具有尺寸大小相同的特性。

　　红外小目标图像经 NSCT 后由低频子带和高频子带构成。低频分量主要反映了背景的特征,而目标则包含在各个高频分量中。在 NSCT 得到的高频子图中已滤除大范围连续的背景信息,只包括背景边缘信息和奇异点集,而小目标就包含在奇异点集内。图 5.12 是红外小目标视频 1 中一帧图像的 NSCT 二级分解,方向数分别为 4 和 2。图像大小为 128×128,NSCT 系数按照下式处理后进行显示,c 为 NSCT 系数:

$$c'(x,y) = \left[|c(x,y)| \times \frac{255}{\max(|c(x,y)|) - \min(|c(x,y)|)} \right] \quad (5.24)$$

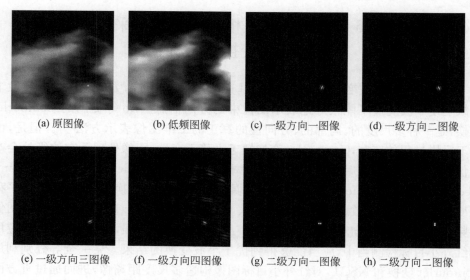

(a) 原图像 (b) 低频图像 (c) 一级方向一图像 (d) 一级方向二图像

(e) 一级方向三图像 (f) 一级方向四图像 (g) 二级方向一图像 (h) 二级方向二图像

图 5.12　红外小目标图像的二级 NSCT 分解

5.5.2　小波域尺度间系数相关性到非下采样 Contourlet 域的推广

NSCT 采用多级分解方式，NSCT 系数具有类似小波系数的特征，因此 5.2 节利用小波域的尺度间系数相关性区分目标、噪声和背景边缘的方法也可推广到 NSCT 变换域。

从图 5.12 中可看出，高频每个方向上的检测图像中包含小目标信息、噪声和少量的没有滤除的背景边缘信息。由于背景边缘信息具有一定的形状和方向特性，在 NSCT 分解后的不同尺度不同方向高频分量上的位置分布相关性较弱。小目标不具有形状特性，在分解后的不同尺度不同方向高频分量上的位置分布相关性较强。噪声系数在不同尺度不同方向高频分量上的位置分布相关性也较弱。通过利用不同信号 NSCT 系数在不同尺度不同方向上相关特性的不同，可以进一步抑制背景和噪声信息并增强目标。

5.5.3　算法过程

本节提出的 NSCT 域红外小目标检测算法流程如下：

（1）对小目标红外图像进行 NSCT，将图像分解为低频部分和高频部分。

（2）对每一尺度每一方向的 NSCT 系数，按式（5.25）计算相关系数：

$$\text{corr}(j,d,m,n) = c(j,d,m,n) \prod_{r=1}^{l_{j+1}} c(j+1,r,m,n) \tag{5.25}$$

式中，$c(j,d,m,n)$ 表示尺度 j 方向 d 位置 (m,n) 处的 NSCT 系数；l_{j+1} 代表尺度

$j+1$的分解方向数。

（3）相关系数归一化：

$$\overline{\mathrm{corr}(j,d,m,n)}=\mathrm{corr}(j,d,m,n)\left(\frac{\mathrm{ec}(j,d)}{\mathrm{ecorr}(j,d)}\right)^{0.5} \tag{5.26}$$

$$\mathrm{ec}(j,d)=\sum_{m}\sum_{n}c(j,d,m,n)^2 \tag{5.27}$$

$$\mathrm{ecorr}(j,d)=\sum_{m}\sum_{n}\mathrm{corr}(j,d,m,n)^2 \tag{5.28}$$

式中，$\mathrm{ec}(j,d)$和$\mathrm{ecorr}(j,d)$分别表示尺度j方向d的 NSCT 系数能量和相关系数能量。

（4）利用归一化相关系数来区分目标系数、背景边缘系数和噪声系数，如

$$\left|\overline{\mathrm{corr}(j,d,m,n)}\right|<\left|c(j,d,m,n)\right| \tag{5.29}$$

则认为是噪声或背景边缘系数，将之置零实现抑制；反之保留为目标系数。

（5）若达到最大尺度且方向遍历完毕，进入下一步；反之回到步骤（2）。

（6）将低频 NSCT 系数置零，结合保留的 NSCT 系数实施 NSCT 反变换。

（7）将 NSCT 反变换后得到的重构图像，按式（5.30）进行映射，以拉大重构图像的灰度范围，g 为图像灰度

$$g'(x,y)=\left|\left|g(x,y)\right|\times\frac{255}{\max(\left|g(x,y)\right|)-\min(\left|g(x,y)\right|)}\right| \tag{5.30}$$

（8）利用 5.3.3 节提出的阈值法分割重构图像。

（9）利用目标在相邻帧间位置的连续性，通过多帧图像综合表决以获得包含最终目标的图像。

5.5.4　仿真与分析

NSCT 中塔形滤波器取"97"，方向滤波器取"pkva"，进行三级分解，方向数为8、4、1。与 NSCT 进行比较的小波变换基为"haar"，采用二维平稳小波变换函数swt2 进行变换。

1. 算法验证

对图 5.12(a)、红外小目标视频 2 中的一帧图像分别按照小波低频抑制、小波相关抑制、NSCT 低频抑制和 NSCT 相关抑制进行噪声和背景的抑制，效果如图 5.13所示。从图 5.13 中可看出，无论在小波域还是 NSCT 域，相关法抑制背景和噪声的能力都强于低频直接抑制法，NSCT 相关法则优于小波相关法，这主要表现为所包含的噪声和云层背景边缘要少。

(a) 小波域低频抑制1　　(b) 小波域相关抑制1　　(c) NSCT低频抑制1　　(d) NSCT相关抑制1

(e) 原图像　　(f) 小波域低频抑制2　　(g) 小波域相关抑制2　　(h) NSCT低频抑制2

(i) NSCT相关抑制2

图 5.13　　NSCT 域降噪和背景抑制效果图

　　对两个视频中的两帧图像按照本节方法进行阈值分割得到图 5.14。从处理结果看出,两帧图像都准确地检测出小目标的位置。

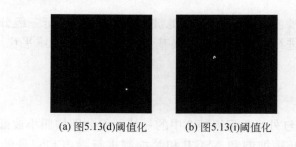

(a) 图5.13(d)阈值化　　(b) 图5.13(i)阈值化

图 5.14　　阈值分割效果图

2. 本节算法的背景抑制效果

　　为了验证本节算法的背景抑制效果,将两帧原图像分别经过空域高通滤波、形态学顶帽变换滤波、巴特沃思高通滤波、小波相关法和本节提出的 NSCT 相关法进行处理,效果如图 5.15 所示。相关法只执行到 5.5.3 节的步骤(7)。空域高通滤波器如式(5.13)所示。巴特沃思滤波的截止频率为 12.8Hz。从图 5.15 中可以看出,空域高通滤波背景残留最多,形态学顶帽变换法与巴特沃思法目标较弱,而相关法得到的目标最强。为了定量衡量算法背景抑制效果,给出两帧小目标图像经过各算法处理后的信噪比如表 5.4 所示。从中可看出,两帧图像中 NSCT 相关法的信噪比都达到了最大。

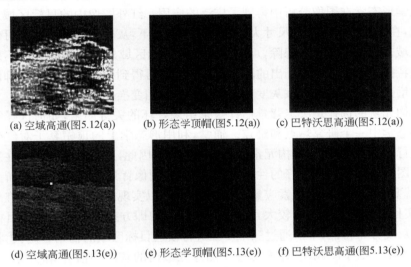

(a) 空域高通(图5.12(a))　　(b) 形态学顶帽(图5.12(a))　　(c) 巴特沃思高通(图5.12(a))

(d) 空域高通(图5.13(e))　　(e) 形态学顶帽(图5.13(e))　　(f) 巴特沃思高通(图5.13(e))

图 5.15　对图 5.12(a)、图 5.13(e)利用各个算法背景抑制效果图

表 5.4　各个算法的信噪比(三)

图像	原图像	空域高通	形态学顶帽	巴特沃思高通	小波相关	NSCT 相关
图 5.12(a)	2.7343	1.7108	6.4608	5.4417	16.6839	17.4676
图 5.13(e)	3.5816	5.1208	4.4955	4.3977	12.3202	15.6088

5.6　基于高频能量像的非下采样 Contourlet 变换小目标检测

针对复杂背景下的红外空中弱小目标检测问题,本节提出了一种非下采样 Contourlet 变换和 BP 神经网络相结合的智能化方法。该方法首先以候选目标区域的大小作为灰度形态学顶帽变换结构元素选择的参考,实现红外复杂背景的空域初抑制。随后,变换处理空间到非下采样轮廓波域,通过构造高频综合像进一步抑制背景。在此基础上,对非下采样轮廓波域高频综合图像的目标和背景像素分

别进行特征描述,以其作为输入向量,构建三层 BP 神经网络识别模型,经过大量样本像素进行训练,实现红外空中小目标的智能化检测。

5.6.1　红外复杂背景抑制

红外实时成像应用中目标通常包含在复杂背景中,一般可利用背景估计技术估计图像的背景,然后从原图中剔除背景后可以得到增强后的目标图像,降低候选目标区域提取的难度,并减少候选目标数量。

数学形态学在图像分析中得到了广泛的应用。红外图像中的目标区域通常为亮区域,在选用比目标区域尺寸大的结构元素情况下,灰度形态学开运算可使亮的目标区域被看做噪声而被滤除,可以估计可能目标区域外的图像背景而不破坏目标区域特征。原图像与估计出的图像背景作差即可得到包含候选目标且抑制大量背景的增强图像。该过程在灰度形态学中称为顶帽变换。

结构元素的选择是决定背景估计效果结果好坏的关键因素,如何选择结构元素是形态学中一个研究热点和难点。通常,利用形态学上的顶帽算子对红外弱小目标进行检测的研究中,结构元素均为事先确定。因此,这些滤波器仅仅在所对应的某类图像模型中具有较好的性能。然而,红外图像背景复杂且处于不断变化之中,这就要求选用的结构元素应具有自适应功能,以实现最优化处理。在红外图像中,真实目标区域的灰度值较大且灰度分布较均匀即方差值较小。根据目标区域的这个灰度分布特征,本节通过三个步骤进行候选目标区域的初始判定:①将图像按一定大小分成子图像;②计算每一子图像区域内的灰度均值 μ_l 和方差 σ_l,并计算均值与方差之比;③如果比值大于全局值则该子区域可能为候选目标区域,并标记该区域,即

$$\frac{\mu_l}{\sigma_l} \geqslant \mathrm{Th} = \frac{\mu_g}{\sigma_g} \tag{5.31}$$

式中,μ_g、σ_g 为全局均值和方差。

在候选目标区域中统计目标的 8 连通区域,计算其矩形包围盒,以矩形的最大边长作为灰度形态学顶帽变换的结构元素大小。

非下采样 Contourlet 变换继承了 Contourlet 变换的多尺度、多方向以及良好的空域和频域局部特性,变换后系数能量更加集中,能够更好地捕捉和跟踪图像中重要的几何特征。同时,由于没有上采样和下采样,因此图像的分解和重构过程中不具有频率混叠项,这使得 NSCT 具有平移不变性以及各级子带图像与原图像具有尺寸大小相同的特性。本节在空域自适应灰度形态学滤波的基础上,利用非下采样 Contourlet 变换进一步抑制红外复杂背景。

由于非下采样 Contourlet 变换具有平移不变性,因此图像变换后,原始图像中的像素对应着变换域中相同位置的系数。灰度形态学顶帽变换抑制背景的图像经

非下采样 Contourlet 变换后,对应的系数可分为三类:目标系数、残余背景系数和噪声系数。小目标不具备方向性,在高频各个方向上对应着较大的系数。残余背景则具有一定的方向性,在某些方向上对应较大系数,而在相同尺度的其他方向上则可能是小系数。噪声在所有的方向上都对应小系数。三者在高频方向系数上的差异,是实现非下采样 Contourlet 域背景抑制的基础。

设 ω_i 为图像经过非下采样 Contourlet 变换后某高频方向点 k 的值,定义 M_k 为该点处的系数均值:

$$M_k = \frac{\left\{\sum_{i=1}^{n \times n} |w_i|\right\}}{n^2} \tag{5.32}$$

式中,n 为 k 点邻域的边长。

对非下采样 Contourlet 变换后的各个高频方向计算各点的 M,对于其中任意点 k 有由系数均值表达的特征向量:

$$F_k = \{M_k^i\}, \quad j = 1, 2, \cdots, d \tag{5.33}$$

式中,j 代表非下采样 Contourlet 变换后的高频方向。

定义中心向量为

$$F_c = \frac{1}{m} \sum_{k=1}^{m} F_k \tag{5.34}$$

式中,m 为图像的大小。

各个点的系数均值向量与中心向量的距离为

$$d(F_k, F_c) = \sqrt{\sum_{j=1}^{d} (F_k^j - F_c^j)^2} \tag{5.35}$$

通过以邻域均值来重新表征高频系数,可以削弱残留背景和噪声系数的强度。由于目标像素在图像中占据很小的比重,其特征向量对中心向量的值影响较小。因此,背景像素的特征向量与中心向量较接近,而目标像素的特征向量与中心向量差异较大。计算特征向量与中心向量之间的距离,可以形成一个非下采样 Contourlet 域高频综合像。该综合像拉大了小目标区域系数与背景及噪声的系数值差异,进一步提高了图像的信噪比。由于残留背景在某方向上可能会有大系数呈现,故可在某位置高频系数特征向量各个分量大于某一阈值(本节取最大值的 50%)时才计算其与中心向量的距离,否则按照系数特征向量各分量的小值估计距离。空域和非下采样 Contourlet 域联合背景抑制的过程如下:

(1)对红外源图像进行划分,确定候选目标区域;

(2)计算候选区域的矩形包围盒,确定结构元素尺寸;

(3)自适应结构元素的数学形态学顶帽变换背景初抑制;

(4)将处理空间变换到非下采样 Contourlet 域;

(5)基于邻域均值重新计算非下采样 Contourlet 高频各方向系数；

(6)计算非下采样 Contourlet 域高频各方向系数的中心向量；

(7)基于系数向量欧氏距离构建高频距离像,实现红外复杂背景非下采样 Contourlet 域抑制。

5.6.2 BP 神经网络小目标检测

采用误差反向传播算法进行训练的多层前馈网络称为 BP 神经网络。由于具有结构简单、工作状态稳定、易于硬件实现等优点,在众多的神经网络模型中,BP 神经网络的应用最为广泛。BP 神经网络由输入层、隐含层、输出层及各层之间的节点连接权所组成,通过输入学习样本,使用反向传播算法对网络的权值和阈值进行反复的调整训练,使输出的向量与期望向量尽可能接近,当网络输出层的误差平方和小于指定的误差时训练完成,保存网络的权值和偏差,得到计算网络。输入测试值,使用训练好的神经网络对其进行计算得到输出结果。

考虑到背景抑制后待检测小目标在图像中呈现为亮点区域的特点,本节归纳了以像素点为中心的 6 个特征作为神经网络的输入,即网络输入层节点个数为 6：灰度值 A_1、水平梯度 A_2、垂直梯度 A_3、对角梯度 A_4、邻域均值 A_5、邻域方差 A_6。所有梯度均为 1 阶,邻域大小取 3×3。

$$A_2=\min(\text{abs}(f(i,j)-f(m,j))$$
$$m=i-1,i+1 \tag{5.36}$$

$$A_3=\min(\text{abs}(f(i,j)-f(i,n))$$
$$n=j-1,j+1 \tag{5.37}$$

$$A_4=\min(\text{abs}(f(i,j)-f(m,n))$$
$$m=i-1,n=j+1;m=i+1,n=j-1 \tag{5.38}$$

网络输出神经元个数为 1,表示当前像素属于目标 1 或背景 0。取识别误差为 0.5,输出在 0.5～1 认为是目标点,0～0.5 则是背景点。

隐层节点个数一般满足

$$s=\sqrt{t+r}+\alpha \tag{5.39}$$

式中,t 和 r 分别是输入、输出层神经元个数；α 一般为 1～10 的常数。

隐层和输出层的激励函数选择 logsig 函数：

$$f(x)=\frac{1}{1+e^{-x}} \tag{5.40}$$

5.6.3 实验与分析

对红外空中 100 帧图像按照自适应形态学顶帽变换进行背景抑制,考虑小目标的实际大小范围,将原图像按照 7×7 邻域进行划分,当邻域均值和方差比值大于全局值时,认为其为候选目标区域。对所有候选区域计算最大矩形包围盒边长作为结构元素的尺寸。如果设置的初始图像划分尺寸如 7×7 找不到候选目标区域,则减少划分尺寸继续在图像中遍历。初始图像的划分尺寸设置上限和下限(本节尺寸为 3×3),如在划分尺寸下限仍没有找到候选目标区域,则以该下限值作为结构元素尺寸。通过顶帽变换,可以保留所有尺寸小于结构元素的疑似目标。非下采样 Contourlet 变换中塔形滤波器为"9-7",方向滤波器为"pkva",分解尺度为1,方向数取 4。空域-非下采样 Contourlet 域联合背景抑制的部分结果如图 5.16所示,其中图(a)~(f)为红外空中小目标源图像,图(g)~(l)为联合背景抑制结果图像。

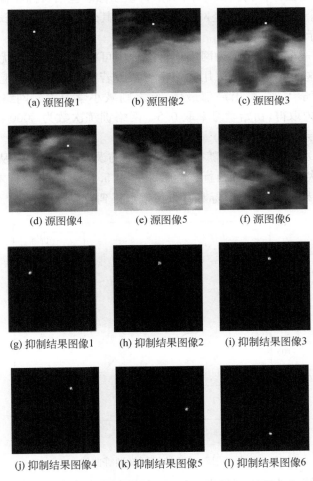

(a) 源图像1　　　　　(b) 源图像2　　　　　(c) 源图像3

(d) 源图像4　　　　　(e) 源图像5　　　　　(f) 源图像6

(g) 抑制结果图像1　　(h) 抑制结果图像2　　(i) 抑制结果图像3

(j) 抑制结果图像4　　(k) 抑制结果图像5　　(l) 抑制结果图像6

图 5.16　红外源图像及复杂背景抑制结果图像

本节通过局部信噪比增益(local signal-to-noise ratio gain, SNRG)指标定量衡量背景抑制效果：

$$\text{SNRG}_l = \frac{(\text{SNR})_{\text{out}}}{(\text{SNR})_{\text{in}}} \tag{5.41}$$

$$\text{SNR} = \frac{s-u}{\sigma} \tag{5.42}$$

式中，s 代表目标信号的幅度；u 为区域均值，区域大小取 20×20。

本节背景抑制方法与经典方法的局部信噪比增益比较见表 5.5，从表中可看出本节抑制方法的优势。

以 20 帧典型图像作为测试样本图像，每帧图像取包括目标和背景的样本点 50 个，一共 1000 个样本对 BP 神经网络进行训练。其余 80 帧作为测试图像。部分样本如表 5.6 所示。

BP 算法的一个主要缺陷为网络训练过程中可能陷入局部最优而不能达到全局最优。鉴于这种情况，本节采用动态学习率。若当前总误差与上次总误差小于某阈值时，增大学习率，跳出局部最优，反之则减小学习率。网络的初始权值在 0.1~0.4 范围内取得，初始学习率取 0.5。网络训练次数为 2000 次，训练目标误差为 10^{-3}。隐层取 8 个节点。

图 5.17 表示 BP 神经网络随机计算过程中的误差收敛曲线。从图中可以看出训练达到 273 次时，达到训练目标误差要求。表 5.7 表示 10 个样本的测试结果。可看出，测试结果达到预期，目标和背景像素点得到较好的区分。

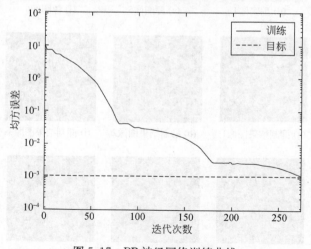

图 5.17　BP 神经网络训练曲线

对其余 80 帧红外空中图像进行测试，全部实现成功检测。其中三帧的处理结果如图 5.18 所示。图中以检测到的目标像素的几何中心生成波门框。

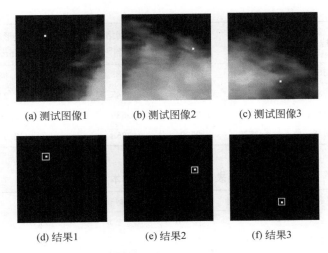

(a) 测试图像1　　　　　(b) 测试图像2　　　　　(c) 测试图像3

(d) 结果1　　　　　　　(e) 结果2　　　　　　　(f) 结果3

图 5.18　BP 神经网络空空目标检测结果

取地面背景的低空飞行小目标视频 1000 帧,利用本节算法全部实现成功检测。其中三帧的检测结果如图 5.19 所示。

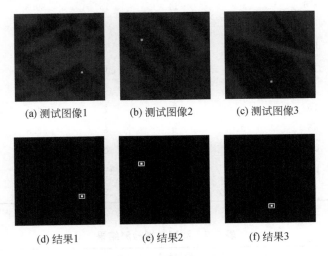

(a) 测试图像1　　　　　(b) 测试图像2　　　　　(c) 测试图像3

(d) 结果1　　　　　　　(e) 结果2　　　　　　　(f) 结果3

图 5.19　BP 神经网络空地目标检测结果

表 5.5　局部信噪比增益比较

SNRG	高通滤波[25]	巴特沃思滤波器[26]	形态学滤波[27]	神经网络背景抑制[28]	自适应形态滤波＋非下采样 Contourlet 高频综合
图 5.16(a)	0.9896	1.1325	1.2040	1.3237	1.9325
图 5.16(b)	0.9537	1.0986	1.3108	1.2876	1.8834

SNRG	高通滤波[25]	巴特沃思 滤波器[26]	形态学 滤波[27]	神经网络 背景抑制[28]	自适应形态滤波＋ 非下采样 Contourlet 高频综合
图 5.16(c)	0.8625	1.2638	1.4149	1.6183	1.9568
图 5.16(d)	0.9339	1.3365	1.6587	1.5547	2.2165
图 5.16(e)	1.3444	1.6792	1.8621	1.9639	2.7698
图 5.16(f)	0.9485	1.3889	1.9539	2.2858	2.9643

表 5.6　部分训练样本

样本序号	像素灰度	水平梯度	垂直梯度	对角梯度	邻域均值	邻域方差
1	214	0	0	0	96.8	111.2
2	207	1	0	0	128.6	103.7
3	8	0	0	0	8	0
4	189	0	14	14	96.8	88.6
5	10	0	0	7	3.2	5.9
6	176	0	14	15	89.3	94.5
7	16	155	167	152	172.6	58.7
8	100	0	0	0	100	0
9	98	0	0	0	43.2	45.6
10	8	2	0	0	3.8	1.2
11	55	0	6	7	54.1	7.6
12	48	0	6	8	32.8	22.5
13	118	2	1	0	117.6	0.6
14	120	115	117	110	19.3	37.9
15	16	2	4	3	11.6	1.2

表 5.7　测试数据检测结果

测试序号	像素特征	网络输出
1	188,0,14,16,118.3,78.9	0.9856
2	200,0,3,4,195.4,2.2	0.9923
3	185,170,176,181,28.8,58.7	0.9776
4	88,2,3,5,76.5,6.3	0.9645
5	15,185,186,176,176.6,60.7	0.9526

续表

测试序号	像素特征	网络输出
6	13,1,4,4,10.6,1.2	0.0246
7	22,0,0,3,18.6,0.4	0.0403
8	31,3,2,2,26.6,1.7	0.2618
9	6,0,0,0,5,0	0.0387
10	16,1,1,1,14.6,1.5	0.0646

针对远距离复杂背景下的红外空中弱小目标检测问题,本节提出了一种基于非下采样 Contourlet 变换和 BP 神经网络的智能化检测方法。该方法将自适应形态学顶帽变换和非下采样 Contourlet 域高频综合相结合,实现红外复杂背景空域一频域的联合抑制,在此基础上,对 BP 神经网络进行离线训练,形成图像像素特征与目标或背景的非线性输入输出关系,最终实现红外复杂背景下的小目标在线检测。通过本节的研究可得到如下结论:

(1)利用自适应结构元素的灰度形态学顶帽变换能够在保持目标的同时,实现大部分红外复杂背景的抑制。

(2)非下采样 Contourlet 变换的优良特性,使得小目标能量集中在高频方向。提出的基于邻域均值系数向量高频图像综合方法,可以拉大目标与残留背景及噪声的差异并突出目标特征。

(3)本节构造的以灰度值、水平梯度、垂直梯度、对角梯度、邻域均值、邻域方差为输入的三层 BP 神经网络,能够很好地实现目标和背景像素的划分。

(4)仿真实验结果表明,本节方法在复杂背景抑制方面具有明显的优势,能够实现红外弱小目标的智能化检测。

5.7　一种基于非下采样 Contourlet 变换和二维属性直方图最大熵分割的红外空中小目标检测

本节提出了一种新的基于非下采样 Contourlet 域和二维属性直方图最大熵分割的小目标检测方法。该方法首先对红外图像进行一级非下采样轮廓波变换,将带通子带分解为四个高频方向,考虑方向能量因素对背景和噪声进行抑制。接下来,将低频系数置零并通过非下采样 Contourlet 反变换回到图像空间,根据已有的先验知识构造属性集,确定相应的二维属性直方图,利用基于二维属性直方图的最大熵法确定灰度阈值,将经过背景抑制的图像分割成二值图像。随后,在时间域基于目标运动的相关性,利用管道滤波实现红外小目标的最终检测。

5.7.1　非下采样 Contourlet 域红外复杂背景抑制

　　经过 NSCT 后的系数分为两类:第一类系数仅仅由噪声变换后得到,幅值小而数目较多;第二类系数由信号变换获得,幅值大且数目较少。通过系数幅值上的差异可以构造一种降噪方法:设置一个阈值,大于这个阈值的系数属于第二类系数,可以保留;而小于这个阈值的系数就是第一类系数,可以去除。

　　Donoho 在小波域提出的阈值表达式为

$$T = \sigma \sqrt{2\ln N} \tag{5.43}$$

式中,N 表示图像像素数;σ 表示噪声系数标准差。本节将该阈值法推广到 NSCT 域。

　　如第 3 章所言,影响红外图像质量的噪声可认为服从高斯分布。红外小目标图像经过 NSCT 后,大部分背景信息存在于变换后的低频部分,而带通部分包括大部分噪声、残留背景边缘和小目标。残留背景和目标信号的系数处于第二类系数中。

　　NSCT 具有去相关性质,这保证了图像经变换后的能量集中在有限的变换域系数上,其余大部分变换域系数的幅值接近于零;高斯白噪声经变换后仍是白噪声,能量分布在所有的变换域系数上。噪声经非下采样 Contourlet 变换后在第 k 层的各个方向的能量可以认为是近似相等的,所以比较含噪图像变换系数在各个方向上的能量也就相当于比较期望图像变换系数在各个方向上的能量。当分解尺度确定时,各个尺度下的系数总能量就确定了。某方向上的系数能量占整个尺度能量的比重越大,说明图像在这个方向上的残留背景细节比较多,对这个方向上的阈值应该设置得较高,这样能进一步抑制背景及噪声;同理,在某个方向上的能量比较小,也就说明了图像在这个方向上的残留背景细节比较少,对这个方向上的阈值应该设置得较低,这样能比较好地保留小目标。为此,可以考虑方向能量因素对 T 进行修正:

$$e_k^i = \sum_{i=1}^{m} \sum_{j=1}^{n} f^2(i,j) \tag{5.44}$$

$$m_k^i = \frac{e_k^i}{\sum_{j=1}^{J} e_k^i} \tag{5.45}$$

$$T' = T \times (1 + m_k^i) \tag{5.46}$$

式中,$f(i,j)$ 为 NSCT 系数;e_k^i 为尺度 k 方向 j 的系数能量。

5.7.2　基于二维属性直方图最大熵的红外小目标图像分割

　　图像阈值分割是红外目标检测中的关键步骤之一。在红外目标探测成像平面内,目标与背景的大小之比通常很小,这就要解决目标与背景大小之比很小的小目标图像阈值分割问题。对于这一问题，现有的阈值选取方法几乎都失效，得不到理想结果。当目标与背景比例相差较大时，将背景的一部分划分为目标反而可能具有更小的类内方差或更大的类间方差。因此，通常的 Otsu 法不能准确地分割小目标图像。

熵是平均信息量的表征，20 世纪 80 年代初人们开始用信息论中熵的概念选取分割阈值。Kapur 等[29]提出了最大熵阈值选取法。Abutaleb[30]将 Kapur 等提出的一维最大熵法推广至二维情形。二维直方图最大熵法同时考虑了像素灰度分布信息和其邻域空间相关信息，与一维最大熵法相比，二维最大熵法有较强的抗干扰能力。但如果图像的二维直方图不是理想的双峰形状，则传统的二维最大熵法分割效果不理想，红外弱小目标图像中目标区域很小在直方图上不能形成任何波峰，故最大熵方法对小目标图像也不能有效分割。

属性直方图是一种受约束的直方图，它是直方图概念的推广，具有简化问题的功能和使用灵活的特点。本节考虑构造二维属性直方图，利用已有的红外图像的先验知识，设定属性划分条件把直方图限定在真正感兴趣的区域以最大限度地减少背景的影响。在此基础上，利用基于二维属性直方图的最大熵法实现红外小目标图像的分割。

1. 二维属性直方图

将灰度级为 L、大小为 $M \times N$ 的图像像素 (x,y) 看做论域：

$$U = \{(x,y) \mid 0 \leqslant x \leqslant M-1, 0 \leqslant y \leqslant N-1\} \tag{5.47}$$

设 Q 为论域 U 上的某种属性集，$(x,y) \in Q$ 表示像素 (x,y) 具有某种属性。对于图像 U、Q 上的二维属性直方图定义为

$$p_Q(i,j) = \frac{n_Q(i,j)}{N_Q} \tag{5.48}$$

式中，$n_Q(i,j)$ 表示图像 U 中具有属性 Q 且灰度值和邻域平均灰度值分别为 i 和 j 的像素数目；N_Q 表示图像 U 中具有属性 Q 的像素总数，有

$$\sum_{L_1 \leqslant i \leqslant L_2} \sum_{L_3 \leqslant i \leqslant L_4} p_Q(i,j) = 1 \tag{5.49}$$

$$0 \leqslant L_1, L_2, L_3, L_4 \leqslant L-1$$

式中，L_1、L_2 分别为属性集 Q 中像素的最小和最大灰度值；L_3、L_4 分别为属性集 Q 所限定范围内邻域平均灰度的最小和最大值。

二维属性直方图仅仅考虑了图像中具有某种属性的像素，从某种意义上说它是一种残缺的直方图；但正是因为这种残缺性，使二维属性直方图能够舍弃通常意义的二维直方图中一些具有一定先验知识的干扰成分或具体问题不关心的成分，而简化二维直方图，从而使基于二维直方图的小目标图像分割变得可行。

利用二维属性直方图解决问题的关键是如何根据具体问题和先验知识构造属性集 Q,确定二维属性直方图。Q 的一般构造式为

$$Q=\{(x,y)\,|\,\phi(x,y)\} \tag{5.50}$$

式中,$\phi(x,y)$ 表示像素 (x,y) 具有的某种先验知识或具有某种约束。

2. 二维属性直方图的最大熵分割方法

假设在二维属性直方图上以 (s,t) 为阈值将图像分割为目标 A 与背景 B,则背景和目标出现的概率分别为

$$w_b(t,s)=\sum_{L_1\leqslant i\leqslant t}\sum_{L_2\leqslant j\leqslant s}p_Q(i,j) \tag{5.51}$$

$$w_o(t,s)=\sum_{t<i\leqslant L_2}\sum_{s<j\leqslant L_4}p_Q(i,j) \tag{5.52}$$

相应的背景和目标的二维熵分别为

$$H_b(t,s)=\log_2 w_b(t,s)+\frac{h_b(t,s)}{w_b(t,s)} \tag{5.53}$$

$$H_o(t,s)=\log_2 w_o(t,s)+\frac{h_o(t,s)}{w_o(t,s)} \tag{5.54}$$

式中

$$h_b(t,s)=-\sum_{L_1\leqslant i\leqslant t}\sum_{L_3\leqslant j\leqslant s}p_Q(i,j)\log_2(p_Q(i,j))$$

$$h_o(t,s)=-\sum_{t<i\leqslant L_2}\sum_{s<j\leqslant L_4}p_Q(i,j)\log_2(p_Q(i,j))$$

$$=h_T-h_b(t,s)$$

$$h_T=-\sum_{L_1\leqslant i\leqslant L_2}\sum_{L_3\leqslant j\leqslant L_4}p_Q(i,j)\log_2(p_Q(i,j)) \tag{5.55}$$

图像总体熵为

$$H(t,s)=H_o(t,s)+H_b(t,s) \tag{5.56}$$

$H(t,s)$ 最大值对应的 (t,s) 值即为最佳二值化阈值。

对原始图像进行 NSCT 域背景抑制后,图像目标和背景的对比度和信噪比提高,占据图像绝大多数的背景区域被削弱且灰度值很小,目标区域的灰度值相对较高。图像中感兴趣的目标区域主要分布在灰度值相对较高的区域,构造属性集时可保留灰度值相对较高的区域,二维直方图的属性集可表示为

$$Q=\{(x,y)\,|\,\text{th}\leqslant f(x,y)\leqslant L-1,\text{th}\leqslant g(x,y)\leqslant L-1,$$
$$0\leqslant x\leqslant M-1,0\leqslant y\leqslant N-1,0\leqslant\text{th}\leqslant L-1\} \tag{5.57}$$

式中,$f(x,y)$ 表示 (x,y) 处的像素灰度值;$g(x,y)$ 表示像素 (x,y) 处的邻域平均灰度均值;th 表示二维直方图的属性划分条件。

由于红外图像中目标区域的面积远小于背景区域面积,使用属性划分条件削

减参与运算的背景像素数量可有效提高分割算法性能。

基于对背景抑制后红外图像的特性分析,选取

$$th = m + k\sigma \tag{5.58}$$

式中,m 表示图像灰度均值;k 为条件系数;σ 表示图像的标准差,调节系数根据图像的信噪比确定。二维直方图邻域窗口大小选择为 3×3。

5.7.3　算法步骤

步骤 1:对小目标红外图像进行 NSCT 一级分解,将图像分解为低频部分和四个方向的高频部分。

步骤 2:去掉低频部分的影响,抑制大部分背景。按式(5.46)计算噪声和背景抑制阈值,对高频部分系数进行阈值化处理:

$$w = \begin{cases} w, & |w| \geqslant T' \\ 0, & |w| < T' \end{cases} \tag{5.59}$$

步骤 3:将遗留下的系数取绝对值,按式(5.60)进行映射,拉大系数间对比度:

$$w' = \left\lfloor |w| \times \frac{255}{\max(|w|) - \min(|w|)} \right\rfloor \tag{5.60}$$

步骤 4:执行 NSCT 反变换回到图像空间。

步骤 5:根据图像信噪比,确定二维直方图的属性划分条件。

步骤 6:按照二维属性直方图最大熵法分割背景抑制后的图像。

步骤 7:利用目标在相邻帧间位置的相关性,通过多帧图像综合表决以获得包含最终目标的图像。

5.7.4　实验与分析

实验硬件平台为方正台式机,CPU 主频 3.4GHz,内存 4GB,软件平台为 MATLAB 2008a。非下采样 Contourlet 变换中塔形滤波器为"9-7",方向滤波器为"pkva",分解尺度为 1,方向数取 4。实验数据集选用空中、海面和地面背景三组图像序列,每个序列包含图像 100 帧。

1. 本节算法的背景抑制效果

本节通过局部信噪比增益指标定量衡量背景抑制效果:

$$\text{SNRG}_l = \frac{(\text{SNR})_{\text{out}}}{(\text{SNR})_{\text{in}}} \tag{5.61}$$

式中,$\text{SNR} = \frac{s - u}{\sigma}$,$s$ 代表目标信号的幅度,u 为区域均值,区域大小取 50×50。信号越强,背景越平滑,SNRG_l 值越大。故 SNRG_l 既可衡量算法对目标信号的保留程度,又能表达算法对背景的抑制程度。

　　本节方法与空域高通、巴特沃思高通、形态滤波、小波法对三组图像序列其中三帧的处理结果如图 5.20～图 5.22 所示。每组处理图像中,从图(a)～(f)分别为红外原图像、空域高通、巴特沃思高通、形态滤波、小波法和本节方法的处理结果。其中,小波法使用式(5.43)确定系数抑制阈值。巴特沃思滤波截止频率为 12.8Hz,高通滤波器如式(5.62)所示:

$$H=\begin{bmatrix} -1 & -1 & -1 & -1 & -1 \\ -1 & -1 & 4 & -1 & -1 \\ -1 & 4 & 4 & 4 & -1 \\ -1 & -1 & 4 & -1 & -1 \\ -1 & -1 & -1 & -1 & -1 \end{bmatrix} \qquad (5.62)$$

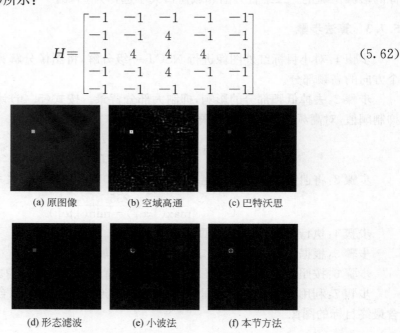

(a) 原图像　　　　　(b) 空域高通　　　　　(c) 巴特沃思

(d) 形态滤波　　　　　(e) 小波法　　　　　(f) 本节方法

图 5.20　地面背景抑制

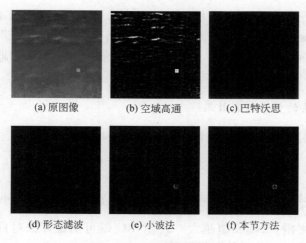

(a) 原图像　　　　　(b) 空域高通　　　　　(c) 巴特沃思

(d) 形态滤波　　　　　(e) 小波法　　　　　(f) 本节方法

图 5.21　海面背景抑制

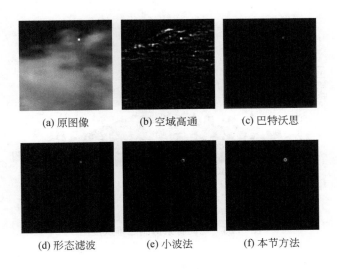

(a) 原图像　　　　(b) 空域高通　　　　(c) 巴特沃思

(d) 形态滤波　　　　(e) 小波法　　　　(f) 本节方法

图 5.22　天空背景抑制

　　从中可看出,本节算法对于复杂背景特别是边缘的抑制效果明显优于其他算法,背景起伏越大,优势越明显。相比巴特沃思高通滤波和形态滤波,本节算法在目标信噪比提升上效果明显。相对于小波法,本节方法背景杂波抑制得更干净。原图像和本节方法抑制图像的三维灰度表达如图 5.23～图 5.25 所示。图(a)为红外原图像,图(b)为本节算法处理图像。从图(b)中可看出,尖峰对应于目标区域,而大部分背景得到抑制。

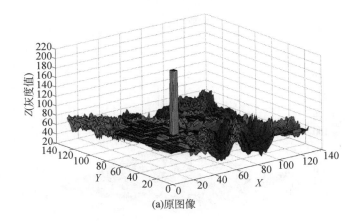

(a)原图像

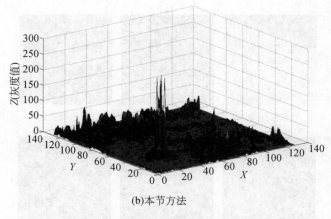

(b)本节方法

图 5.23 地面背景抑制三维灰度图

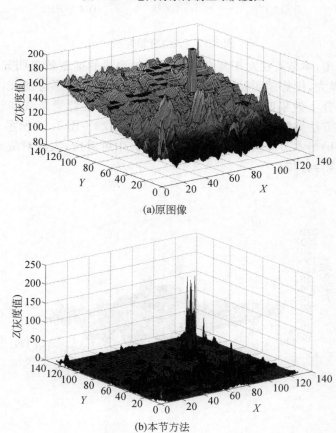

(a)原图像

(b)本节方法

图 5.24 海面背景抑制三维灰度图

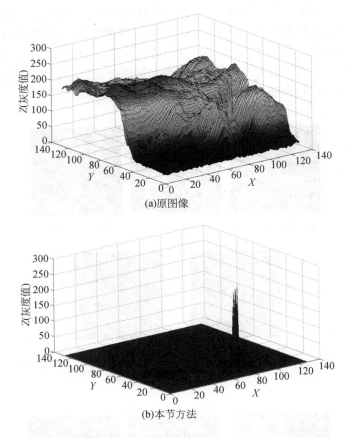

(a)原图像

(b)本节方法

图 5.25　天空背景抑制三维灰度图

对三组图像序列计算局部信噪比增益,统计平均值如表 5.8 所示。本节算法的 SNRG 达到最大,进一步说明其是一种有效的背景抑制方法。

表 5.8　局部信噪比增益比较

SNRG	高通滤波	巴特沃思滤波	形态滤波	小波法	本节方法
地面背景	0.9056	1.1308	1.0919	1.5147	1.7210
海面背景	1.5409	1.7985	1.6302	2.5796	2.8320
天空背景	1.9681	5.1653	5.2822	6.3481	8.4265

2. 本节算法的分割效果

基于二维属性直方图方法得到的单帧分割结果如图 5.26～图 5.28 所示。图

（a）～（e）依次为背景抑制图像、Otsu法、一维直方图最大熵法、二维直方图最大熵法和二维属性直方图最大熵法。从中可看出，二维属性直方图最大熵法的分割效果最好。在地面背景分割中，Otsu法、一维最大熵法均分割失败，二维最大熵法则包含较多噪声。在海面背景分割中，一维最大熵法分割失败。在天空背景分割中，二维最大熵法分割包含噪声最少。

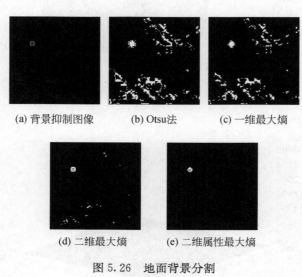

(a) 背景抑制图像　　　　(b) Otsu法　　　　(c) 一维最大熵

(d) 二维最大熵　　　　(e) 二维属性最大熵

图 5.26　地面背景分割

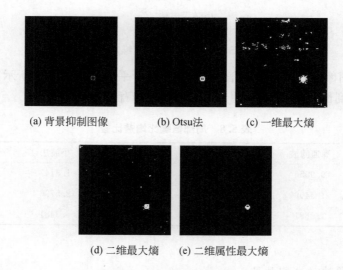

(a) 背景抑制图像　　　　(b) Otsu法　　　　(c) 一维最大熵

(d) 二维最大熵　　　　(e) 二维属性最大熵

图 5.27　海面背景分割

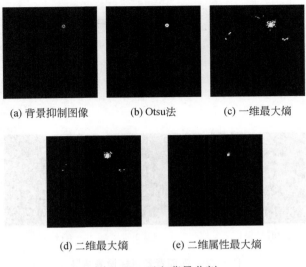

(a) 背景抑制图像　　　(b) Otsu法　　　(c) 一维最大熵

(d) 二维最大熵　　　(e) 二维属性最大熵

图 5.28　天空背景分割

3. 小目标检测效果

对地面、海面和空中背景三组红外图像序列,在 NSCT 域背景抑制和二维属性直方图最大熵单帧分割的基础上,进一步利用目标在相邻帧间位置的连续性进行多帧综合,则全部实现目标检测。从三个视频序列中各取三帧的检测结果如图 5.29～图5.31 所示。

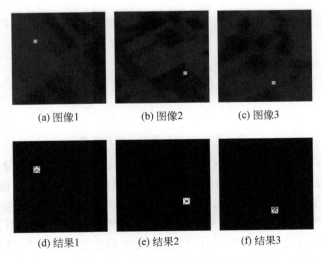

(a) 图像1　　　(b) 图像2　　　(c) 图像3

(d) 结果1　　　(e) 结果2　　　(f) 结果3

图 5.29　地面背景目标检测结果

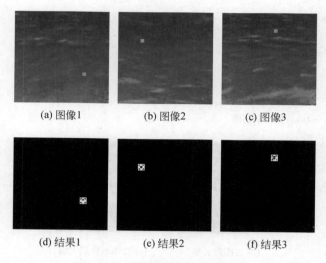

(a) 图像1　　　　(b) 图像2　　　　(c) 图像3

(d) 结果1　　　　(e) 结果2　　　　(f) 结果3

图 5.30　海面背景目标检测结果

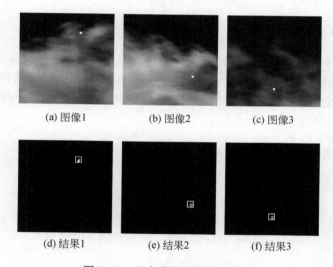

(a) 图像1　　　　(b) 图像2　　　　(c) 图像3

(d) 结果1　　　　(e) 结果2　　　　(f) 结果3

图 5.31　空中背景目标检测结果

本节提出了一种新的基于 NSCT 域和二维属性直方图最大熵分割的红外空中小目标检测方法。该方法在 NSCT 域基于经典阈值法并考虑方向能量因素,对复杂背景和噪声进行抑制。在空间域根据已有的先验知识构造属性集,确定相应的二维属性直方图,基于二维属性直方图的最大熵法实现背景抑制图像的分割。在时间域基于目标运动的相关性,利用管道滤波实现红外小目标的最终检测。通过本节的研究可得到如下结论:

(1)在 NSCT 域分别对高频子带和低频子带进行处理,能够在增强目标的同时实现大部分红外复杂背景和噪声的抑制。

（2）根据已有的先验知识构造属性集,确定相应的二维属性直方图,利用基于二维属性直方图的最大熵法确定灰度阈值,能够实现单帧红外小目标图像的有效分割。

5.8　基于帧间累加与 SUSAN 算子的小目标检测

本节提出一种基于巴特沃思高通滤波、形态学多帧序列图像累加与最小吸收同值核区（smallest univalue segment assimilating nucleus,SUSAN）检测相结合的红外小目标检测方法。针对红外图像信噪比较低且目标位于高频域的特点,该方法首先利用巴特沃思滤波器进行高通滤波,得到包含目标点和少许噪声点的处理图像;然后将红外序列图像相邻若干帧进行灰度意义上的累加,加大目标与背景间的灰度差以提高红外图像的信噪比并进一步剔除噪声;最后将信噪比提升的红外图像利用 SUSAN 算子进行目标检测。本节接下来的内容从巴特沃思高通滤波、相邻帧累加目标增强、SUSAN 检测三个方面对红外弱小运动目标检测进行阐述。

5.8.1　基于巴特沃思高通滤波的背景抑制

由于待检测的小目标信息多集中在高频部分,而背景如云层等部分相对稳定,处于图像的低频部分,故本节提出采用频域巴特沃思高通滤波器提取给定红外序列图像的高频信息部分,达到初步提取目标,抑制背景噪声的目的。

巴特沃思高通滤波器是一个频域滤波器。一个阶为 n,截止频率为 D_0 的巴特沃思滤波器的传递函数为

$$H(u,v)=\frac{1}{1+[D_0/D(u,v)]^{2n}} \tag{5.63}$$

式中,$D(u,v)$ 是频域空间点 (u,v) 到频域原点的距离。设红外图像为 $f(x,y)$,其傅里叶变换为 $F(u,v)$,则巴特沃思高通滤波过程在频域上可以表示为

$$G(u,v)=H(u,v)F(u,v) \tag{5.64}$$

将频域变换结果 $G(u,v)$ 经过傅里叶反变换 T^{-1}:

$$g(x,y)=T^{-1}(G(u,v)) \tag{5.65}$$

$g(x,y)$ 即为经过高通滤波的红外图像。一般情况下,高通滤波器的截止频率选择在使 $H(u,v)$ 下降到其最大值的 $1/\sqrt{2}$ 处,巴特沃思滤波器的传递函数可以修改为

$$H(u,v)=\frac{1}{1+0.414[D_0/D(u,v)]^{2n}} \tag{5.66}$$

巴特沃思高通滤波器的截止频率可通过对典型红外图像的频谱作预先的分析得到。在实际的红外图像序列处理过程中,通过实时分析图像特点选择相应滤波

截止频率,进行自适应背景抑制和初步目标提取[31,32]。阶数 n 用于控制 $H(u,v)$ 从原点开始的增长率。本节设计的滤波器阶数为 2 阶。实验取成像为弱小目标的飞机红外图像序列中的相邻 3 帧。原图像与处理效果如图 5.32 和图 5.33 所示。由图可以看出,原图像中变化缓慢的背景云得到了较好的抑制。

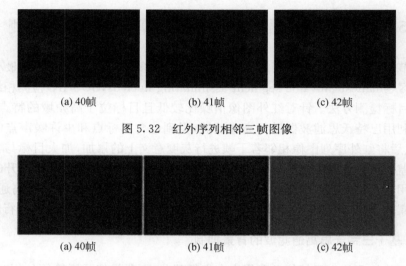

|(a) 40帧|(b) 41帧|(c) 42帧|

图 5.32　红外序列相邻三帧图像

|(a) 40帧|(b) 41帧|(c) 42帧|

图 5.33　经过巴特沃思高通滤波的图像(截止频率 $D_0 = 44$)

5.8.2　相邻帧间的灰度膨胀累加

巴特沃思高通滤波抑制了变化缓慢的背景,得到了包括要检测的小目标和一些高频噪声点的处理图像。由于待检测的小目标处于图像中较亮的区域,为了突出待检测的目标,可以利用灰度意义上的相关帧膨胀累加来完成红外序列图像的增强。这里的膨胀是形态学意义上的膨胀,它的目的是确保相邻帧的同一目标点的能量能够得到有效的累加。形态学膨胀可以表示为

$$f_d(x,y) = (f \oplus g)(x,y) = \max_{(m,n) \in D(g)} (f(x-m, y-n) + g(m,n)) \quad (5.67)$$

式中,g 是结构元素;$D(g)$ 是结构元素的定义域;f 是待处理的图像。结构元素大小根据目标在帧间的位移或抖动来确定。图 5.33 经过形态学膨胀的效果如图 5.34 所示。

结构元素的形状和大小应根据目标的大小来选择,本节膨胀结构元素取大小为 4×4 的方形元素。从图 5.34 中可以看到点目标进一步得到了增强,但同时也放大了一些噪声点。

将经过形态学膨胀的相邻帧进行灰度意义上的累加可加大目标与背景的对比度,该思想可表达如下:

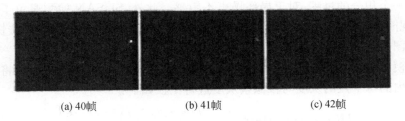

(a) 40帧　　　　　　　　(b) 41帧　　　　　　　(c) 42帧

图 5.34　形态学膨胀效果图

$$\overline{f(x,y,t)} = \frac{1}{m}\sum_{t=k}^{k+m-1}f_d(x,y,t) \tag{5.68}$$

式中,t 表示帧号。该式将相邻 m 帧累加,积累的帧数将根据系统抖动、目标运动速度以及结构元素尺寸进行选取。当系统抖动较大、目标运动较快以及结构元素尺寸较小时,积累的帧数不宜过大。经过累加后,在保证目标点和噪声点均值不变的基础上,信噪比提高程度为原来的 $\sqrt{m}$ 倍[33]。本仿真积累帧数 m 值取 3,形态学累加增强后的图像如图 5.35 所示。

由图 5.35 可以看出,经过累加平均,目标与背景的对比度得到增强,抑制了膨胀图像的噪声,进一步突出了待检测的小目标。

图 5.35　经过形态学累加后的效果图

经过巴特沃思高通滤波和基于灰度形态学的序列图像增强,就进入红外小目标识别阶段。

5.8.3　基于 SUSAN 算子的小目标检测

SUSAN 算子是一种基于灰度的特征获取方法,它能够较好地检测边缘点和角点。角点是图像的一种重要局部特征,在这里,定义图像中出现局部曲率极大值的轮廓点以及两个以上边界的交点为角点。

SUSAN 算子是以 USAN 面积作为特征来进行检测的。在该方法中,首先要确定一个圆形或方形的小模板区域,且模板的中心称为核,然后使该模板在待检测的图像中移动。将图像包含的模板区域中各个像素的灰度与核像素的灰度进行比较,就会发现总有一部分模板区域内像素的灰度值与核像素的灰度值相同或近似,该区域称为 USAN 区域,该区域所包括的像素个数称为 USAN 值。USAN 值较大,表明核像素处在图像中灰度较一致区域;在模板核接近边缘时,USAN 值减小;当其到达角点时,USAN 值最小。因此,利用 USAN 值的大小变化就可以检测到边缘和角点。由于 USAN 区域的计算是对核子邻域中相似灰度像素的累加,这实际上是一个积分的过程,对于局部噪声不敏感。此外,SUSAN 检测避免了梯度计算,实现简单,计算量小,特征定位准确,计算速度比常规的特征提取方法快,适用于实时图像处理[34-36]。

设模板为 N,将其依次放到图像中的每个点的位置。在每个位置上,将图像模板区域内的每个点的灰度与核像素灰度进行比较如下:

$$U(x_0,y_0;x,y)=\begin{cases}1, & |f(x_0,y_0)-f(x,y)|\leqslant T \\ 0, & |f(x_0,y_0)-f(x,y)|>T\end{cases} \tag{5.69}$$

式中,(x_0,y_0) 是核在图像中的位置坐标;(x,y) 是模板 N 中其他位置在图像中的坐标;$f(x_0,y_0)$ 和 $f(x,y)$ 分别是在 (x_0,y_0)、(x,y) 处像素的灰度;T 是一个灰度差阈值,该值的大小对于处理结果中的噪声抑制有较大影响,一般来说,该值越大抑制作用越明显,但同时也会伴随部分待检测目标信息的丢失,应结合处理对象权衡考虑。在可见光图像中,目标与背景主要靠其边缘区分,T 取值要小,一般在 6～16 选择,而红外图像的 T 可取大些[37]。在本红外序列图像处理中 T 在 30～40。模板中的每个像素都要经过相应的运算,由此可以得到 USAN 区域的面积为

$$A(x_0,y_0)=\sum_{(x,y)\in N}U(x_0,y_0;x,y) \tag{5.70}$$

实际应用 SUSAN 算子时,需要将 USAN 面积 A 与一个固定的几何阈值 G 进行比较,该阈值可以设置为 $3A_{max}/4$,其中 A_{max} 是 A 所能取得的最大值,它是模板区域所包含的全部像素点个数。几何阈值越大,目标点信息提取得越多,同时也会保留相对于目标的噪声点。比较过程可以通过下式描述:

$$E(x_0,y_0)=\begin{cases}G-A(x_0,y_0), & A(x_0,y_0)<G \\ 0, & A(x_0,y_0)\geqslant G\end{cases} \tag{5.71}$$

计算结果中不为零的 E 值对应的位置就是待检测的目标点。SUSAN 检测算法可以描述如下:

(1)图像像素定位。

(2)以当前像素点为核心计算 USAN 面积 A:将当前核心点确定的模板区域对应于图像内的每一个像素点的灰度值与核心点灰度值作比较,如果差别在给定阈值 T 范围内,则 USAN 面积计数器 A 加 1。

(3)根据 USAN 面积值 A,判断当前点是否为目标:将当前点的 USAN 面积值 A 与给定的几何阈值 G 作比较,如果小于 G,则认为当前点是目标边缘点并将之记录下来。

(4)判断整帧图像是否扫描完毕,如果否回到步骤(1),反之结束。

结合红外小目标的形状和大小特点,模板取 4×4 大小的方形区域,即 $A_{max}=16$。利用 SUSAN 算法对图 5.35 进行处理,检测到的小目标边缘点用用灰度值 255 来加以表达,处理结果见图 5.36。

由图 5.36 可以看出，经过上面一系列处理过程，较好地检测出了小目标。这里需要说明的是，如果有高频噪声点与红外小目标在灰度意义上差别不大，经过上面一系列检测过程后仍然会得到保留。由于目标会在当前检测位置周围邻域内连续的若干帧中出现，而噪声点的位置相对随机，一般只会出现在序列图像中有限的几帧，因此可以利用该性质进一步剔除较强的高频噪声点。

图 5.36　SUSAN 检测的效果图

5.9　红外弱小目标检测过程的理论分析

由于实际情况非常复杂，要对小目标检测过程进行理论上的推算，首先需要建立一些概念，即用哪些指标来描述检测效果。然后，要对实际情况进行一些假设和近似，这样才能够抽象出一些数学模型，进而进行一系列推导。对于算法检测效果来说，可以用检测概率和虚警概率两个常用指标来评估。作为检测条件，应该有实际目标的参数，如对比度、信噪比等。总之，推导的结果应揭示检测算法、检测条件和评估指标之间的关系。在检测条件一定的情况下不同的检测算法可以引起评估指标的变化，从而可以从评估指标的变化来评价检测算法。同样，当系统所要求的检测结果即评价指标已知时，也可以从推导的结论中得到对检测算法的一些建议。

5.9.1　理论推导所用到的假设检验理论

假设检验是进行判决或决策的重要统计工具之一。图像中的目标检测是判断背景和噪声中是否有目标的问题，所以在图像检测问题中可以引入假设检验理论。利用假设检验进行统计判决，首先要分析可能出现的结果，对每一结果给出假设，然后进行实验获得所需要的数据资料，进而根据给定的判断准则利用样本进行统计判决。

假设检验将判决结果对应为两种假设：用 H_1 代表存在目标，用 H_0 代表不存在目标。对于图像检测问题可描述为

$$H_1: f(x,y,t) = b(x,y,t) + s(x,y,t) + n(x,y,t)$$
$$H_0: f(x,y,t) = b(x,y,t) + n(x,y,t)$$

(5.72)

式中，f、s、n、b 分别代表观测、目标、噪声和背景；t 是观测的时刻。

在图像检测的二元假设检验问题中，如果 H_1 为真而判为 H_0 时，称为漏警，其发生概率用漏警概率表示；H_0 为真时判为 H_1，则称为虚警，其概率用虚警概率描述；对于 H_1 为真并判为 H_1 的情况，则用检测概率表述。在实际检测中往往关注虚

警概率和检测概率两项指标。将红外弱小目标检测看做二元假设检验问题,可通过检测概率和虚警概率指标衡量算法的检测效果。

5.9.2　检测概率与虚警概率指标分析

将噪声和背景综合为背景杂波,用模式识别问题描述小目标检测。定义 b 为背景杂波随机变量,f_b 是背景杂波概率密度。s 为目标信号随机变量,f_s 是其概率密度。t 代表有目标情况下,目标点处的随机变量,其为目标信号与背景之和,即 $t=s+b$,f_t 为其概率密度。设 T 表示有目标事件,B 代表无目标事件,x 是观测数据,则有

$$x = \begin{cases} t, & x \in T \\ b, & x \in B \end{cases} \tag{5.73}$$

取门限对观测数据 x 进行分类判决可表述为

$$x \in \begin{cases} T, & x \geqslant \text{th} \\ B, & x < \text{th} \end{cases} \tag{5.74}$$

在给定两类条件概率密度情况下,上面的判决可能导致漏警和虚警两类错误的出现。在目标出现时被判决为没有目标,即漏警,其概率为

$$p_l = \int_{-\infty}^{\text{th}} f_t(x) \mathrm{d}x \tag{5.75}$$

若目标没有出现时被判决为目标,即虚警,其概率可表示为

$$p_f = \int_{\text{th}}^{\infty} f_b(x) \mathrm{d}x \tag{5.76}$$

接下来分别按照单帧和多帧的情况来讨论检测概率和虚警概率。

1. 目标单帧检测概率和虚警概率

假定背景杂波和目标近似服从高斯分布且相互独立,即背景杂波 $b \sim N(\mu_b, \sigma_b^2)$,目标点处强度 $t \sim N(\mu_t, \sigma_t^2)$,目标信号 $s \sim N(\mu_s, \sigma_s^2)$。当目标信号强度变化时,对应目标点处强度均值 $\mu_t = \mu_s + \mu_b$,方差 $\sigma_t^2 = \sigma_s^2 + \sigma_b^2$;当目标信号强度恒定时,对应目标点处强度均值 $\mu_t = \mu_s + \mu_b$,方差 $\sigma_t^2 = \sigma_b^2$,即信号方差为零。对于单帧图像检测,令检测门限为 th,则有单帧虚警概率:

$$p_f = \int_{\text{th}}^{\infty} \frac{1}{\sqrt{2\pi}\sigma_b} \exp\left[-\frac{(x-\mu_b)^2}{2\sigma_b^2}\right] \mathrm{d}x \tag{5.77}$$

按照图像信噪比的定义:

$$\text{SNR} = \frac{\mu_t - \mu_b}{\sigma_b} \tag{5.78}$$

所以有 $\mu_t = \text{SNR} \cdot \sigma_b + \mu_b$,则单帧检测概率可表示为

$$p_d = \int_{\text{th}}^{\infty} \frac{1}{\sqrt{2\pi}\sigma_t} \exp\left[-\frac{(x-\mu_t)^2}{2\sigma_t^2}\right] \mathrm{d}x \tag{5.79}$$

$$p_d = \int_{\text{th}}^{\infty} \frac{1}{\sqrt{2\pi}\sigma_t} \exp\left[-\frac{(x-\text{SNR}\cdot\sigma_b-\mu_b)^2}{2\sigma_t^2}\right] \mathrm{d}x \tag{5.80}$$

所以有

$$p_f = 1 - \Phi\left(\frac{\text{th}-\mu_b}{\sigma_b}\right) \tag{5.81}$$

$$p_d = 1 - \Phi\left(\frac{\text{th}-\mu_b-\text{SNR}\cdot\sigma_b}{\sigma_t}\right) \tag{5.82}$$

在确定 p_f 和 p_d 的情况下,可求得检测门限:

$$\frac{\text{th}-\mu_b}{\sigma_b} = \Phi^{-1}(1-p_f) \tag{5.83}$$

$$\text{th} = \Phi^{-1}(1-p_f) \cdot \sigma_b + \mu_b \tag{5.84}$$

或

$$\text{th} = \Phi^{-1}(1-p_d) \cdot \sigma_t + \mu_b + \text{SNR}\cdot\sigma_b \tag{5.85}$$

由以上两个检测门限公式,可得检测概率与虚警概率的关系:

$$\Phi^{-1}(1-p_f) - \Phi^{-1}(1-p_d) \cdot \frac{\sigma_t}{\sigma_b} = \text{SNR} \tag{5.86}$$

设目标信号标准差与背景标准差之比为

$$t_2 = \frac{\sigma_s}{\sigma_b} \tag{5.87}$$

则有

$$\frac{\sigma_t}{\sigma_b} = \sqrt{t_2^2+1} \tag{5.88}$$

代入得

$$\Phi^{-1}(1-p_f) - \Phi^{-1}(1-p_d)\sqrt{t_2^2+1} = \text{SNR} \tag{5.89}$$

从式(5.89)可看出,单帧虚警概率和单帧检测概率与信号强度变化以及信噪比均有关系。下面分两种情况来计算单帧检测概率和单帧虚警概率与 SNR 之间的关系。在目标强度恒定的情况下,此时 $t_2=0$,有

$$\Phi^{-1}(1-p_f) - \Phi^{-1}(1-p_d) = \text{SNR} \tag{5.90}$$

式(5.90)描述的关系曲线如图 5.37 所示。从图中可看出,在单帧虚警概率给定的条件下,为达到一定的检测概率,图像的信噪比需要满足一定的要求。

对于目标强度变化的情况,假定 $\mu_t-\mu_b=10$,$\sigma_s=0.5$,分别考虑 $\sigma_b=3$,$\sigma_b=2$ 的情况,可得到如下:

$$\Phi^{-1}(1-p_f) - 1.01\Phi^{-1}(1-p_d) = 3.3 \tag{5.91}$$

$$\Phi^{-1}(1-p_f) - 1.03\Phi^{-1}(1-p_d) = 5 \tag{5.92}$$

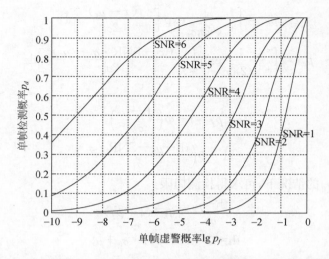

图 5.37　目标强度恒定时单帧检测概率、单帧虚警概率与信噪比间的关系

对应的检测概率和虚警概率关系曲线如图 5.38 所示。

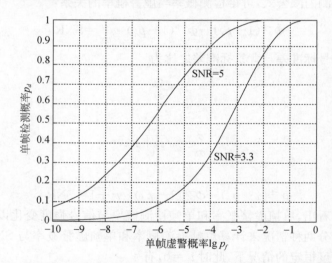

图 5.38　目标强度变化时在不同背景杂波下检测概率和虚警概率间的关系

当目标强度变化时,考虑同背景强度变化相同的情况,即

$$t=\frac{\sigma_s}{\sigma_b}=1 \tag{5.93}$$

令 SNR=3.3 代入得

$$\Phi^{-1}(1-p_f)-\Phi^{-1}(1-p_d)\sqrt{2}=3.3 \tag{5.94}$$

目标强度恒定时表达式:

$$\Phi^{-1}(1-p_f)-\Phi^{-1}(1-p_d)=3.3 \tag{5.95}$$

式(5.94)和式(5.95)描述的关系曲线如图 5.39 所示。从图中可看出,给定信噪比,在单帧虚警概率高于一定门限的条件下,目标信号强度的降低导致检测概率的降低,而在虚警概率低于此门限时,目标信号强度的增强导致检测概率的增加。对于实际应用来说,检测概率应到达一定要求,但由图看出,虚警概率也随之变化。目标信号强度的变化增加了信号处理的难度,这与实际情况是相符的。

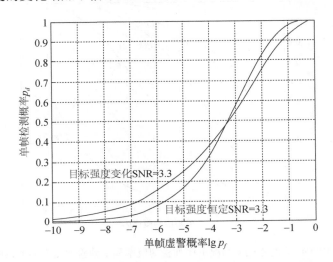

图 5.39　相同信噪比下目标强度变化与恒定时检测概率和虚警概率的关系

2. 目标多帧检测概率和虚警概率

对于管道滤波,在 n 帧图像中一定空间范围内至少 m 次检测到目标,可认为检测到真实目标。一旦系统认为出现目标,即转入识别或跟踪状态。多帧检测相当于将单帧检测实验独立重复地进行 n 次,检测实验服从伯努利概率模型。

由概率中的加法定理,在 n 次检测中,目标出现 k 次的概率为

$$\bar{p}_d=c_n^k p_d^k (1-p_d)^{n-k} \tag{5.96}$$

设 P_D 表示 n 帧序列检测中,检测成功次数不少于 k 次的概率,因而有

$$P_D = \sum_{m=k}^{n} c_n^m p_d^m (1-p_d)^{n-m} \tag{5.97}$$

图 5.40 为在 5 次检测中,目标至少出现一次、二次、三次和四次的序列检测概率和单帧检测概率间的关系曲线。图 5.41 为在 8 次检测中,目标至少出现 4 次、5 次、6 次和 7 次的序列检测概率和单帧检测概率间的关系曲线。

显而易见,越高的单检概率会得到越高的检测概率。在实际检测过程中,如果限定的检测时间较长,则可以将 n 选得大一些。从图 5.40 和图 5.41 中可以看到,

当 n 为确定的值时,序列检测概率会随着 k 的值增大而减小,因为 k 值越大对于目标的要求越苛刻。例如,当 n 为 8 时,如果 k 取 7 则是要求在 8 帧图像中至少有 7 帧检测到目标才认为是检测成功。如果 k 取 5,则是要求在 8 帧图像中至少有 5 帧检测到目标才认为检测成功。所以单从检测概率来考虑,则 k 值越小越好,但虚警概率也随之提高。因此,k 的选择实际上要综合考虑检测概率和虚警概率才可以确定。

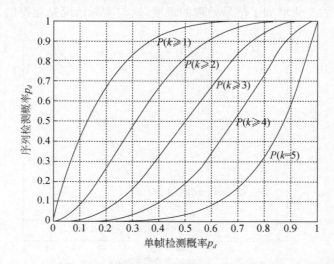

图 5.40　$n=5$ 时不同 k 情况下序列检测概率和单帧检测概率的关系曲线

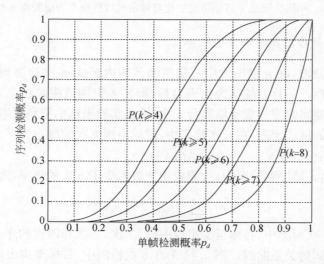

图 5.41　$n=8$ 时不同 k 情况下序列检测概率和单帧检测概率的关系曲线

　　虚警是指在场景中没有目标的情况下被判定为存在目标。当背景中的某点因为噪声的影响在某一时刻超过了检测门限,并且在一定的范围内连续出现了几帧

且通过了管道滤波,就会成为虚警。与序列检测概率的类似,在 n 次检测实验中,出现 k 次虚警的概率可以表示为

$$\bar{p}_f = c_n^k p_f^k (1-p_f)^{n-k} \tag{5.98}$$

序列虚警概率 P_F 定义为:在 n 次检测实验中,至少出现 k 次虚警的概率。

$$P_F = \sum_{m=k}^{n} c_n^m p_f^m (1-p_f)^{n-m} \tag{5.99}$$

序列虚警概率和单帧虚警概率之间的关系曲线如图 5.42 所示。在管道长度确定的情况下,给出序列检测概率、序列虚警概率与 SNR 间的关系曲线如图 5.43

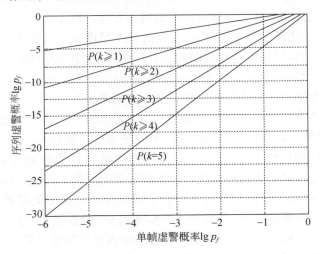

图 5.42　序列虚警概率和单帧虚警概率之间的关系($n=5$)

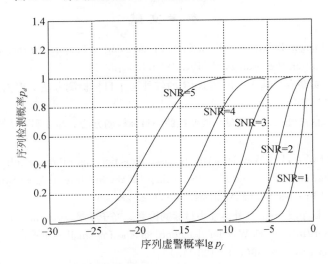

图 5.43　序列虚警概率和序列检测概率之间的关系($n=5,k=3$)

所示。从中可看出,越高的单帧虚警概率会导致越高的序列虚警概率。在实际过程中,如果限定的检测时间较长,则可以将 n 选得大一些。当 n 为确定的值时,虚警概率会随着 k 值增大而显著减小。从前面的分析知道,检测概率也会随着 k 值增大而减小。在实际应用中,两种概率指标均要达到系统的要求,而不是单纯追求某项指标。

5.10　小　结

本章重点阐述了红外弱小运动目标的检测方法。首先给出了红外小目标序列图像模型,然后提出了六种检测算法,分别为基于尺度间系数相关性的小波域小目标检测、基于小波高频系数直接映射的小目标检测、基于尺度间系数相关行的非下采样 Contourlet 域小目标检测、非下采样 Contourlet 域高频能量像小目标检测、基于二维属性直方图分割的小目标检测和基于帧间累加与 SUSAN 算子的小目标检测。本章提出的小目标检测算法利用改进的管道滤波方法进行序列跟踪。实验结果表明,提出的算法均能够有效地检测红外空中弱小运动目标。其中,对变换系数进行相同策略处理的情况下,NSCT 域检测算法的背景抑制能力要强于小波域。小波高频系数直接映射检测算法在保证检测精度的前提下,具有较高的执行效率。最后,本章对红外弱小目标检测过程进行了理论分析。虚警概率和检测概率是评估检测算法效果的重要指标,本章分析了检测概率、虚警概率、分割门限和图像信噪比的关系。在实际的系统中,需要综合考虑检测概率和虚警概率,即两种概率均要达到系统的要求,而不是单纯追求某项指标。

参 考 文 献

[1]Chan D S K,Langan D A,Staver D A. Spatial-processing techniques for the detection of small targets in IR clutter. Proceedings of SPIE,1990,1305:53-62.

[2]荣健,申金娥,钟晓春. 基于小波和 SVR 的红外弱小目标检测方法. 西南交通大学学报,2008,43(5):555-560.

[3]李国宽,彭嘉雄,李红. 基于向量小波变换的小目标检测方法. 华中科技大学学报,2000,28(1):73-75.

[4]Wei Y,Shi Z L,Yu H B. Wavelet analysis based detection algorithm for infrared image small target in background of sea and sky. Proceedings of the 3rd International Symposium on Image and Signal Processing and Analysis,2003,1:23-28.

[5]李哲,苏秀琴,杨小君,等. 红外运动小目标的检测. 光子学报,2006,35(6):924-927.

[6]Davidson G,Griffiths H D. Wavelet detection scheme for small target in sea clutter. IEEE Electronics Letters,2002,38(19):1128-1130.

[7]袁广林,王健,王书宇,等. 一种基于小波分析的弱小目标检测背景预测算法. 计算机工程

与应用,2007,43(27):59-61.

[8]裴克明.基于 Bubble 小波变换的红外弱小目标检测.应用数学,2004,17(1):127-131.

[9]李利荣,张桂林.基于小波变换的小目标检测.测控技术,2004,23(6):67-69.

[10]Boccignone G,Chianese A,Picariello A. Small target detection using wavelets. Proceedings of 14th International Conference on Pattern Recognition,New York,1998:1776-1778.

[11]过润秋,李大鹏,林晓春.红外点目标检测的小波变换方法研究.光子学报,2004,33(4):464-467.

[12]Xu Y S,Weaver J B,Healy D M,et al. Wavelet transform domain filters:a spatially selective noise filtration technique. IEEE Transactions on Image Processing,1994,3(6):747-758.

[13]Pan Q,Zhang L,Dai G Zh,et al. Two denoising methods by wavelet transform. IEEE Transactions on Signal Processing,1999,47(12):3401-3406.

[14]唐志航,黄哲,张东衡,等.基于尺度相关性的自适应图像增强新算法.计算机应用,2006,26(9):2084-2086.

[15]韩敏,刘云侠.改进的双小波空域相关混沌信号降噪方法.系统仿真学报,2009,21(15):4743-4747.

[16]邢强林,黄惠明,熊仁生,等.红外成像探测系统作用距离分析方法研究.光子学报,2004,33(7):893-896.

[17]曾明,李建勋.基于自适应形态学 Top-Hat 滤波器的红外弱小目标检测方法.上海交通大学学报,2006,40(1):90-97.

[18]Donoho D L,Johnstone J M. Ideal spatial adaptation by wavelet shrinkage. Biometrika,1994,81(3):425-455.

[19]夏国清,鲍苏苏,陈华珍,等.基于数学形态学的 CT 腹部器官提取.计算机应用研究,2009,26(8):3172-3174.

[20]Do M N,Vetterli M. The contourlet transform:an efficient directional multiresolution image representation. IEEE Transactions on Image Processing,2005,14:2091-2106.

[21]Zhou J P,Cunha A L,Do M N. Nonsubsampled contourlet transform:construction andapplication in enhancement. Proceedings of the IEEE International Conference on Image Processing,London,2005:469-472.

[22]Cunha A L,Zhou J P,Do M N. The nonsubsampled contourlet transform:theory,design and applications. IEEE Transactions on Image Processing,2006,15(10):3089-3101.

[23]罗子娟,吴一全.基于 Contourlet 变换的红外图像序列小目标检测技术.信号处理,2008,24(4):676-679.

[24]吴一全,罗子娟,吴文怡.基于 NSCT 的红外图像小目标检测技术.中国图象图形学报,2009,14(3):477-481.

[25]彭嘉雄,周文琳.红外背景抑制与小目标分割检测.电子学报,1999,27(12):47-51.

[26]杨杰,杨磊.基于红外背景复杂程度描述的小目标检测算法.红外与激光工程,2007,36(3):382-386.

[27]Victor T T,Tamar P,May L,et al. Morphology-based algorithm for point target detection in

infrared backgrounds. Proceedings of SPIE,1993,1954：2-11.

［28］张焱,沈振康,王平. 基于 BP 神经网络的红外小目标检测. 系统工程与电子技术,2004, 26(12)：1901-1904.

［29］Kapur J N,Sahoo P K,Wong A K C. A new method for gray-level picture thresholding using the entropy of the histogram. Computer Vision, Graphics, and Image Processing, 1985, 29(3)：273-285.

［30］Abutaleb A S. Automatic thresholding of gray-level pictures using two-dimensional entropy. Computer Vision,Graphics,and Image Processing,1989,47(1)：22-32.

［31］杨磊,杨杰,郑忠龙. 海空复杂背景中基于自适应局部能量阈值的红外小目标检测. 红外与毫米波学报,2006,25(1):41-45.

［32］Yang L,Yang J,Yang K. Adaptive detection for infrared small target under sea-sky complex background. Electronics Letters,2004,40(17)：1083-1085.

［33］李正周,董能力,金钢. 复杂背景下红外运动点目标检测算法研究. 红外与激光工程,2002, 31(5):410-414.

［34］Smith S M,Brady J M. SUSAN-a new approach to low level image processing. International Journal of Computer Vision,1997,23(1):45-78.

［35］张坤华,王敬儒,张启衡. 多特征复合的角点提取方法. 中国图象图形学报,2002,7(4)： 319-324.

［36］王育民,李青,苗宫霞,等. 基于 SUSAN 算子的红外目标检测. 弹箭与制导学报,2007,4： 331-333.

［37］袁慧晶,王涌天. 一种抗干扰的弱小目标检测方法. 光子学报,2004,33(5):609-612.

第6章 红外成像制导中的运动目标跟踪

6.1 引 言

目标跟踪过程从目标进入视场开始至红外成像制导武器引爆结束,根据视场中目标尺寸的不同,跟踪过程可分为点目标跟踪阶段、完整的面目标跟踪阶段和局部面目标跟踪阶段[1,2];依据弹目距离也可分为远距离跟踪阶段、中距离跟踪阶段和近距离跟踪阶段。两种分类方式中的三个阶段一一对应,只是名称不同。本章为了简要起见,将上述三个阶段依次称为跟踪过程的初段、中段和末段。

以飞机目标为例,初段跟踪过程中,弹目距离较大,图像探测器只能探测到高亮度的飞机尾焰。图像中的目标是几个像素组成的点簇。该过程主要采用红外小目标跟踪技术,依据亮度信息和前后帧之间的关联,将目标点从背景中分离出来。

中段跟踪过程从探测器中呈现出可分辨的目标图像开始,至目标几近充满视场时结束。该阶段的图像主要由亮度较高的飞机尾焰、亮度稍低的飞机机体以及低亮度的背景组成。中段跟踪过程持续时间比较短,一般首先选定瞄准点,然后标注出驾驶舱、发动机等关键部位。

末段跟踪过程由目标充满视场开始,至红外成像制导武器战斗部起爆结束。该阶段的弹目距离很小,目标将充满并阻塞视场,不恰当的跟踪算法会产生较大的跟踪盲区[3],影响制导的精确性。该过程持续时间很短,目标近似做匀速直线运动,弹体坐标系中目标姿态变化不明显;但是帧与帧之间,图像中目标的尺寸变化率比较大,也会出现因视角改变而带来的角度变化。该过程的瞄准点选定在驾驶舱、发动机等关键部位,多采用基于尺度不变量的关键部位跟踪算法。

目标跟踪的主要功能是通过能够完成递归目标状态估计的滤波器在线确定目标的数量、位置和运动轨迹等,因此滤波器的性能好坏直接制约着系统的性能。目前常用的递归方法是卡尔曼滤波方法。在非线性、非高斯条件下,这种基于模型线性化和高斯假设的滤波方法在估计系统状态及其方差时误差较大,并有时可能发散。近几年发展起来的粒子滤波(particle filter,PF)利用一些随机样本(粒子)来表示系统随机变量的后验概率分布,它可应用于任意非线性随机系统,能够较好地处理非线性非高斯问题,被广泛应用于目标跟踪等领域。

粒子滤波是一种非参数化的蒙特卡罗模拟方法,它通过递推的贝叶斯滤波来近似逼近最优化的估计。该方法的基本思想是采用带有权重的粒子集来表示对系统状态的估计,然后通过序列重要性采样法(sequential importance sampling)来更新粒子集合,实现对系统状态的动态估计。粒子滤波特别适用于非线性非高斯动态系统的状态估计问题,当前,它已成为视觉跟踪领域的研究热点。

　　本章内容首先阐述贝叶斯滤波基本理论,然后重点讨论了粒子滤波的基本理论并在此基础上分析了粒子滤波所存在的问题,从改进粒子重采样策略出发,提出了基于遗传重采样的粒子滤波算法。最后,针对红外飞机目标溢出视场后关键攻击部位跟踪方法进行了讨论。

6.2　运动目标跟踪基础理论

6.2.1　贝叶斯滤波理论

　　贝叶斯滤波原理的实质是利用已有信息构造系统状态变量的后验概率密度,其基本步骤分为预测和更新两步。定义 x_k 为系统状态, z_k 是系统的观测值,且假定状态的概率密度初始值已知,即 $p(x_0 \mid z_0)$ 。

　　第一步:预测,在未获得 k 时刻的观测值时,通过系统的状态转移方程,实现从先验概率 $p(x_{k-1} \mid z_{1:k-1})$ 至先验概率 $p(x_k \mid z_{1:k-1})$ 的推导。

　　假定在 $k-1$ 时刻, $p(x_{k-1} \mid z_{1:k-1})$ 已知,由 Chapman-Kolmogorov 方程,有

$$p(x_k \mid z_{1:k-1}) = \int p(x_k \mid x_{k-1}) p(x_{k-1} \mid z_{1:k-1}) \mathrm{d}x_{k-1} \tag{6.1}$$

求解积分即可得 k 时刻测量未知条件下的状态先验概率。

　　第二步:更新,即在获得 k 时刻的观测值后,由系统观测方程,实现从先验概率 $p(x_{k-1} \mid z_{1:k-1})$ 到后验概率 $p(x_k \mid z_{1:k})$ 的推导。在获得观测值 z_k 后,由贝叶斯公式可得

$$p(x_k \mid z_{1:k}) = \frac{p(z_{1:k} \mid x_k) p(x_k)}{p(z_{1:k})} \tag{6.2}$$

　　将观测量 z_k 独立出来有

$$p(x_k \mid z_{1:k}) = \frac{p(z_k, z_{1:k-1} \mid x_k) p(x_k)}{p(z_k, z_{1:k-1})} \tag{6.3}$$

由于

$$p(z_k, z_{1:k-1}) = p(z_k \mid z_{1:k-1}) p(z_{1:k-1}) \tag{6.4}$$

$$p(z_k, z_{1:k-1} \mid x_k) = p(z_k \mid z_{1:k-1}, x_k) p(z_{1:k-1} \mid x_k) \tag{6.5}$$

$$p(z_{1:k-1} \mid x_k) = \frac{p(x_k \mid z_{1:k-1}) p(z_{1:k-1})}{p(x_k)} \tag{6.6}$$

将上面三式代入得

$$p(x_k \mid z_{1:k}) = \frac{p(z_k \mid z_{1:k-1}, x_k) p(x_k \mid z_{1:k-1})}{p(z_k \mid z_{1:k-1})} \tag{6.7}$$

假定各次观测是相互独立的,所以有

$$p(z_k \mid z_{1:k-1}, x_k) = p(z_k \mid x_k) \tag{6.8}$$

代入得

$$p(x_k \mid z_{1:k}) = \frac{p(z_k \mid x_k) p(x_k \mid z_{1:k-1})}{p(z_k \mid z_{1:k-1})} \tag{6.9}$$

$p(z_k \mid z_{1:k-1})$ 为归一化常数,具有如下形式:

$$p(z_k \mid z_{1:k-1}) = \int p(z_k \mid x_k) p(x_k \mid z_{1:k-1}) \mathrm{d}x_k \tag{6.10}$$

得到状态变量的后验概率分布后,可计算出最小均方差意义下的最优估计和估计方差:

$$\hat{x}_k = \int x_k p(x_k \mid y_{1:k}) \mathrm{d}x_k \tag{6.11}$$

$$P = E((x_k - \hat{x}_k)(x_k - \hat{x}_k)^{\mathrm{T}})$$

$$= \int (x_k - \hat{x}_k)(x_k - \hat{x}_k)^{\mathrm{T}} p(x_k \mid z_{1:k}) \mathrm{d}x_k \tag{6.12}$$

由以上分析可知,求解贝叶斯估计需要积分运算,比较困难。在系统线性、噪声为高斯的假设下,可得到解析解,即卡尔曼滤波。

6.2.2　卡尔曼滤波器

设动态系统可表征为

$$\begin{cases} x_k = \Phi_{k,k-1} x_{k-1} + B_{k-1} U_{k-1} + \Gamma_{k-1} W_{k-1} \\ y_k = H_k x_k + V_k \end{cases} \tag{6.13}$$

式中,x_{k-1} 为 $k-1$ 时刻的状态;$\phi_{k,k-1}$ 为 $k-1$ 到 k 时刻的一步状态转移矩阵;B_{k-1} 为 $k-1$ 时刻系统的控制矩阵;U_{k-1} 为 $k-1$ 时刻系统的确定性输入;W_{k-1} 是 $k-1$ 时刻的系统高斯型噪声矢量且协方差为 Q_k;Γ_{k-1} 为系统噪声的作用矩阵;y_k 是 k 时刻的状态向量;H_k 为 k 时刻的观测矩阵;V_k 为 k 时刻的观测噪声且协方差为 R_k。W_k 和 V_k 是互不相关的零均值白噪声序列。

相应卡尔曼滤波状态一步预测方程为

$$\hat{x}_{k|k-1} = \Phi_{k,k-1} \hat{x}_{k-1} + B_{k-1} U_{k-1} \tag{6.14}$$

式中,$\hat{x}_{k-1}$ 是状态 x_{k-1} 的卡尔曼滤波估计值;$\hat{x}_{k|k-1}$ 是利用 k 时刻和以前时刻的观测值计算得到的 x_k 的一步预测值。

状态估计方程为

$$\hat{x}_k = \hat{x}_{k|k-1} + K_k(y_k - H_k \hat{x}_{k|k-1}) \tag{6.15}$$

式中,K_k 称为滤波增益,其方程为

$$K_k = P_{k|k-1} \cdot H_k^{\mathrm{T}} \cdot (H_k \cdot P_{k|k-1} \cdot H_k^{\mathrm{T}} + R_k)^{-1} \qquad (6.16)$$

K_k 的选择标准就是使得估计值 $\hat{x}_k$ 与真值 x_k 的均方误差阵最小。$P_{k|k-1}$ 是一步预测 $\hat{x}_{k|k-1}$ 的均方误差阵,其方程为

$$P_{k|k-1} = \Phi_{k,k-1} \cdot P_k \cdot \Phi_{k,k-1}^{\mathrm{T}} + \Gamma_{k-1} Q_{k-1} \Gamma_{k-1}^{\mathrm{T}} \qquad (6.17)$$

最优估计均方差方程为

$$P_k = (1 - K_k \cdot H_k) \cdot P_{k|k-1} \qquad (6.18)$$

以上方程说明了从观测值 y_k 开始计算 $\hat{x}_k$ 的基本过程,需要对 x_k 进行更新估计,同时估计出 P_k 的值,用于下一次迭代过程。

6.2.3　粒子滤波理论

在实际应用中,状态估计问题往往是非常复杂的,如非线性、非高斯、高维等因素,在这种情况下往往很难得到解析解的形式。因此,利用贝叶斯估计得到的状态解仅仅是概念上的,在实际中,得到的均是各种贝叶斯估计的近似解。在过去的30 年里,人们提出了许多种贝叶斯估计的近似解的求取方法,如扩展 Kalman 滤波算法[4,5]、混合高斯滤波算法[6]、基于网格的滤波算法[7]、Unscented Kalman 滤波算法[8-10]、粒子滤波算法[11-14]等。其中,扩展 Kalman 滤波算法和混合高斯滤波算法由于没有考虑数据中所有的统计特性,因此经常导致比较差的估计结果;基于网格的滤波算法通过确定的数值积分方法,能得到精确的结果,但是实现起来比较困难,并且在高维情况下计算量非常大;Unscented Kalman 滤波较扩展 Kalman 滤波算法有较大改进,它不需要对非线性模型进行近似线性化处理,对非线性模型的描述精度更高,但是对具有多峰值的后验分布估计仍然比较困难,对噪声分布也有限制,即噪声必须服从高斯分布。近年来出现的粒子滤波算法是一种基于随机采样的算法,是次优贝叶斯方法,它摆脱了解决非线性滤波问题时随机变量必须满足高斯分布的制约条件,可近似得到任意函数的数学期望。它利用一定数量的随机样本(粒子)来表示随机变量的后验分布,能应用于任何非线性随机系统。此外,与Kalman 滤波算法进行状态估计需要量测方程不同,粒子滤波算法中不需要量测方程的表达式,仅需知道条件概率密度 $p(z|x)$,这在图像跟踪中往往比较容易得到。

1. 蒙特卡罗思想

蒙特卡罗模拟的基本思想是利用随机样本近似积分。假设从后验概率密度 $p(x_{0:k}|z_{1:k})$ 中采样 N 个样本(粒子),则后验概率密度可由下式表达:

$$\hat{p}(x_{0:k}|z_{1:k}) \approx \frac{1}{N}\sum_{i=1}^{N}\delta(x_{0:k} - x_{0:k}^i) \qquad (6.19)$$

式中,$x_{0:k}^i$ 表示从后验分布中采样得到的粒子;δ 表示 Dirac delta 函数。任意函数

$f(x_{0:k})$ 的条件期望为

$$E[f(x_{0:k})] = \int f(x_{0:k}) p(x_{0:k} | z_{1:k}) dx_{0:k} \qquad (6.20)$$

可近似为

$$\hat{E}[f(x_{0:k})] \approx \frac{1}{N} \sum_{i=1}^{N} \int f(x_{0:k}) \delta(x_{0:k} - x_{0:k}^i) dx_{0:k}$$

$$\approx \frac{1}{N} \sum_{i=1}^{N} f(x_{0:k}^i) \qquad (6.21)$$

由大数定理,当粒子数 N 趋于无穷时,近似期望收敛于真实期望,即

$$\lim_{N \to \infty} \hat{E}[f(x_{0:k})] = E[f(x_{0:k})] \qquad (6.22)$$

2. 重要性采样

从前面的讨论可知,后验概率密度可由来自该密度的独立同分布粒子近似,粒子数目越多,近似的精确度就越高。但是,在实际应用中不可能直接从后验密度中采样粒子,往往是从一个已知的、易于采样的概率密度中采样粒子,这个概率密度称为建议分布(proposal distribution),用 $q(x_{0:k} | z_{1:k})$ 表示。$f(x_{0:k})$ 的期望可表示为

$$E[f(x_{0:k})] = \int f(x_{0:k}) \frac{p(x_{0:k} | z_{1:k})}{q(x_{0:k} | z_{1:k})} q(x_{0:k} | z_{1:k}) dx_{0:k}$$

$$= \int f(x_{0:k}) \frac{p(z_{1:k} | x_{0:k}) p(x_{0:k})}{p(z_{1:k}) q(x_{0:k} | z_{1:k})} q(x_{0:k} | z_{1:k}) dx_{0:k}$$

$$= \int f(x_{0:k}) \frac{w_k(x_{0:k})}{p(z_{1:k})} q(x_{0:k} | z_{1:k}) dx_{0:k} \qquad (6.23)$$

式中,$w_k(x_{0:k})$ 为重要性加权,可表示为

$$w_k(x_{0:k}) = \frac{p(z_{1:k} | x_{0:k}) p(x_{0:k})}{q(x_{0:k} | z_{1:k})} \qquad (6.24)$$

由贝叶斯公式,$p(z_{1:k})$ 可表示为

$$p(z_{1:k}) = \int p(z_{1:k}, x_{0:k}) dx_{0:k}$$

$$= \int \frac{p(z_{1:k} | x_{0:k}) p(x_{0:k}) q(x_{0:k} | z_{1:k})}{q(x_{0:k} | z_{1:k})} dx_{0:k}$$

$$= \int w_k(x_{0:k}) q(x_{0:k} | z_{1:k}) dx_{0:k} \qquad (6.25)$$

代入期望表达式可得

$$E[f(x_{0:k})] = \frac{\int f(x_{0:k}) w_k(x_{0:k}) q(x_{0:k} | z_{1:k}) dx_{0:k}}{\int w_k(x_{0:k}) q(x_{0:k} | z_{1:k}) dx_{0:k}} \qquad (6.26)$$

如果从 $q(x_{0:k}|z_{1:k})$ 中采样粒子，即 $\{x_{0:k}^i\}_{i=1,\cdots,N} \sim q(x_{0:k}|z_{1:k})$，则期望 $E[f(x_{0:k})]$ 可近似为

$$\hat{E}[f(x_{0:k})] = \frac{\sum\limits_{i=1}^{N} w_k(x_{0:k}^i) f(x_{0:k}^i)}{\sum\limits_{i=1}^{N} w_k(x_{0:k}^i)}$$

$$= \sum_{i=1}^{N} f(x_{0:k}^i) \widetilde{w}_k(x_{0:k}^i) \tag{6.27}$$

式中

$$\widetilde{w}_k(x_{0:k}^i) = \frac{w_k(x_{0:k}^i)}{\sum\limits_{i=1}^{N} w_k(x_{0:k}^i)} \tag{6.28}$$

称为归一化重要性权值。

3. 序列重要性采样

重要性采样方法不足以用来进行递推估计，这主要是因为估计 $p(x_{0:k}|z_{1:k})$ 需要用到所有的观测数据 $z_{1:k}$，每输入一新的观测数据，需要重新计算整个状态序列的重要性权值，因而计算量随时间推移不断增加。为解决该问题，人们提出了序贯重要性采样，它在 $k+1$ 采样时刻不改动过去的状态序列样本集 $\{x_{0:k}^i\}_{i=1}^N$，并且采用递推的方式计算重要性权值。假设当前状态不依赖于将来的观测值，则重要性函数可写为

$$q(x_{0:k}|z_{1:k}) = q(x_0) \prod_{j=1}^{k} q(x_j|x_{0:j-1}, z_{1:j}) \tag{6.29}$$

假定状态状态转移是一个马尔可夫过程且观测独立于状态，则

$$p(x_{0:k}) = p(x_0) \prod_{j=1}^{k} p(x_j|x_{j-1}) \tag{6.30}$$

$$p(z_{1:k}|x_{0:k}) = \prod_{j=1}^{k} p(z_j|x_j) \tag{6.31}$$

将两式代入重要性权值计算公式，得到递归表达式为

$$w_k(x_{0:k}) = \frac{p(z_{1:k}|x_{0:k}) p(x_{0:k})}{q(x_{0:k-1}|z_{1:k-1}) q(x_k|x_{0:k-1}, z_{1:k})}$$

$$= w_{k-1}(x_{0:k}) \frac{p(z_{1:k}|x_{0:k}) p(x_{0:k})}{p(z_{1:k-1}|x_{0:k-1}) p(x_{0:k-1}) q(x_k|x_{0:k-1}, z_{1:k})}$$

$$= w_{k-1}(x_{0:k}) \frac{p(z_k|x_k) p(x_k|x_{k-1})}{q(x_k|x_{0:k-1}, z_{1:k})} \tag{6.32}$$

式（6.32）表明，只要选择合适的建议分布 $q(x_k|x_{0:k-1}, z_{1:k})$ 获得采样粒子，就可迭代计算粒子重要性加权。建议分布 $q(x_k|x_{0:k-1}, z_{1:k})$ 的选择是一个非常关键的问题，选取的原则之一就是使得重要性权值的方差最小。选择

$q(x_k|x_{0:k-1},z_{1:k})=p(x_k|x_{0:k-1},z_{1:k})$ 可满足重要性权值方差最小原则,但这种选择方法在实际中往往较难实现。从实际应用角度,多数文献采用 $q(x_k|x_{0:k-1},z_{1:k})=p(x_k|x_{k-1})$,该方法虽不是最优,但实现起来较容易。

从以上分析可知,在初始时刻产生一组粒子,然后计算这些粒子的重要性加权,进而获得期望近似值,这就是序列重要性采样过程。

4. 重采样

上面的序列重要性采样有一个缺陷,即经过若干次递推后,除少数粒子外,其余粒子的权值可忽略不计,大量计算耗费在几乎不起任何作用的粒子更新上,不能有效表达出后验概率密度函数,这就是粒子退化(particle degeneracy)问题。为解决该问题,可采用重采样算法。该算法的核心思想是增加权值较大的粒子数,减少权值较小的粒子数。

经过重采样算法后,有些粒子繁殖多次,而有些粒子则被淘汰掉。显然,这降低了粒子的多样性,同样对表达后验概率密度不利。因而,重采样的选用要依据一些准则。目前,常用的准则就是计算有效粒子数目 N_{eff}:

$$N_{\text{eff}} = \frac{1}{\sum_{i=1}^{N}(\widetilde{w}_k^i)^2} \tag{6.33}$$

若计算得到的有效粒子数目小于给定的阈值,则进行重采样过程,否则不进行重采样。

5. 粒子滤波算法描述

假定 $k-1$ 时刻目标状态后验分布的粒子集合为 $\{x_{k-1}^i, w_{k-1}^i\}_{i=1}^{N}$,则 k 时刻粒子滤波算法可描述如下:

(1)按照状态转移方程计算 $k-1$ 时刻的粒子更新 $x_k^i (i=1,2,\cdots,N)$。

(2)更新权值。根据当前的观测,按下式计算每个粒子的权值:

$$w_k^i = w_{k-1}^i \frac{p(z_k|x_k^i)p(x_k^i|x_{k-1}^i)}{q(x_k^i|x_{k-1}^i,z_k)} \tag{6.34}$$

归一化粒子权值有

$$\widetilde{w}_k^i = \frac{w_k^i}{\sum_{j=1}^{N} w_k^j} \tag{6.35}$$

(3)重采样。计算有效粒子数,如小于给定阈值,则重采样得到新粒子集 $\left\{x_k^i, \dfrac{1}{N}\right\}_{i=1}^{N}$。

(4)按下式进行状态估计:

$$\hat{x}_k = \sum_{i=1}^{N} w_k^i x_k^i \tag{6.36}$$

6.3　图像跟踪所用到的视觉特征

依据目标建模所用的视觉特征分类:目标建模主要用来收集描述目标的视觉特征,根据这些特征建模目标表观,为以后定位目标提供信息。视觉特征对于跟踪算法的性能有很重要的影响,所选的视觉特征应该能很好地区分跟踪目标与背景。如果选择区别性很强的特征,简单的算法就能实现跟踪。反之,如果所选特征和背景很相似,即使优秀的算法也难以跟踪目标。图像跟踪常用的特征如下:

(1)颜色特征。颜色特征对于目标平面旋转、非刚性变形、部分遮挡等情形较为鲁棒,特别适合于变形目标跟踪,在跟踪领域得到了广泛使用[15,16]。

(2)边缘特征。尽管颜色特征对于目标变形和姿态变化很鲁棒,但是不能描述目标的空间结构,容易受光照等外界条件的影响。边缘信息能弥补颜色信息的缺陷,不易受光照变化的影响,而且不需要明确的目标模型[17]。

(3)光流。光流在跟踪领域使用比较广泛,是一种有效的特征,文献[18]就是利用光流跟踪人脸的例子。但在计算光流信息时,必须计算图像内每个像素点的速度和方向,因此光流法计算量很大,很难满足实时性要求。

(4)小波表达。可操纵金字塔(steerable pyramids)可以从不同尺度、不同方向描述图像,对于由粗到精的差分运动估计非常有效,可用来实现目标跟踪[19,20]。

(5)局部区域特征描述子。目标通过一组辨别特征描述子表达,这些描述子从局部区域的图像特征点产生,它们表达了图像局部区域对于比例、旋转和光照的不变性,将这种特征描述子嵌入到跟踪框架中实现跟踪[21,22]。

(6)空间-颜色特征。颜色柱状图描述的是目标的全局统计信息,不能描述目标像素间的空间结构信息,当两个颜色分布相似但空间结构不一样的目标出现时,跟踪算法不能区别两个目标。为此,学者提出了新的表达方式,不但考虑目标像素点的颜色信息,而且还考虑像素点之间的空间关系。这种描述目标的特征称为空间-颜色特征,基于这种特征的跟踪算法能更好地区别目标[23,24]。

(7)目标和背景的区别特征。一些学者从模式分类的角度考虑跟踪问题,将图像跟踪看做一个二元分类问题,利用分类器从背景中区分被跟踪目标。Collins等[25]在跟踪过程中不仅考虑目标,而且强调背景的重要性,他们利用特征评价机制选择那些能最好区分背景和目标的视觉特征跟踪目标。文献[26]也是基于这个思路实现跟踪。沿着这个方向,Avidan[27]提出了支持向量跟踪方法,利用支持向量机离线学习区别目标和背景的特征,然后利用这些特征实现跟踪。

由于概率跟踪方法,特别是 PF 方法能处理跟踪场景的非线性、非高斯、多模态,特别适合图像跟踪领域。因此,本章接下来的内容将基于图像局部直方图特征,利用 PF 及其改进算法探讨红外图像目标的跟踪算法。

6.4　基于遗传重采样的粒子滤波目标跟踪方法

6.4.1　粒子滤波算法存在问题

在应用过程中,人们发现粒子滤波算法在经过若干次迭代后会出现退化现象,即只有少部分的粒子具有较大的权值,而大部分粒子的权值很小,趋向于零,这使得很多运算时间耗费在对系统状态估计作用不大的粒子上。解决该问题常有两种思路:一种是改进建议分布;另一种是重采样。粒子重采样是解决粒子退化问题的重要方法,常用的重采样算法有多项式重采样、系统重采样、剩余重采样等[28-30]。多项式重采样是最早提出的重采样,该方法首先在[0,1]区间内产生 N 个独立同分布的均匀随机数并将其排序,然后求取权值集合 $\{w_k\}$ 的累积分布函数,最后根据随机数集合与累积分布函数的大小关系确定粒子的重采样复制次数。

系统重采样是将取样空间等间隔分层,按照 $u_k = \dfrac{(k-1)+u'}{N}, u' \sim U(0,1)$ 抽取 N 个有序随机数。然后,根据随机数集合与累积分布函数的大小关系确定粒子的重采样复制次数。它与多项式重采样的区别在于随机数产生的策略不同。

剩余重采样的基本思想是通过引入残差信息来提高重采样的效率。该算法首先将粒子 x_i 复制 $n_i' = \lfloor N w_i \rfloor$ 次作为重采样粒子,随后,利用多项式重采样算法,从粒子集 $\{x_i\}$ 中抽取 $m = N - \sum n_i'$ 个粒子。其中,粒子 x_i 被抽取的概率正比于 $w_i' = N w_i - n_i'$ 。

以上这些重采样算法通过增加粒子的有效性解决了粒子退化问题。重采样完成后,重要性权值高的粒子通过重采样被多次选取,这在一定程度上丢失了粒子的多样性,即所谓的粒子匮乏。该问题同样对表达后验概率密度不利,造成的后果就是一旦目标丢失或跟踪精度不够,系统自动收敛的可能性很小。

本节接下来的内容从利用重采样解决粒子退化问题的思路出发,提出一种基于遗传算法的重采样策略。该采样策略在保留高重要性权值粒子的基础上,通过进化机制确保粒子群中粒子状态的多样性并克服粒子滤波算法的粒子退化缺陷。

6.4.2　利用遗传算法进行粒子重采样

遗传算法(gene algorithm,GA)是一种全局搜索最优解的方法,它具有自组织性、自适应性、自学习性和本质并行的突出特点。本节在重采样过程中利用遗传算法对粒子群实行进化以保证其多样性。

为保证计算速度,采用十进制对粒子进行编码。对粒子进行的交叉、变异等遗传操作在十进制的基础上进行。

每一时刻按照状态方程生成的粒子群都要经遗传重采样,并且该粒子群是遗传操作的初始种群。遗传过程首先进行选择操作,根据一定规制来决定种群中个体的适应度,适应度越大,粒子的权值也就越大,其被选中的概率也就越高。然后,对被选择保留下来的个体点进行两两配对,按照一定概率进行交叉操作,即对配对的个体部分基因进行交换。最后,根据某个概率,对个体进行十进制变异操作。交叉和变异的目的是增加种群中个体的多样性,避免有可能陷入局部解。经过这样一系列的遗传操作,得到了新一代种群,可以进入下一次遗传迭代过程。

按照实数编码的两个粒子间的交叉过程可由公式描述如下:

$$x_k'^i = \alpha x_k^i + (1-\alpha) x_k^j$$
$$x_k'^j = \beta x_k^j + (1-\beta) x_k^i \tag{6.37}$$

式中,x_k^i、x_k^j 为粒子;α、β 为权值系数,其值可由式(6.38)确定:

$$\alpha = \frac{f(x_k^i)}{f(x_k^i) + f(x_k^j)}, \quad \beta = \frac{f(x_k^j)}{f(x_k^i) + f(x_k^j)} \tag{6.38}$$

其中,$f(x_k^i)$ 是 k 时刻粒子 i 的适应度。这样的交叉过程使得结果更接近于适应度较大的粒子。

粒子的变异采用非均匀变异。设 t 为当前迭代次数,x_k^i 为变异选择的对象,则变异过程可由式(6.39)加以描述:

$$x_k^i = x_k^i + g(t, \mathrm{UB} - x_k^i), \quad r > 0.5$$
$$x_k^i = x_k^i + g(t, x_k^i - \mathrm{LB}), \quad r \leqslant 0.5 \tag{6.39}$$

式中,UB、LB 分别为当前种群中状态变量的上、下限。$g(t, y)$ 函数的返回值范围是 $(0, y)$,其值随着迭代次数的增加,趋向零的概率也随之增加。$g(t, y)$ 的函数表达式如下:

$$g(t, y) = y(1 - r^{(1 - t/G)^b}) \tag{6.40}$$

式中,r 为 $[0, 1]$ 范围内的随机数;G 是最大的迭代数;b 为系统参数,一般取 2~5。

在遗传重采样算法中,既可通过设定搜索迭代的总次数来作为迭代结束条件,也可以设定一个阈值 T,当某粒子代的适应度平均值达到该阈值时,即可认为已找到最优粒子群,停止迭代,完成粒子重采样过程。

6.4.3　遗传重采样粒子滤波算法过程

遗传重采样粒子滤波算法过程可以描述如下:

(1)从初始分布 $p(x_0)$ 中采样 N 个粒子 $x_0^i (i=1, 2, \cdots, N)$。

(2)从建议分布采样粒子集 $x_k^i \sim q(x_k | x_{0:k-1}^i, z_{1:k}) (i=1, 2, \cdots, N)$,这里以状态转移先验作为建议分布。

(3)基于量测计算 k 时刻新粒子集中各个粒子的权值 $w_k^i (i=1, 2, \cdots, N)$。

(4)利用式(6.33)计算有效粒子数,若大于给定阈值,则跳到步骤(6)。

(5)对粒子集中的每一粒子,通过权值系数决定粒子适应度,经过遗传算法的选择、交叉、变异等基因操作,兼顾高重要性权重粒子的选择和粒子的多样性,迭代出经过优化的粒子群,完成粒子重采样。

(6)计算 k 时刻的状态估计 $\hat{x}_k = \sum_{i=1}^{n} w_i x_k^i$。

(7)令 $k=k+1$,下一测量时刻到来转步骤(2)。

6.4.4　仿真与分析

1. 数理方程实验

采用如下系统模型,状态方程为

$$x_k = 0.5x(k-1) + \frac{25x(k-1)}{1+x^2(k-1)} + 8\cos(1.2(k-1)) + w(k) \quad (6.41)$$

观测方程为

$$y(k) = \frac{x^2(k)}{20} + v(k) \quad (6.42)$$

式中,过程噪声 $w(k)$、观测噪声 $v(k)$ 分别服从均值为 0,方差为 10 和 1 的正态分布。

一次实验的均方差定义为

$$\text{MSE} = \left[\frac{1}{T} \sum_{k=1}^{T} (x_k - \hat{x}_k)^2 \right]^{\frac{1}{2}} \quad (6.43)$$

对普通粒子滤波算法和遗传重采样粒子滤波算法进行实验,取粒子数目为200 个,遗传迭代 50 次。粒子的选择操作采用建立在重要性权重基础上的累计分布算法,交叉概率和变异概率分别取 0.25 和 0.1,变异算子的 b 参数取 3,算法的结束条件为达到最大迭代次数,采样时间序列为 60。每个粒子(个体)的权值(适应度)按式(6.44)计算:

$$w_i = w_{i-1} \frac{1}{\sqrt{2\pi}} \exp\left[-\frac{(y_i - y_i')^2}{2} \right] \quad (6.44)$$

式中,y_i 为观测;y_i' 是观测的估计。

在每次遗传迭代的交叉和变异运算中,对于新产生的个体需要判断其合理性,既要保证其状态值在定义域内,又要确保其适应度不至于降低。实验中具体的做法是,在保留最高重要性权值粒子的基础上,使得一定比例的粒子在经过交叉和变异操作后计算得到的新权值要大于原值,否则保留原粒子进入下次迭代过程。实验中比例取 0.7。用 S、M、R 分别代表系统重采样、多项式重采样和剩余重采样,在一次实验中,S、M、R 重采样与遗传重采样粒子滤波的状态跟踪曲线如图 6.1 所示。图中"+"点表示 x 的真实状态,实线表示遗传重采样 PF 的 x 值估计,虚线代表 S、M、R 重采样 PF 的 x 值估计,横坐标是时间,纵坐标代表状态 x。从图中可以看出,遗传重采样粒子滤波估计曲线相对于其他重采样策略粒子滤波而言更接近于真实状态,说明其估计精度更高。

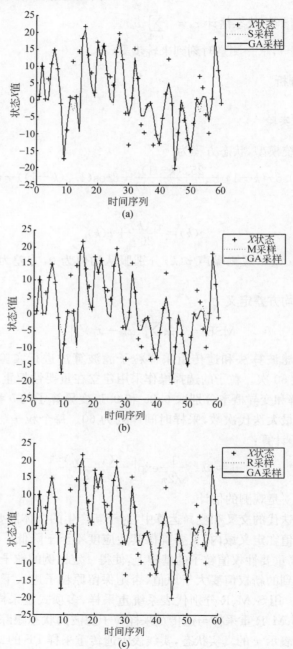

图 6.1 S、M、R 重采样 PF 与遗传重采样 PF 状态跟踪曲线

　　实验进行 10 次,绘制不同滤波器状态估计均方误差 MSE 比较图如图 6.2 所示,横坐标是实验次数,纵坐标为 MSE。图中每次实验白色长方条代表遗传重采样粒子滤波,灰度长方条表示其余重采样策略的粒子滤波。

　　进行 30 次实验下,四种重采样策略 PF 的 MSE 的均值和方差如表 6.1 所示。从图 6.2 和表 6.1 可以看出,遗传重采样粒子滤波的状态估计均方误差要明显低于其他重采样策略的粒子滤波且其估计误差的波动更小。

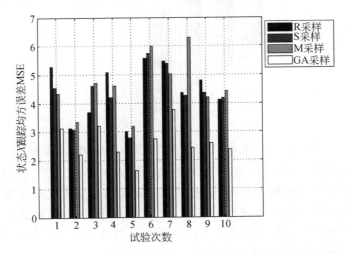

图 6.2　R、S、M 重采样 PF 与遗传重采样 PF 跟踪 MSE 比较图

表 6.1　四种重采样策略粒子滤波器的状态估计均方误差比较

采样	R 采样	S 采样	M 采样	GA 采样
MSE 均值	4.7097	4.6527	4.6336	2.7341
MSE 方差	0.6683	0.43704	0.6828	0.25451

　　四种重采样策略粒子滤波器下均方误差与所需粒子数的关系如图 6.3 所示。粒子数目分别取 50、100、150 和 200,横坐标代表粒子数目。在每一粒子数目坐标上,白色长方体表示遗传重采样 PF,灰度长方体代表其余重采样 PF。

　　从图 6.3 中可以看出,在相同的粒子数目下,遗传重采样粒子滤波的状态估计均方误差要明显低于其他粒子滤波,换句话说,在达到相同状态估计误差的要求下,遗传重采样粒子滤波所需要的粒子数目要少于其他粒子滤波。

　　当系统的初始状态未知时,S、M、R 重采样粒子滤波需要大量的粒子才能实现系统的状态估计。如果粒子集数目比较小,那么很有可能没有粒子分布在真实状

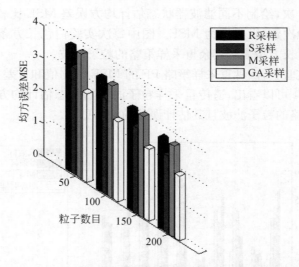

图 6.3　四种重采样粒子滤波器粒子数目与 MSE 关系图

态附近,这样经过几次迭代后,粒子很难收敛到真实状态处。粒子数目过大会使得粒子滤波算法计算效率极大地降低,有时根本无法满足系统实时性要求。遗传重采样粒子滤波在保证粒子有效性的基础上维持了粒子的多样性,这使得它用较少的粒子就可以达到与其他重采样粒子滤波算法使用较多粒子才能达到的状态估计精度,提升了粒子滤波算法的实用价值。

2. 红外图像目标跟踪实验

选取一组飞行目标的红外序列图像,利用本章提出的遗传重采样粒子滤波算法进行跟踪。

设 k 时刻当前粒子集中第 i 个粒子代表的状态为 $x_k^i = (x_0^i, y_0^i)$,(x_0^i, y_0^i) 是搜索窗口的中心。在目标跟踪中,状态转移模型刻画了目标在相邻两帧间的运动特性,而建立精确的模型比较困难。在粒子滤波中,由于粒子样本的随机性,跟踪过程并不过度依赖模型的准确性。因此,本实验采用二阶自回归模型来近似状态转移模型:

$$x_k^i = 2x_{k-1}^i - x_{k-2}^i + u_k, \quad u_k \sim N(0, \sigma^2) \tag{6.45}$$

目标观测模型可以利用状态 x_k^i 确定的局部区域的直方图 h_k 来表达。为加快运算速度,提高跟踪实时性,把灰度级映射为 m 级,因此,目标模板直方图特征可表示为

$$q_u = \frac{1}{n} \sum_{i=1}^n \delta[b(x_i, y_i) - u], \quad u = 1, \cdots, m \tag{6.46}$$

式中,$b(x_i, y_i)$ 是位于点 (x_i, y_i) 的灰度值特征映射函数;n 是目标模板的像素总数。

　　相应地,中心点在(x,y)处的候选目标的灰度特征可以表示为 $p(y)=\{p_u(y),$ $u=1,2,\cdots,m\}$。

$$p_u(y) = \frac{1}{n}\sum_{i=1}^{n}\delta\big[b(\overline{x_i},\overline{y_i})-u\big] \tag{6.47}$$

式中,n 是候选目标区域中的像素总数。

　　采用 Bhattacharyya 系数来度量目标模板与候选目标区域的相似性:

$$\rho(y) = \rho\big[p(y),q\big] = \sum_{u=1}^{m}\sqrt{p_u(y)q_u} \tag{6.48}$$

因此,跟踪过程的目标定位问题转化成了求使得式(6.48)取得极大值的候选目标区域的问题。当 $\rho(y)$ 越接近 1,表示目标与候选区域越相似。可以利用 Bhattacharyya 系数来计算粒子的权值,并将其作为遗传算法的个体适应度。粒子权值按照下式计算:

$$w_i = w_{i-1}p(h_k\,|\,x_k^i) \tag{6.49}$$

状态 x_k^i 确定的局部区域的直方图 h_k 的似然函数 $p(h_k\,|\,x_k^i)$ 可以认为服从高斯分布:

$$p(h_k\,|\,x_k^i)\propto N(D_k^i;0,\sigma^2) \tag{6.50}$$

式中,D_k^i 是样本和参考目标的 Bhattacharyya 距离,可以表示为

$$D_k^i = \sqrt{1-\sum_{u=1}^{m}\sqrt{p_u(y)q_u}} \tag{6.51}$$

基于遗传重采样粒子滤波跟踪红外图像目标流程如图 6.4 所示。

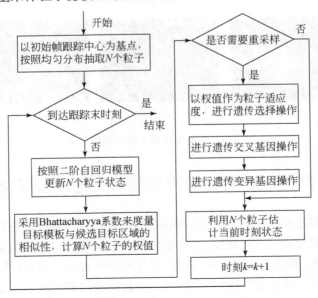

图 6.4　遗传重采样粒子滤波跟踪算法流程图

　　实验图像序列共 468 帧,跟踪区域选择为飞行目标的尾焰,搜索区域设为 30×
30。实验时,目标的跟踪位置用白色边框表示。状态粒子数(种群大小)为 50,迭
代次数、遗传选择方法、交叉和变异的概率等参数同实验一。从图像序列中选择目
标倾斜转弯前正常飞行阶段第 80 帧、倾斜转弯阶段第 128 帧和转弯后正常飞行第
250 帧图像。基于遗传重采样粒子滤波和 R 重采样粒子滤波的跟踪效果见图 6.5
和图 6.6。由于目标与背景对比度较强,图像质量较高,两种重采样粒子滤波算法
均能够实现目标的稳定跟踪。

　　从图 6.5、图 6.6 中可以看出,虽然两种算法均能实现目标的稳定跟踪,但跟踪
精度是有差别的,基于 R 采样 PF 的跟踪精度要低于遗传重采样 PF。这主要是由
于 R 采样粒子滤波算法中粒子采集的随机性造成粒子集合精度不高,经过 R 重采
样后粒子多样性降低使得跟踪误差较大。将粒子数目加大到 80 左右,R 重采样粒
子滤波才能达到遗传重采样粒子滤波相近的精度。

(a) 80帧　　　　　　　　(b) 128帧　　　　　　　　(c) 250帧

图 6.5　遗传重采样 PF 跟踪效果

(a) 80帧　　　　　　　　(b) 128帧　　　　　　　　(c) 250帧

图 6.6　R 重采样粒子滤波跟踪效果

6.5　红外飞机目标溢出视场后关键攻击部位跟踪

　　以上的跟踪过程从探测器中可清晰辨别目标开始,到目标充满视场结束,该阶
段的图像以亮度较高的飞机尾焰、亮度较低的飞机机身以及背景组成。随后,即进
入末段跟踪过程,即弹道终端。该过程从目标充满视场开始,到红外成像制导导弹
战斗部起爆结束。该过程持续时间短,可认为目标近似做匀速直线运动,弹体坐标
系中目标姿态变化不明显,但帧间图像的目标尺寸变化率较大。在弹道终端,虽然

采用局部图像跟踪算法能够对目标跟踪至足够近的距离上,但由于受到导弹机动能力的限制,如果导弹距离目标的飞行时间小于导弹的惯性时间常量,导引头将无法实现对导弹弹体的控制。不过,只要导引头能够继续跟踪目标,就可以提供用于控制起爆的高精度目标方位角、极角和视线角速度等信息,并可对剩余飞行时间进行估计,这对于实现红外成像制导空空导弹的精确起爆控制是非常有利的。本节对目标溢出导引头视场的判断方法以及弹道终端的关键攻击部位选择方法进行一些讨论。

6.5.1 目标溢出视场的判断准则

导引头图像探测器的透视投影成像模型如图 6.7 所示。

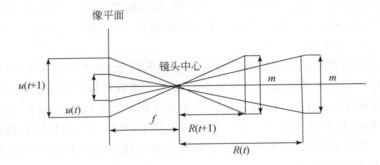

图 6.7 导引头透视投影成像图

导引头光学系统的焦距为 f,导引头光轴与像平面垂直,空间目标沿视场纵轴方向的实际长度为 m。假设目标恰好充满视场,视场中目标的张角为 α_0,弹目距离为 R_0,图像的边长为 u_0,那么有

$$R(t) = \frac{m}{u(t)} f \tag{6.52}$$

$$\tan(\alpha_0/2) = \frac{m/2}{R_0} = \frac{u_0/2}{f} \tag{6.53}$$

因为 α_0 很小,所以有

$$\tan(\alpha_0/2) \approx \alpha_0/2 \tag{6.54}$$

代入得

$$\alpha_0 = \frac{m}{R_0} = \frac{u_0}{f} \tag{6.55}$$

由上式可得新关系:

$$R(t) = \frac{u_0 m}{\alpha_0 u(t)} = \frac{R_0 u_0}{u(t)} \tag{6.56}$$

在视场张角 α_0、图像边长 u_0 以及目标尺寸 m 都是已知量的条件下,可以根据上述

公式计算弹目距离 $R(t)$ 和图像中目标尺寸 $u(t)$ 的大致关系,即通过计算图像中目标的尺寸,近似推断出弹目距离。

以美国 F-16 战斗机为例,其机长为 15m,翼展为 9.45m,当导弹在飞机的正上方时,假定导引头视场的张角为 5°。在飞机的主轴方向与图像边缘平行,且目标充满 256×256 大小的视场时,$u(t)=u_0=256$,$\alpha_0=\pi/36$,$m=15$,所以,$R_0=m/\alpha_0=15/(\pi/36)\approx171.9$m。即飞机刚好充满视场时,弹目距离约为 172m。若导弹不在飞机正上方,目标充满视场时弹目距离应该比 R_0 更远。

F-16 高空速度可达 2 马赫,假定空对空导弹飞行速度为 3 马赫,故弹目相对速度 v 在 1~5 马赫。末段跟踪过程所需时间为 $t_n=R_0/v$,在 0.11~0.57s。取中间速度 $v_m=3$ 马赫时,所需时间为 0.19s。

假定跟踪过程从目标尺寸为 $u_0/4$ 时开始,到目标尺寸为 u_0 时结束,则开始时弹目距离约为 $R=R_0u_0/u=4R_0$,结束时弹目距离为 R_0,二者相差 $l=3R_0=516$m,整个过程历时 344~1720ms。

在弹目距离不断减小至目标快要溢出导引头视场的过程中,目标在导引头成像平面的面积以及相邻帧面积变化率不断增大。弹载计算机通过实时计算,对目标图像的变化情况进行判断,当目标面积及其变化率增大到一定程度,即认为目标即将溢出视场,可切换为局部图像跟踪算法。其中,目标面积由目标在视场中所包括的像素个数来表达,而判断目标溢出视场与否的阈值可由目标和图像探测器系统参数等先验知识确定。

导引头视场被目标阻塞前和充满视场时,目标在导引头视场中的正交投影情况分别如图 6.8(a) 和图 6.8(b) 所示。

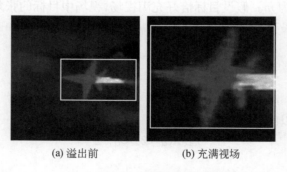

　　　(a) 溢出前　　　　　　　　　　　　(b) 充满视场

图 6.8　目标充满视场前后示意图

6.5.2　局部跟踪点的选择和关键攻击部位的确定

局部图像跟踪算法要保证已确认目标的连续有效跟踪。由于红外成像制导导弹导引头瞬时视场小,再加上飞行过程中由受到振动、冲击和摆动所引起的导引头视场的抖动,过大的跟踪点如发动机尾焰很容易再次溢出视场。因此,局部图像跟踪点的选择应当从易于识别和有利于缩短跟踪盲区两个方面综合考虑。

对不同种类的飞机目标来说,机头形状具有相似性和轴对称性,是共有的重要特征。该特征受飞机飞行姿态的影响较小,易于实现快速自动识别和在相邻帧机头特征点之间建立对应。此外,红外图像中机头这类圆锥形特征只需通过简单的图像处理方法就可以将其位置精确地提取出来。因此,在局部成像跟踪阶段可以选择机头部位作为跟踪点。不过,在尾追情况下,考虑到遮挡,则需要选择机尾或尾焰作为局部图像跟踪点。总之,局部图像跟踪部位的选择要综合考虑弹目交会姿态以及目标运动情况等因素来确定。

机头位置的准确获取与机轴的确定密切相关。末段跟踪过程中,目标的姿态难以发生剧烈变化,在导弹运动状态相对稳定时,图像中机轴方向变化也不大。这样,根据先前帧中机轴的方向可以预测当前帧中机轴的方向,限定轴线方向的搜索范围,从而降低计算量,提高机轴提取的精度。

末段跟踪过程中,可认为特征部位到关键部位的偏移量变化符合目标尺寸的变化规律,在计算出弹道终端前跟踪过程中的偏移量后,便能根据规律推断出末段跟踪过程中的偏移量。为提高计算精度,计算偏移量时以目标溢出视场前最后一段图像序列推测出的尺寸的变化规律为准。

假定目标溢出视场时刻弹目距离为 R_0,导引头帧周期内弹目距离的变化均值为 ΔR,则末段所需偏移量与进入弹道终端前的末帧中对应偏移量的比例关系可表达为

$$l_n/l_e = R_0/(R_0 - n \cdot \Delta R) \qquad (6.57)$$

式中,l_e 是进入弹道终端前的末帧中特征部位到关键部位的距离;l_n 为末段的第 n 帧图像中特征部位到关键部位的距离。

6.6　小　　结

本章重点阐述了基于遗传重采样粒子滤波的红外图像运动目标跟踪。从改进粒子重采样策略出发,提出基于遗传重采样的粒子滤波算法。该算法将遗传算法应用于粒子的重采样过程中,在保留优良粒子的基础上,实现了粒子集合的多样性。基于遗传重采样的粒子滤波算法在解决粒子退化问题的同时很好地避免了粒子的匮乏。理论分析和实验结果表明,该算法的整体滤波效果要优于常用的重采样粒子滤波,它仅需要较少的粒子就可以达到常用的重采样粒子滤波使用较多粒子才能达到的精度,这会大大加快粒子滤波算法的计算速度,缩短其与实际应用间的距离。此外,针对红外飞机目标溢出视场后关键攻击部位的跟踪方法,本章进行了讨论并给出了相关解决方案。

参 考 文 献

[1]方斌,陈天如. 空空导弹红外成像制导关键技术分析. 红外技术,2003,25(4):45-58.

[2]王宏波,庄志宏,张清泰. 新型红外成像引信瞄准点识别算法研究. 红外技术,2003,25(1):392-396.

[3]王宏波,等. 红外成象型空空导弹目标识别与跟踪算法研究. 探测与控制学报,2003,12:1-6.

[4]Jazwinski A H. Stochastic Process and Filtering Theory. New York:Academic Press,1970.

[5]Anderson B,Moore J. Optimal Filtering. New York:Prentice Hall Press,1979.

[6]Aspach D L,Sorenson H W. Nonlinear Bayesian estimation using Gaussian sum approximation. IEEE Transactions on Automatic Control,1972,17(4):439-448.

[7]Bucy R S,Senne K D. Digital synthesis of nonlinear filter. Automatica,1971,7:287-298.

[8]Julier S J,Uhlmann J K,Durrant-Whyte H F. A new approach for filtering nonlinear systems. Proceedings of the American Control Conference,1995,3:1628-1632.

[9]Vander R,Wan E A. The square-root unscented Kalman filter for state and parameter-estimation. Proceedings of the International Conference on Acoustics,Speech,and Signal Processing,2001,6:3461-3464.

[10]Julier S J,Uhlmann J K. Unscented filtering and nonlinear estimation. Proceedings of the IEEE Aerospace and Electronic Systems,2004,92(3):401-422.

[11]Liu J S,Chen R. Sequential Monte Carlo methods for dynamical systems. Journal of the American Statistical Association,1998,93(5):1032-1044.

[12]Arulampalam S,Maskell S,Gordon N. Tutorial on particle filters for online non-linear/non-Gaussian Bayesian tracking. IEEE Transactions on Signal Processing,2002,50(2):174-188.

[13]Doucet A,Godsill S J,Andrieu C. On sequential Monte Carlo sampling methods for Bayesian filtering. Statistics and Computing,2000,10(3):197-208.

[14]Gordon N J,Salmond D J,Smith A F M. Novel approach to nonlinear/non-Gaussian Bayesian state estimation. IEEE Proceedings on Radar and Signal Processing,1993,140(2):107-113.

[15]Nummiaro K,Koller-Meier E,van Gool L. An adaptive color-based particle filter. Image and Vision Computing,2003,21(1):99-110.

[16]Birchfield S T,Rangarajan S. Spatiograms versus histograms for region-based tracking. Proceedings of IEEE Computer Society Conference on Computer Vision and Pattern Recognition,San Diego,2005:1158-1163.

[17] Li A, Jing Z, Hu S. Particle filter based visual tracking with multi-cue adaptive fusion. Chinese Optics Letters,2005,3(6):326-329.

[18]DeCarlo D,Metaxas D. Optical flow constraints on deformable models with applications to face tracking. International Journal of Computer Vision,2000,38(2):99-127.

[19]Jepson A D,Fleet D J,El-Maraghi T F. Robust online appearance models for visual track-

ing. IEEE Transactions on Pattern Analysis and Machine Intelligence，2003，25（10）：
1296-1311.

[20]Viola P，Jones M J. Robust real-time face detection. International Journal of Computer Vi-
sion，2004，57(2)：137-154.

[21]Ojala T，Pietikainen M，Maenpaa T. Multiresolution gray-scale and rotation invariant texture
classification with local binary patterns. IEEE Transactions on Pattern Analysis and Ma-
chine Intelligence，2002，24(7)：971-987.

[22]Wen-Yan C，Chu-Song C，Yi-Ping H. Discriminative descriptor-based observation model for
visual tracking. Proceedings of 18th International Conference on Pattern Recognition，Hong
Kong，2006：83-86.

[23]Yang C，Duraiswami R，Davis L. Efficient mean-shift tracking via a new similarity measure.
Proceedings of IEEE Computer Society Conference on Computer Vision and Pattern Recogni-
tion，San Diego，2005：176-183.

[24]Wang H，Suter D，Schindler K. Effective appearance model and similarity measure for particle
filtering and visual tracking. Proceedings of 9th European Conference on Computer Vision，
Graz，2006：606-618.

[25]Collins R T， Liu Y X， Leordeanu M. Online selection of discriminative tracking fea-
tures. IEEE Transactions on Pattern Analysis and Machine Intelligence， 2005， 27（10）：
1631-1643.

[26]Wang J，Chen X，Gao W. Online selecting discriminative tracking features using particle fil-
ter. Proceedings of IEEE Computer Society Conference on Computer Vision and Pattern
Recognition，San Diego，2005：1037-1042.

[27]Avidan S. Support vector tracking. IEEE Transactions on Pattern Analysis and Machine In-
telligence，2004，26(8)：1064-1072.

[28]Liu J S，Chen R，Logvinenko T. A theoretical framework for sequential importance sampling
and resampling//Sequential Monte Carlo in Practice. New York：Springer-Verlag，2001：
225-246.

[29]杜正聪. 粒子滤波及其在 MIMO 无线通信中的应用研究. 成都：电子科技大学硕士学位论
文，2008：79-95.

[30]冯驰，王萌，汲清波. 粒子滤波器重采样算法的分析与比较. 系统仿真学报，2009，21(4)：
1101-1106.

第 7 章　红外成像制导中的目标识别

7.1　引　　言

目标的分类与识别是自动目标识别系统的关键步骤,属于模式识别技术的范畴。在通常理论意义上,模式识别的概念和集合的概念是分不开的,只要认识这个集合中的有限数量的事物和现象,就可以识别属于这个集合中的任意多的事物和现象。为了强调从一些个别事物或现象的总体,我们把这样一些个别的事物或现象称为模式,而把具体的对象称为样本,把从模式组成模式类的过程称为从样本组成模式的过程。模式和模式类就相当于集合论中的子集和元素。自返、对称和传递关系同时存在时称为等价关系,满足等价关系的集合必定可以划分为若干子集。模式识别是研究人类识别能力的数学模型,借助计算机在技术上实现该模型的科学。模式识别方法是通过对大量模式资料的处理,从各个方面,不同角度将模式的重要特性提取出来,经综合分析、学习,实现对未知模式的分类与识别。

模式识别属于信息、控制和系统科学的范畴,随着大规模集成技术的发展以及计算机性能与价格比的迅速提高,无论在理论上,还是在应用上,模式识别技术都有显著的发展,大大推动了以计算机为基础的具有智能性质的自动化系统的实际应用,促进了人工智能、专家系统、动态景物分析和三维图像识别等许多新的学术方向和新技术的产生与发展。目前,模式识别已经形成完整的理论体系,在国民经济、国防建设、社会发展、人民生活的各个方面得到广泛应用。它的基本思路是模仿人的思维方式,因此具有很高的智能化程度和远大的前途。只是目前还有一些问题诸如人类思维、联想、学习、推理等机理还未解决,其智能化程度还远不及人类。到目前为止,模式识别已被广泛应用于语音识别、文字识别、语音合成、目标识别与分类和图像分析与识别等方面。

目标识别是对经过处理的输入图像进行特征提取,如抽出图像的边缘轮廓,进行区域分割等,然后根据这些特征利用模式匹配、判别函数等识别理论对图像进行分类。图像识别以研究图像的分类与描述为主要内容,找出图像各部分的形状特征,即特征提取。目标识别的主要任务是要确定图像中是否存在感兴趣的目标,并给目标以合理的解释。目前常用的目标识别算法有两种,一种称为由下而上的数据驱动型,另一种是由上而下的知识驱动型。数据驱动型不管识别目标属于何种类型,先对原始图像进行一般性的分割、标记和特征提取等低层处理,然后将每个带标记的已分割区域的特征矢量集与目标模型相匹配。目标识别过程包括低层处理和高层匹配、解释等两个互不相关的过程。其优点是适用面广,对单目标识别及复杂景物分析系统均适用,具有较强的代换性。缺点是在分割、标记、特征提取等低层处理过程中缺乏知识指导,盲目性大,工作量大,匹配算法比较复杂。知识驱动型需要根据识别目标的模型,先对图像中可能存在的特征提出假设,根据假设由目的地进行分割、标记、特征提取,在此基础上和目标模型进行精匹配,以进行目标识别。由于其底层处理是在知识指导下的粗匹配过程,可避免抽取过多不必要的特征集,提高算法的效率,其精匹配过程也因而变得简单和有针对性。缺点是代换性和兼容性差,待识别目标改变,知识和假设要随之改变。

目标识别结果在很大程度上依赖于特征的目标鉴别能力、特征本身的准确度和可靠性。自动目标识别本质上就是一个特征识别问题,目标特征的选择和提取决定着自动目标识别系统的性能。本章以红外成像制导空空导弹攻击飞机目标为例,重点阐述了飞机飞行姿态和关键攻击部位的特征提取和识别方法。

7.2　目标分类与识别的特征概述

在自动目标识别系统中,特征的提取是关键的步骤,是目标识别的依据。特征提取是对前面几个步骤后的结果图像进行分析,去粗存精的过程。由于原始图像数据量相当大,需要把这些数据转换为若干个特征,这称为特征提取。图像的特征是用来描述图像内容的属性,理想的图像特征应该具有直观意义,符合人们的视觉特性,且应具备较好的分类能力,能够区分不同的图像内容。图像特征应具备平移、尺度、旋转等不变性。这是因为人们通常认为图像经过平移、旋转和尺度变化后,图像的内容并没有改变,最后特征计算应该相对简单,以便于快速识别。

从数学角度来讲,特征提取相当于把一个物理模式变为一个特征向量,如果抽取了 m 个特征,则此物理模式可用一个 m 维特征向量描述,表现为 m 维空间的一个点。特征提取的目的是获得一些最有效的特征量,从而使同类目标有最大的相似性,不同类的目标具有最大的相异性,同时提高分类效果,降低存储器的存储要求。通常要求提取的特征具有以下四个特点:

(1)可靠性,即能真实、准确地反映图像的独特属性;

(2)可区分性,即不同图像的特征量之间具有明显的差异;

(3)独立性,即一个图像的若干个特征之间彼此不相关;

(4)数量要少,即要尽可能地避免冗余。

以上四个特点即为要求提取的特征要反映目标的最本质的内容,是该图像独特拥有的用于区别于其他图像的最基本的属性和特征。

7.2.1　目标识别的常用图像特征

目标识别的特征根据识别情况可分为两类：全局的和局部的特征。全局特征包括矩特征、傅里叶描绘子、自回归模型等，通常是由 XY 坐标、链码、轮廓序列来计算的，代表了整个目标，它对于随机噪声具有鲁棒性，但是当目标有部分缺损时，由于全局特征是基于整体统计特性的特征，受缺损部分的影响很大，因此识别效果将会变差。这说明全局特征用于自动目标识别系统中其性能将受到限制。局部特征代表了目标的局部信息，这些局部信息通常是指目标边界上关键点之间的部分，而关键点又是边界上的高曲率点，一般由角点检测或多边形近似的算法来得到，局部特征既有由计算顶点处的角度和相邻边的长度来得到，也有用求局部轮廓序列等方法来得到。识别时即使目标的一部分局部特征有所改变，而其余部分的局部特征仍然存在。因此局部特征对于目标受到遮挡或部分缺损具有较好的识别，但是对于噪声较为敏感。

图像特征可以是原景物中人类视觉可以鉴别的自然特征，如像素灰度值、景物边缘轮廓、纹理结构等，也可以是通过对图像进行测量和处理从而人为定义的某些特性或参数，它们称为人工特征，如图像振幅直方图、图像的频谱等。图像特征的提取在图像处理中占有重要的地位。特征提取是图像识别的必要条件，决定着图像识别的成功率。目前用于识别的图像特征可表述如下：

（1）幅度特征：图像像素灰度值（或 RGB 值）、频谱值等表示的幅值特征是图像的最基本特征。

在所有的图像特征中最基本的是图像的幅度特征。可以在某一图像点或其邻域得到幅度的测量，例如，在 $[2N+1,2N+1]$ 区域内的平均幅度为

$$F(i,j) = \frac{1}{(2N+1)^2} \sum_{m=-N}^{N} \sum_{n=-N}^{N} f(i+m,j+n) \tag{7.1}$$

可以直接从像元的灰度等级，也可以从某些线性、非线性变换中构成新的图像幅度空间要求的图像特征图。

（2）图像的统计特征：主要有直方图特征、统计性特征（如均值、方差、能量、熵等）、描述像素相关性的统计特征（如自相关函数、协方差等）。

一幅图像可以看做一个二维随机过程的一个样本，可以用联合概率分布来描述。通过测得图像各像素的灰度值，可以估计出像素的概率分布，从而得到图像的直方图特征。

（3）变换系数特征：如傅里叶变换系数、哈达玛变换、K-L 变换等。

二维变换得出的系数反映了二维变换后在频率域的分布情况，常可用二维傅里叶变换作为一种图像的提取方法：

$$F(u,v) = \int_{-\infty}^{\infty} \int_{-\infty}^{\infty} f(x,y) \mathrm{e}^{-\mathrm{j}2\pi(ux+vy)} \mathrm{d}x \mathrm{d}y \qquad (7.2)$$

(4)图像的几何特征：主要有面积、周长、曲线的斜率和曲率、凹凸性、拓扑特性等。

(5)图像边缘特征：图像的灰度、纹理的改变或不连续是图像的重要特征，图像幅度水平的局部不连续性被称为边界，一个理想的边缘检测器应该能指出边缘存在。边缘检测的通常方法是对图像进行预处理，然后设立门限，通过阈值操作确定出明显边缘的像素位置。由于图像的空间幅度分布有时为正向变化，有时为负向变化，因此门限值应随着空间总体幅度的变化而变化，门限设得过高，将漏掉小幅度变化的边缘，门限设得过低，将出现由噪声引起的许多虚假的图像边缘。

(6)相关系数：对两幅图像进行比较，判断其相似性以进行分类。相似性度量的第一个候选方案就是模板和待识别目标之间的相似度。若令 $m(i,j)$ 表示模板图像，$f(m,n)$ 表示待测目标，可以计算出两幅图像的相似度：

$$\mathrm{corr} = \frac{\mathrm{Trace}(M(i,j)^{\mathrm{T}} \times F(i,j))}{\sqrt{\mathrm{Trace}(M(i,j)^{\mathrm{T}} \times M(i,j)) \times \mathrm{Trace}(F(i,j)^{\mathrm{T}} \times F(i,j))}} \qquad (7.3)$$

可以看出，若直接利用图像的相似度来对图像进行识别，由式(7.3)可知，它只是利用了图像的总体灰度值进行识别，图像的很多细节都忽略了，对识别精度有很大影响，且若对一图像序列进行识别，每两幅图像都得通过此公式计算其相似度，运算量太大。

(7)纹理特征：在许多类图像中，纹理是一种十分重要的特征。纹理表现为所观察到的图像子区域的灰度变化规律。例如，在遥感图像中，沙漠图像的灰度空间分布性质与森林图像的灰度分布性质有着明显的区别。许多人试图对纹理给出某种定性的定义，然而，准确的纹理定义是不存在的。纹理有三个主要标志：①某种局部的序列性在比该序列更大的区域内不断重复；②序列是由基本部分非随机排列组成的；③各部分大致都是均匀的统一体，在纹理区域内的任何地方都有大致相同的结构尺寸。

(8)矩特征：正如在概率中用随机变量的各阶矩代替其分布律来描述该随机变量的统计特征一样，用图像灰度分布的各阶矩来描述图像灰度分布的特性，这些特征对于图像的旋转、比例和平移变化都是恒定的。通过各阶中心矩，获得不变量以进行识别。

(9)点和线的特征：如果一个小区域之灰度幅值和它的邻域值相比有着明显的差异，则称这个小区域为一图像点。若在一对相邻边缘中间存在一个窄区域，在该区域中灰度具有相同的振幅特性，称此区域为线或条。若一块有限面积被一封闭边缘包围，则称为图像区域。点、线和边缘特征的提取方法通常是用模板匹配的方法。

考虑到图像的特点,自然会想到在模板图像中选取一组在运动中具有不变性质的结构特征点,如灰度局部极大值点、局部边缘、角点等,与所需识别的目标图像中的同类点进行比较,从而达到识别的目的。利用特征点进行识别可以使处理的数据量大大减少,且特征点选取适当,可使得目标发生几何变化时,对识别精度的影响减到最小。特征点的选取应遵循以下原则:①在不同时刻的图像中,都位于物体图像的相同位置上;②应当具有较大灰度变化的区域中心;③以特征点为中心,所有方向的灰度方差应当较大,以免发生混淆。

7.2.2　不变性特征的基本概念

一个目标经过某种变化后仍能被视为同一模式,这说明存在某些特征经历这种变化后保持不变,这些特征反映了不同模式之间的本质差异,可根据它们来判别不同的目标。

在图像识别中,一般希望提取的特征在目标经历一个或几个变换后仍然保持稳定,而且与目标所处的环境和条件无关,这样的特征称为不变性特征。目标不不变性特征的研究是模式识别领域的难点和热点。通常希望目标的特征相对于图像的旋转、平移和尺度缩放(rotation translation scaling,RTS)是不变的,这也称为RTS不变性。对目标的特征提取与选择要尽量满足以下几点要求:

(1)特征的类间距离远大于类内距离,即分离性好;

(2)提取的特征相对目标的可变参量(如位置、尺度、角度等)具有不变性;

(3)特征要稳定而且易于提取。

一般而言,在三维空间中的目标成像要经过透视变换。但是,对于远距离的目标成像,场景中目标和摄像系统之间的距离远大于目标自身的深度变化。当目标在光轴附近且运动量不大时,可以认为该场景是由一些平面物体及其背景构成的,进而可将三维空间目标的平移、旋转以及比例放缩等变换,近似为目标在图像平面中的相应变换。

7.2.3　目标不变性特征选择

如何根据目标的特点和具体任务的要求,找到合理的目标特征描述将直接关系到自动目标识别系统性能的好坏。目标特征提取与选择要从实际出发,针对不同的识别对象,同时考虑工程实现的难易性和可行性。由于本章要识别的对象是在三维空间中做随机运动的红外飞机目标,其飞行姿态千变万化,在红外图像中表现出的形态差异很大,因此研究目标的RTS不变量描述非常重要。目前本领域研究较多的目标不变性特征主要有傅里叶描述子、分形维数、不变矩等。

1)傅里叶描述子

傅里叶描述子以曲线切线的倾斜角、曲率或曲线上点的位置为基础,利用一系列傅里叶系数来表示闭合曲线形状特征。它只能表征闭合曲线的形状,当提取的目标边界是断续的或者复合的,必须进行边缘链接和细化处理才能得到单像素的封闭边界曲线,这是一项比较耗时和困难的任务。

2)分形维数

大多数自然景物表面满足分形模型,分形维数大体上反映物体表面的粗糙程度,并且其光照图像灰度值也具有分形特性。对于自然场景中的人造目标,其一般由一些简单的圆、直线等规则形体构成,不适合分形模型。自然景物和人造景物的这种差别提供了一种基于分形维数的图像目标检测和识别方法。

但是,由于红外图像的对比度低、图像模糊以及易受噪声干扰等缺点,影响了物体分形维数的计算精度。此外,由于红外图像反映的是物体的温度辐射度,温度相同的物体在红外图像中表现为相同的灰度等级,这使得有些表面虽然粗糙但温度一致性好的自然景物,其灰度值表现出较好的均一性,这时分形维数较难区分自然物体和人造目标。所以,分形特征并不适合用于红外图像目标的识别。

3)矩不变量

区域矩利用目标区域的灰度分布构造各阶矩函数,进而描述目标的灰度分布特性及形状。通过各阶矩可以构造具有 RTS 不变性的函数式,从而得到反映目标内在属性的仿射不变量。Hu 在 1962 年提出了基于区域的不变矩概念[1],由于充分利用了目标区域内部和边界的信息,较全面地反映了目标的本原特征,其有效性引起了众多学者的关注。目前,矩不变量作为目标的特征已经得到了广泛应用。

7.3　飞机目标及其背景的红外特性

7.3.1　飞机的红外特性

喷气式飞机的红外辐射来源于被加热的金属尾喷管热辐射、发动机排出的高温尾喷气柱辐射、飞机飞行时气动加热形成的蒙皮热辐射、对环境辐射(太阳、地面和天空)的反射。图 7.1 是喷气式飞机辐射源光谱分布特性[2,3]。

喷气式飞机因所使用的发动机类型、飞行速度、飞行高度以及有无加力燃烧等因素,其辐射情况有很大的区别。涡轮喷气发动机主要有两个辐射源:尾喷管和气柱。从飞机尾后来看,无加力燃烧时,尾喷管的辐射大于气柱辐射;但加力燃烧时,气柱就成了主要辐射源了。

飞机发动机工作时,尾喷口的温度一般为 500~1000K,甚至更高。尾喷管实际上是被排出的气体加热的圆柱形腔体,其温度等于排出气体的温度,而面积等于排气喷嘴的面积。其辐射强度与探测角有很大关系,尾后较强,随探测角的增加辐射强度降低。

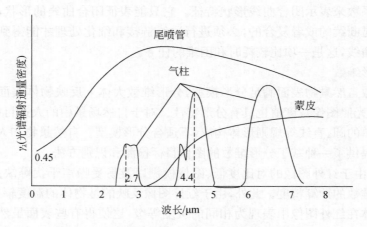

图 7.1　喷气式飞机辐射的光谱分布

　　气柱辐射的主要成分为波长 $2.7\mu m$、$6.3\mu m$ 处的水蒸气辐射和 $4.4\mu m$ 处的二氧化碳的分子辐射。对于响应 $3\sim5\mu m$ 的系统,随着排气离开喷口的距离增加,气柱的温度剧烈下降。在无加力燃烧时,气柱辐射强度的平均值约为尾喷管的 $1/10$。

　　当飞机超音速飞行时,蒙皮的气动加热是长波段的主要辐射源。蒙皮发热是由停留在飞机外表的空气分子的摩擦引起的。光谱分布如图 7.1 所示,$3\sim5\mu m$ 范围内,蒙皮的辐射量比尾喷管和尾焰都要低,其辐射能量可由以下驻点温度计算公式求得[4]:

$$T_s = T_0\left[1 + k\left(\frac{\gamma-1}{2}\right)Ma^2\right] \tag{7.4}$$

式中,T_0 为周围大气温度;k 为恢复系数,其值决定于附面层中气流的流场,层流取 0.82,紊流取 0.87;γ 为空气的定压热容量和定容热容量之比,通常取 1.3;Ma 为飞行马赫数。该公式适用于速度小于 10 马赫的运动目标。

　　因为太阳光是近似 6000K 的黑体辐射,所以飞机反射的太阳光谱类似于大气衰减后的 6000K 黑体辐射光谱。飞机反射的太阳光辐射主要在近红外 $1\sim3\mu m$ 和中红外 $3\sim5\mu m$ 波段内。而飞机对地面和天空热辐射的反射主要在中红外 $3\sim5\mu m$ 和远红外 $8\sim12\mu m$ 波段内。

　　红外导引头接收区域多设在 $3\sim5\mu m$,导引头采集到的图像中,目标根据亮度不同可以分成三个部分:飞机蒙皮、尾喷管和气柱。普通飞行状态下,尾喷管的亮度比气柱高,面积也比气柱大;加力时气柱亮度与尾喷管相近,面积却比尾喷管大很多,是主要的辐射源;分割图像时,常将气柱和尾喷管看做一个整体,统称为尾焰部分。这样整个图像就由背景、机身和尾焰三部分组成。

7.3.2　背景辐射

地球表面的环境温度在一年四季、一天 24 小时内随气候、太阳的位置变化而改变,处于其中的物体温度也随其环境温度的变化而改变,表现出不同的红外辐射特性。白天地球表面的红外辐射由两部分组成,即地球表面的热辐射和反射的太阳辐射。夜间,反射的太阳辐射部分消失,而地球本身的红外辐射较强,它较快地将白天吸收和存储的热量辐射出来,逐渐形成夜间近地面空气层温度倒置的情况。

空空弹红外成像制导系统面对的目标背景可能是天空、地面或海洋等,背景辐射在红外探测器上所形成的辐照度在某种条件下会比目标在探测器上产生的辐照度高出几个数量级,并且变化复杂,而地面和海洋背景比天空背景的研究内容更复杂,对实战的意义更明显。试验表明,同一型号的空空弹对目标背景为天空的靶试成功率远远高于目标背景为地面的靶试,其主要原因之一是地面各种物质如岩石、草地、植被、水域、覆雪、山麓、房屋建筑等对天空辐射的反射率相差太大。

天空背景辐射是由太阳辐射的散射和大气成分的辐射引起的;大气温度很低,自身的热辐射可以忽略;大气对太阳光的散射主要在 $2\sim3\mu m$ 的近红外区,散射强度随着与太阳的方位角的减小而逐渐增大。云团自身的热辐射在 $4\mu m$ 以上,而对阳光的反射主要集中在 $4\mu m$ 以下。天空背景中对红外成像制导导引头影响比较大的是受太阳光照射的亮云。

7.4　红外飞机目标飞行姿态的判别

空空导弹在攻击目标过程中,为了提高制导精度,加大毁伤效果,必须选择被攻击目标的薄弱或关键部位进行打击。飞机是空空导弹攻击的主要目标之一,红外成像制导武器通过探测飞机的红外辐射来发现、识别、跟踪进而打击目标。由于大气对红外辐射的吸收和散射作用,只留下三个重要的窗口区,即 $1\sim3\mu m$、$3\sim5\mu m$ 和 $8\sim12\mu m$ 可让红外辐射通过,因而在军事应用上,又分别将这三个波段称为近红外、中红外和远红外。在 $3\sim5\mu m$ 波段,飞机红外辐射主要由尾喷管和尾焰组成,飞机蒙皮辐射只有在较近距离才能探测到[5]。尾喷管和尾焰的红外辐射强,因而将其作为较远距离时的跟踪点是可行的。但由于当前空空导弹的毁伤半径一般小于待攻击的飞机机长,如果以得到的跟踪点来进行攻击,可能无法对目标造成致命的打击。因此,有必要对飞机的红外图像进行处理,识别出驾驶舱、发动机等关键部位作为攻击点。关键部位的识别与红外成像时飞机飞行的姿态具有一定的关系,飞行姿态不同,关键部位的选择方法也会产生差异。

目前,已有不少学者对基于红外图像的飞机目标识别展开了研究。赵芹等从 Hu 矩和仿射不变矩中提取特征量来识别飞机目标并对飞行姿态进行判断[6];荆文芳则将矩特征与飞机目标的红外特征结合起来进行识别[7];涂建平等通过对飞机目标进行骨架提取、霍夫变换等过程,检测飞机机轴,识别飞机机头[8]。以上研究均取得了不错的效果,但他们均没有对飞机目标的关键攻击部位识别作进一步的讨论。

本章接下来提出了一种基于飞机飞行姿态识别进而选择攻击关键部位的方法。该方法首先针对红外飞机图像的特点,利用 FCM 聚类算法将其分为红外背景、机身和尾焰三部分。然后,对得到的飞机整体计算 Hu 矩和归一化转动惯量(normalized moment of inertia,NMI)来构成组合矩并结合目标的几何特性实现飞机飞行姿态的识别。在此基础上,求取飞机整体、飞机机身和尾焰部分的质心并通过几何运算来获得稳定的机头、机轴、机翼或尾翼。这里广义的尾焰部分包含尾喷管和尾焰辐射。最后,按照一定的比例关系计算出关键部位如驾驶舱的位置。同时,为了提高算法的实现速度和精度,利用当前帧得到的稳定参数来指导后续帧关键部位识别。

7.4.1 目标几何不变矩特征提取

红外飞机图像按照辐射特性可以分为背景、机身和尾焰三部分。图 7.2 是经过降噪处理的具有不同飞行姿态的红外飞机图像。

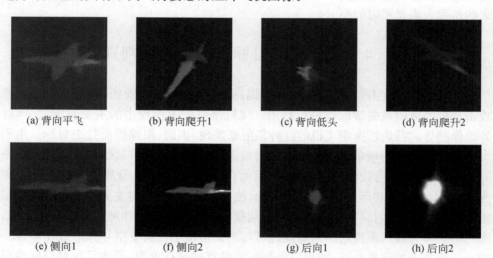

(a) 背向平飞　　　　(b) 背向爬升1　　　　(c) 背向低头　　　　(d) 背向爬升2

(e) 侧向1　　　　(f) 侧向2　　　　(g) 后向1　　　　(h) 后向2

图 7.2　经过降噪处理的具有不同飞行姿态的红外飞机图像

飞机飞行姿态的确定对于空空导弹攻击点的选择至关重要,而不同姿态下显著性特征的提取是关键。本章采用一种新的对于平移、旋转和放缩具有不变性的组合矩来描述特征,该组合矩由基于区域的 Hu 矩和归一化转动惯量[9]构成。

一幅图像 $f(x,y)$ 的二维 $(p+q)$ 阶原点矩定义为

$$m_{pq} = \sum_x \sum_y x^p y^q f(x,y) \tag{7.5}$$
$$p,q = 0,1,2,\cdots$$

相应的中心矩定义为

$$\mu_{pq} = \sum_x \sum_y (x-\bar{x})^p (y-\bar{y})^q f(x,y) \tag{7.6}$$

式中,$\bar{x}=\dfrac{m_{10}}{m_{00}}$,$\bar{y}=\dfrac{m_{01}}{m_{00}}$ 代表图像的质心。

归一化的 $p+q$ 阶中心矩为

$$\eta_{pq}=\frac{\mu_{pq}}{\mu_{00}^{\gamma}}, \quad \gamma=\frac{p+q}{2}+1 \tag{7.7}$$

Hu 提出的七个二维不变矩如下:

$\phi_1 = \eta_{20} + \eta_{02}$

$\phi_2 = (\eta_{20} - \eta_{02})^2 + 4\eta_{11}^2$

$\phi_3 = (\eta_{30} - 3\eta_{12})^2 + (3\eta_{21} - \eta_{03})^2$

$\phi_4 = (\eta_{30} + \eta_{12})^2 + (\eta_{21} + \eta_{03})^2$

$\phi_5 = (\eta_{30} - 3\eta_{12})(\eta_{30} + \eta_{12})[(\eta_{30} + \eta_{12})^2 - 3(\eta_{21} + \eta_{03})^2] + (3\eta_{21} - \eta_{03})(\eta_{21} + \eta_{03})$
　　　$\cdot [3(\eta_{30} + \eta_{12})^2 - (\eta_{21} + \eta_{03})^2]$

$\phi_6 = (\eta_{20} - \eta_{02})[(\eta_{30} + \eta_{12})^2 - (\eta_{21} + \eta_{03})^2] + 4\eta_{11}(\eta_{30} + \eta_{12})(\eta_{21} + \eta_{03})$

$\phi_7 = (3\eta_{21} - \eta_{03})(\eta_{30} + \eta_{12})[(\eta_{30} + \eta_{12})^2 - 3(\eta_{21} + \eta_{03})^2] + (3\eta_{12} - \eta_{30})(\eta_{21} + \eta_{03})$
　　　$\cdot [3(\eta_{30} + \eta_{12})^2 - (\eta_{21} + \eta_{03})^2]$

$$\tag{7.8}$$

7.4.2　目标归一化转动惯量及组合矩特征提取

此外,图像的归一化转动惯量具有良好的缩放、旋转和平移不变性,能够较好地描述目标特征,它的定义如下:

$$\mathrm{NMI} = \frac{\sqrt{J}}{\displaystyle\sum_x \sum_y f(x,y)} \tag{7.9}$$

式中,J 是灰度图像绕质心的转动惯量,其表达式为

$$J = \sum_x \sum_y ((x-\bar{x})^2 + (y-\bar{y})^2) f(x,y) \tag{7.10}$$

至此,将七个 Hu 矩以及 NMI 结合成组合矩,来表征飞机飞行姿态的特征:

$$L=[\phi_1,\phi_2,\phi_3,\phi_4,\phi_5,\phi_6,\phi_7,\mathrm{NMI}] \tag{7.11}$$

在实际的应用过程中,为了缩小矩特征的动态范围,并且避免处理负值,对矩作如下处理:

$$L' = \mathrm{abs}(\ln L) \tag{7.12}$$

本节将 L' 作为区别飞行姿态的显著特征。

7.4.3　飞行姿态的判别

利用最小最大距离法确定初始聚类中心的 FCM 算法对图 7.2 进行分割,效果如图 7.3 所示。

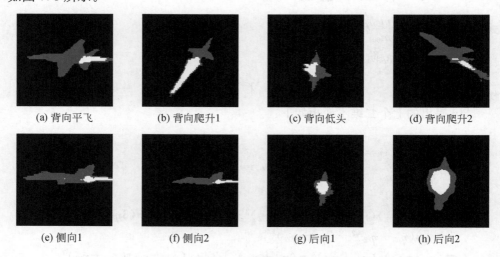

(a) 背向平飞　　　(b) 背向爬升1　　　(c) 背向低头　　　(d) 背向爬升2

(e) 侧向1　　　　(f) 侧向2　　　　(g) 后向1　　　　(h) 后向2

图 7.3　分割图像

图 7.3 所示的分割结果用三种灰度分别表示背景、机身和尾焰。从中可以看出,FCM 算法较好地完成了图像的分割,为后续处理打下良好的基础。

对图 7.3 中的图像计算组合矩。图 7.4 是对图 7.3(b)分别经过平移、放缩、旋转后得到的,图 7.3(b)及其变换的组合矩如表 7.1 所示,从中可看出其不变性。图 7.3 中各分割图像所代表的各种飞行姿态的组合不变矩如表 7.2 所示,从中可以看出,背向、侧向与后向特征差异明显,但也有背向飞行姿态与后向姿态特征相似,如图 7.3(c)所示,这说明,在后向类中还需要进一步鉴别。从表 7.2 中还可看出,NMI 特征比 Hu 的一些矩如 ϕ_4、ϕ_5 的分辨力更强,在判断飞行姿态上加入 NMI 的组合矩比单纯的 Hu 矩效果要好。在实际使用组合矩作为特征进行姿态识别前,

(a) 平移　　　　　　(b) 比例　　　　　　(c) 旋转

图 7.4　图 7.3(b)的平移、比例、旋转图像

先对一些典型飞机飞行姿态进行建模,得到组合矩的理论值。在实际识别时,通过比较实际计算值与理论值的距离来进行姿态的判别。

表 7.1　图 7.3(b)及其变换的组合不变矩

图像	ϕ_1	ϕ_2	ϕ_3	ϕ_4	ϕ_5	ϕ_6	ϕ_7	NMI
图 7.2(b)	6.07607	12.3526	20.9855	22.3332	44.0291	28.5784	45.3191	3.03804
图 7.3(a)	6.07607	12.3526	20.9855	22.3332	44.0291	28.5784	45.3191	3.03804
图 7.3(b)	6.06269	12.3188	21.128	22.6148	44.5529	28.8798	45.5263	3.03135
图 7.3(c)	6.07823	12.3556	20.9966	22.3096	43.9931	28.5478	45.3765	3.03912

表 7.2　图 7.3 各姿态的组合不变矩

图像	ϕ_1	ϕ_2	ϕ_3	ϕ_4	ϕ_5	ϕ_6	ϕ_7	NMI
图 7.2(a)	6.0703	12.7485	21.3868	20.9949	42.1868	27.3721	45.4298	3.03515
图 7.2(b)	6.07607	12.3526	20.9855	22.3332	44.0291	28.5784	45.3191	3.03804
图 7.2(c)	6.75238	15.9573	25.107	23.9392	48.5923	32.5711	50.0113	3.47619
图 7.2(d)	5.64932	11.5482	20.9777	22.3305	44.0357	28.5802	45.2592	3.12466
图 7.2(e)	5.46429	11.0518	18.2279	18.4344	36.7663	23.9622	40.2122	2.73214
图 7.2(f)	5.36146	10.8208	18.2617	18.4981	36.8782	23.9205	40.9038	2.68073
图 7.2(g)	6.89482	15.1859	23.8781	24.4932	48.6955	32.101	50.3894	3.44741
图 7.2(h)	7.00721	15.4904	23.3757	24.2783	48.1088	32.0392	50.5862	3.50361

　　不同飞行姿态的关键攻击部位识别方法是不一样的,本节以驾驶舱为例加以说明。本节讨论背向平飞、背向爬升、背向低头、侧向平飞、后向五种相对于摄像机的飞机飞行姿态。对于导弹尾后攻击的情况,由于图像中无法或较少体现飞机机身、机翼等信息,而飞机尾焰红外辐射强,故跟踪点可选为飞机的质心并将之作为攻击点。在由组合矩判别得到的后向飞行姿态基础上,本节给出进一步筛选的判据:计算机身区域与尾焰区域的面积比值,如果该值大于给定阈值,说明图像中包含较多的飞机结构信息,则认为是背向姿态,否则判断为后向姿态。面积比公式如下:

$$\text{ratio}S = \frac{\sum\limits_{x}\sum\limits_{y}S_1(x,y)}{\sum\limits_{x}\sum\limits_{y}S_2(x,y)} \tag{7.13}$$

式中,$s_1(x,y)$ 与 $s_2(x,y)$ 分别表示二值机身图像和尾焰图像的灰度值。

　　经过实验,将面积比阈值设置为 2。图 7.5 所示的图 7.3(h)与图 7.3(c)面积比分别为 1.4063 和 2.6817。因此可将后向与背向低头区别看来。

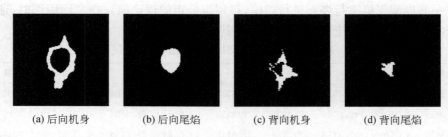

(a) 后向机身　　　　(b) 后向尾焰　　　　(c) 背向机身　　　　(d) 背向尾焰

图 7.5　图 7.3(h) 与图 7.3(c) 的机身与尾焰分割图

至于其他飞行情况,飞机的几何形状均可反映在图像中,故可以按照一定的几何关系来确定诸如驾驶舱等关键攻击部位。

7.5　基于飞行姿态的飞机关键攻击部位选择

7.5.1　机轴与机翼的判定

飞机机轴的确定对于明确飞机各个部位的位置至关重要,驾驶舱就可以认为处在飞机机轴的直线上。如果能够进一步确定飞机机翼或垂直尾翼的位置,结合机型,按照一定的比例关系就可以计算出驾驶舱位置。涂建平等[8] 提出的方法首先将飞机目标骨架化,然后基于霍夫变换检测直线的原理进行机轴提取。霍夫变换检测出来的直线对应于参数空间累加器单元的峰值。在多数情况下,飞机骨架上通过机轴的点最多,因而峰值检测的结果就对应机轴。但是,由于空空导弹成像系统与飞机目标存在空间位置关系,可能会造成红外飞机图像中机翼长度大于机身的情况。这样,峰值检测的结果就是机翼而不是机轴。为此,本节提出一种新的机轴提取方法,步骤如下:

(1) 由 FCM 分割结果分别计算飞机机身、尾焰和飞机整体的质心;

(2) 将尾焰质心指向机身质心的方向作为寻找飞机机轴的指导方向;

(3) 求取飞机整体的质心,在飞机边缘上按照参考的机轴方向寻找距离最大点,该点即可认为是机头;

(4) 将飞机整体质心与机头的连线作为机轴。

不直接将机身与尾焰的质心连线作为机轴,是为了减小图像分割精度带来的偏差,这里只将该直线方向作为机轴的大致方向来引导机轴的提取。可以看出,机轴的参考方向确保了在机翼长度大于机身的情况下,仍可准确地检测出机轴。

提取机轴后,就可以利用飞机几何结构来确定机翼或垂直尾翼。本节给出的方法是在机轴的两侧计算距离机轴最远的点,两点连线对于背向来说是机翼,对于侧向则代表尾翼。图 7.6 是背向机轴、机翼的提取例子。

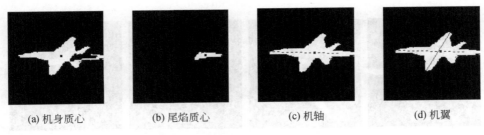

(a) 机身质心　　　(b) 尾焰质心　　　(c) 机轴　　　(d) 机翼

图 7.6　图 7.3(a)的机轴、机翼提取

图 7.6 中，(a)～(d)分别代表背向平飞图像分割的机身及质心、分割的尾焰及质心、机轴提取(虚线)和机翼提取(实线)。

在不考虑将尾焰质心与机身质心连线的方向作为机轴指导方向的情况下，图 7.3(c)的机轴和机翼提取结果如图 7.7(a)所示，可以看出，机翼的方向上却提取出了机轴。这主要是因为按照在飞机边缘寻找距离飞机整体质心距离最大点的准则，机翼上的点满足条件被当做了机头。为确保机轴提取的准确性，本节给出了限制条件，即尾焰质心与候选机头和尾焰质心与机身质心的夹角要小于给定的阈值，以剔除机翼上的候选机头点。这里设定的阈值是不超过 5°。

(a) 错误机轴　　　(b) 夹角　　　(c) 正确机轴

图 7.7　图 7.3(c)的机轴、机翼提取

图 7.7(b)的两条实线的夹角表示未加限制条件下，尾焰质心与机身质心连线和尾焰质心与机头连线的夹角。图 7.7(c)是考虑限制条件后提取到的正确机轴和机翼。

7.5.2　利用几何关系计算驾驶舱关键攻击部位

计算机翼或尾翼与机轴的交点，将该点与机头间的线段作为基准。对于型号确定的飞机，驾驶舱在该线段上的位置也是明确的。因此，本节对于背向飞行状态，取该线段的中点作为驾驶舱位置，至于侧向则按照从机头算起 1/4 的比例。图 7.8 显示图 7.3 中各种飞行姿态按照本节方法提取出的驾驶舱关键点或跟踪点，如图中黑色方框所示。

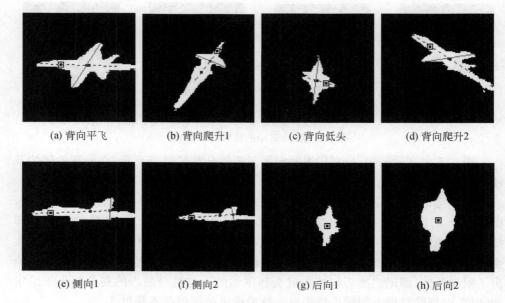

(a) 背向平飞　　　　　(b) 背向爬升1　　　　　(c) 背向低头　　　　　(d) 背向爬升2

(e) 侧向1　　　　　　　(f) 侧向2　　　　　　　(g) 后向1　　　　　　　(h) 后向2

图 7.8　图 7.3 各个飞行姿态飞机关键攻击部位的识别

7.5.3　发动机关键攻击部位标定

　　发动机是飞机目标的"心脏",如果导弹能够命中目标的发动机部位,飞机将失去动力来源。一般飞机发动机的位置与尾喷管相邻,图像中二者的距离也较小。实际跟踪过程中,可以首先找到尾喷管部位,然后根据目标的姿态和运动状态,识别目标的发动机位置。

　　目标加力时尾焰将对机身造成侵蚀,尾焰和机身交界点在尾喷口的前端,可以认为该位置是发动机部位。在普通状态下,尾焰对机身造成的侵蚀并不严重,尾焰前端到发动机尚有一段距离,需做一定量的位移才能到达发动机部位。该位移量与目标的姿态有关系,可以设为机身长度的 $1/8 \sim 1/6$。

　　寻找尾焰和机身交界点的思路如下:

　　(1)找到目标的主轴及指向;

　　(2)寻找尾焰边缘在正方向投影的最前端的点;

　　(3)找到该点在主轴上的投影点;

　　(4)判断目标是否处于加力状态,如果是,该投影点便是发动机部位,程序结束;

　　(5)根据机头位置和投射点位置,在主轴上按照长度 7∶1 的比例标定发动机部位。

发动机的部位标定结果如图 7.9 所示。

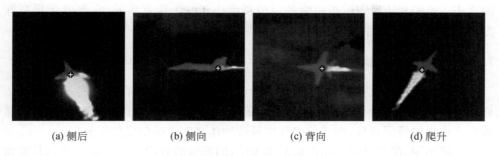

| (a) 侧后 | (b) 侧向 | (c) 背向 | (d) 爬升 |

图 7.9　发动机部位的标定

本算法与驾驶舱识别算法耗时相当,平均时间为 45ms;寻找特征部位是两种关键部位识别算法共用的部分,该过程占用了绝大部分计算时间。

目标姿态为侧向和背向的图像中,发动机部位识别准确率为 98%;目标加力时的图像识别准确率也在 90%以上。对于飞机目标处于加力状态的图像,由于尾焰区域的分割比区域分割更为精确,识别发动机部位也就比识别驾驶舱部位准确率更高。

7.5.4　序列图像的关键部位识别

由于空空导弹和待攻击飞机均处于高速飞行状态,导弹姿态的抖动、导引头稳定平台的误差等都会造成成像系统的不稳定性。此外,导引头成像过程中存在各种噪声。因此,在一帧图像中确定机轴、关键攻击部位之后,还需要利用帧间相关性验证之。一旦获得稳定的机轴、关键部位后,就可以指导后续帧图像的关键部位搜索。本节采用三个判据来验证获得的机轴位置和关键部位:

(1)比较相邻若干帧机头邻域灰度的均值,要求相互间保持在一定变化范围内;

(2)计算飞机整体质心与关键攻击部位的距离,相邻若干帧间偏差不应太大;

(3)比较相邻若干帧间得到的机轴之间的夹角,要求其小于某一门限值。

如果以上三个条件都满足,可以认为获得了稳定的机轴和关键攻击部位。有了这些稳定的参数后,就能够指导后续帧图像的识别工作。具体做法是在前帧机轴方向、机翼或尾翼附近搜索当前帧图像以获得相应部位的位置,计算得出关键攻击部位。如果待攻击飞机相对于导弹的姿态发生了较大的变化,则不能再利用先前若干帧提供的指导信息了,应当利用前面提出的一系列方法重新获得机轴、机翼或尾翼等部位,按照比例关系计算新的关键攻击部位。

7.6　基于亚像素技术的红外目标定位

随着军事应用等对边缘定位精度要求的不断提高,像素级精度已经不能满足实际测量的要求。因此,需要发展具有更高精度的边缘检测算法,即亚像素边缘检测算法。亚像素边缘定位指边缘的定位精度小于一个像素单元,它等效于提高探测器的分辨率,提高系统的测量精度。

7.6.1　亚像素定位技术

　　实际图像采集设备的像元是有一定尺寸的,物体的边缘在成像时不一定能正好和像元的边缘完全一致。由于成像时的数字采样,物体的边界点被认为是在靠近真实边界的像元点处,在成像过程中导致物体真实边缘信息的丢失。

　　一般来说,像素是组成图像的基本单位,即图像的分辨率。而亚像素就是要将像素这个基本单位再进行细分,这似乎违反常理。但应该清楚,目标不是孤立的单个像素点,而是由特定灰度分布和形状分布的一组像素点组成的,如角点、直线、曲线等,它们具有明显的灰度变化或具有一定面积大小。利用预知的目标特性和图像中边缘的局部信息,对图像进行处理分析,确定与目标特征最吻合的位置,可以实现对目标优于整像素精度的定位。这种利用目标特性从图像中分析计算出最符合此特征的目标位置的方法称为亚像素定位技术。

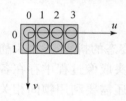

图 7.10　4×2 大小
长方形目标

　　这里举一个简单的例子。在理想成像条件下,一个矩形经过数字化后,在数字图像中为一长度为四个像素,宽度为两个像素,中心坐标为(1.5,0.5)的矩形,如图 7.10 所示。若取整像素值作为目标中心坐标,则定位误差为 0.5 个像素值。而用形心法来计算目标各像素坐标的平均值,则可得到正确的目标中心位置,因此形心法就是一种最简单的亚像素定位算法。整个过程如图 7.10 所示。

　　亚像素算法的建立和选择,是基于许多条件的。首先假设已经用普通的特征检测方法对目标进行了初步定位,即得到了整像素精度的定位,此过程称为粗定位。然后进行亚像素定位分析,作为细定位。由亚像素的定位原理可知,实现特征的亚像素边缘定位需要两个前提条件:

　　(1)必须具有特征的先验知识,例如特征的形状和特征的属性(包括灰度和梯度等)值的分布,利用这些先验知识就可以用解析方法来建立特征的数学模型,从而获得高精度定位。常用的特征建模方法有矩方法、插值法、拟合法、频域方法等。

　　(2)目标不是孤立的单个像素点,它必须由特定灰度分布和形状分布的一组像素点组成,有明显的灰度变化,这样才能从足够多的信息中建立比较准确的特征数学模型。

　　针对物理器件采样分辨率的不足,人们开始关注亚像素边缘定位技术。从 20 世纪 70 年代开始,已经有不少研究者提出了各种各样有效的亚像素边缘定位算法,归纳起来主要可分为三类。

1)基于插值的亚像素边缘定位方法

在亚像素边缘检测算法中,插值法是最为常用的算法之一。其主要的思想是在边缘的附近,按一个最佳匹配函数,通过插值使得低分辨率的离散数据对连续域数据逼近,从而得到更为准确的位置。基本的插值方法有一次插值、二次插值、样条插值、多项式插值和高斯函数插值等[10-12]。

由于边缘都是在离散域中定位的,从结果来看,现在所有的插值方法仍表现出离散边缘特征,形成锯齿效应。所以需要进一步平滑边缘以消除锯齿效应。插值法计算时间相对较短,但定位精度低,抗噪能力差。

2)基于拟合的亚像素定位方法

拟合的方法是在最小均方误差的准则下,通过对离散图像中的目标的灰度或坐标进行拟合,得到目标的连续函数形式,从而确定描述物体的各个参数值(如位置、尺寸、形状、幅度等),进而对目标进行亚像素定位。因此,使用拟合法的前提是目标的特性满足已知或假定的函数形式。采用不同的多项式拟合而产生了不同的拟合方法,常见的有拉格朗日多项式拟合、Chebyshev 多项式拟合等[13-15]。一般来说,基于拟合的亚像素定位方法在处理噪声图像时比较有效,抗噪能力强并且稳健,然而它们计算量很大,并且最小二乘法需要有一定的先验知识。

3)基于矩的亚像素边缘定位方法

矩方法是计算机视觉与模式识别中广泛使用的方法,图像的矩特征中蕴涵了边缘模型的参数,所以基于局部矩的特征信息,可以估计出边缘的参数。基于矩的亚像素边缘定位方法的基本原理是假设实际图像中的边缘分布与理想阶跃边缘模型的矩保持一致,即矩不变原理。国外不少学者在基于矩的亚像素边缘定位中做了很多有创造性工作[16-20]。基于矩的亚像素边缘定位方法对输入数据中的加性噪声和乘性噪声不敏感,抗噪能力强。但由于要涉及模板运算,计算量惊人。

7.6.2　远距离红外目标的亚像素定位

在目标定位技术中,数字相关法具有原理简单、适应性强和精度高等优点,因此得到了广泛的应用。数字相关法的基本原理是基于互相关函数的特征。即

$$c(x,y) = \sum_{i,j \in w} f(x+i, y+j) g(i,j) \qquad (7.14)$$

式中,$c(x,y)$ 为相关函数;$f(x,y)$ 为目标所在源图像,$g(i,j)$ 为模板;w 为模板区域。当 $f(x,y)$ 和 $g(i,j)$ 确定后,二者在空间和灰度上的重叠度或相似度越大,则 $c(x,y)$ 值越大。因此,通过确定相关函数的最大值位置就可以确定目标的位置。

由于相关函数矩阵在以最大值为中心的一个单峰区域上通常近似地服从高斯分布,因此可以通过拟合方法得到该区域的解析曲面函数,取曲面的极值点为目标

的亚像素位置。

一般常用的拟合方法有高斯函数拟合和二维多项式拟合,对于相关函数曲面比较平缓的情况,高斯拟合需要较大的拟合窗口并可能产生较大的误差。因此实际中可采用二元二次多项式来拟合相关函数曲面:

$$h(x,y)=a_0+a_1x+a_2y+a_3x^2+a_4xy+a_5y^2 \tag{7.15}$$

令

$$\frac{\partial h}{\partial x}=0, \quad \frac{\partial h}{\partial y}=0$$

解方程组得到曲面极值点位置为

$$\begin{cases} x=\dfrac{2a_1a_5-a_2a_4}{a_4^2-4a_3a_5} \\ y=\dfrac{2a_2a_3-a_1a_4}{a_4^2-4a_3a_5} \end{cases} \tag{7.16}$$

可用最小二乘法求上式各个系数,即取相关函数最大值处 5×5 个数据进行拟合,使得误差的平方和:

$$E=\sum_x\sum_y\left[h(x,y)-h'(x,y)\right]^2 \tag{7.17}$$

达到最小。$h'(x,y)$ 为相关函数最大值处 5×5 个数据样本值。令

$$\frac{\partial E}{\partial a_0}=0, \quad \frac{\partial E}{\partial a_1}=0, \quad \frac{\partial E}{\partial a_2}=0, \quad \frac{\partial E}{\partial a_3}=0, \quad \frac{\partial E}{\partial a_4}=0, \quad \frac{\partial E}{\partial a_5}=0 \tag{7.18}$$

解此方程组,可得到二元二次多项式六个系数。

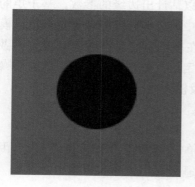

可根据文献[21]提出的方法产生仿真图像来验证上面的思想。这里假定对斑点状目标加以检测,因此生成圆形仿真图像如图 7.11 所示。

仿真图像大小为 128×128,圆半径为 30 个像素,圆心坐标为(64,64)。目标灰度为 50,背景灰度是 150。对仿真图像施加随机高斯噪声,得到不同信噪比的仿真图像,然后利用提出的亚像素相关法求解质心如表 7.3 所示。亚像素模板依仿真图像特性而做。为便于比较,给出了传统灰度质心求解算法的计算结果。

图 7.11　仿真图像

表 7.3　灰度质心与亚像素相关质心法比较

定位误差	SNR=50	SNR=25	SNR=10
灰度质心	0.767	0.812	0.874
亚像素相关	0.0236	0.0278	0.0364

从表中可看出,亚像素相关法的定位精度要明显优于灰度质心法。随着图像信噪比的降低,两种方法的定位误差都有所下降,但亚像素相关法仍优于灰度质心法。

对于实际红外图像的处理,可根据目标视线与光轴的不同夹角仿真制作一系列亚像元模板。实际检测时,利用已生成的亚像素目标模板在实际红外图像中移动,寻找相关系数最大点,然后按照拟合算法求曲面参数并计算曲面极值点作为红外目标的质心点。实际远距离红外目标图像如图 7.12 所示。

图 7.12　远距离红外目标图像

目标在视场中呈现斑点状。利用亚像素相关法计算该红外目标的质心坐标为(100.2364,89.8967)。

7.6.3　有形状红外目标的亚像素定位

经典的边缘提取方法是考虑图像的每个像素在某个邻域灰度的变化,利用边缘邻近的一阶或二阶方向导数变化规律,进行局部梯度运算。求梯度根据滤波算子的不同可以分为好多种,如 Sobel 算子、Robert 算子、Prewitt 算子等。通过对处理后的图像进行研究对比发现,Robet 算子对具有陡峭的低噪声图像响应最好;Sobel 和 Prewitt 算子不是各向同性的,所以得到的图像并不是完全连通的,有一定程度的断开。总的来说,传统的边缘检测算子的噪声平滑能力和边缘定位能力是矛盾的,为了克服这个不足,Marr 和 Hildreth[22] 将高斯滤波和拉普拉斯边缘检测结合在一起,形成高斯拉普拉斯(Laplacian of Gaussian,LoG)算子。LoG 算法是一种二阶边缘检测方法,它通过寻找图像的灰度值的二阶微分中的零穿越来检测边缘点。函数 $G(x,y)$ 在连续空间的拉普拉斯变换为

$$\Delta^2 G(x,y) = \frac{\partial^2 G}{\partial^2 x} + \frac{\partial^2 G}{\partial^2 y} \tag{7.19}$$

拉普拉斯算子是二阶微分算子,具有旋转不变性,从而满足不同走向的图像边

界的锐化和检测的要求。它可在边缘处产生一个陡峭的由正到负的过零点,即零交叉,这正是拉普拉斯算子实现边缘检测的依据。因为图像中包含噪声,平滑和积分可以滤掉这些噪声,消除噪声后再进行边缘检测(锐化和微分),就会得到较好的效果。选用高斯低通滤波器和拉普拉斯算子相结合,可组成单一的高斯拉普拉斯边缘检测算子。令

$$G(x,y) = \exp\left(-\frac{x^2+y^2}{2\sigma^2}\right) \tag{7.20}$$

代入上式得

$$\Delta^2 G(x,y) = \frac{-1}{\sigma^4}\left(1 - \frac{x^2+y^2}{2\sigma^2}\right)\exp\left(-\frac{x^2+y^2}{2\sigma^2}\right) \tag{7.21}$$

实际应用中常采用的 LoG 算子是一个 5×5 的模板:

$$\begin{bmatrix} -2 & -4 & -4 & -4 & -2 \\ -4 & 0 & 8 & 0 & -4 \\ -4 & 8 & 24 & 8 & -4 \\ -4 & 0 & 8 & 0 & -4 \\ -2 & -4 & -4 & -4 & -2 \end{bmatrix} \tag{7.22}$$

对每个像素 $P(i,j)$,用 $L(i,j)$ 来表示其拉普拉斯值。如果 $L(i,j)=0$,则看数对$(L(i-1,j)$、$L(i+1,j))$或$(L(i,j-1)$、$L(i,j+1))$中是否包含正负号相反的两个数。只要这两个数对中有一个包含正负号相反的两个数,则 $L(i,j)$ 是零穿越。然后看 $L(i,j)$ 对应得一阶微分值是否大于一定的阈值,如果是,则 $L(i,j)$ 是边缘点,否则不是。如果 $L(i,j)$ 不为 0,则看 4 个数对$(L(i,j),L(i-1,j))$、$(L(i,j),L(i+1,j))$、$(L(i,j),L(i,j+1))$、$(L(i,j),L(i,j-1))$中是否有包含正负号相反的值。如果有,那么在 $L(i,j)$ 附近有零穿越。看 $L(i,j)$ 对应的一阶微分值是否大于一定的阈值,如果是,则将 $L(i,j)$ 作为边缘点。LoG 算子利用二阶导数零交叉所提取的边缘宽度为一个像素,所得的边缘结果无须细化,有利于边缘的精确定位。

电荷耦合元件(charge-coupled device,CCD)图像传感器是光积分器件,它以固定大小的面积在固定的时间间隔内对投射在其感光面上的光强进行积分,输出的结果就是图像的灰度值。由于 CCD 的积分时间和积分面积是相对固定的,所以它的输出灰度值就只与它感光面上的光强分布有关。因此,在一维图像中的每个像素的灰度值是下面积分的结果,即

$$G(i) = \int_{i-0.5}^{i+0.5} I(x)\,\mathrm{d}x, \quad -a \leqslant i \leqslant a \tag{7.23}$$

式中,i 为像素的序号;$G(i)$ 为根据假设模型得到的估计灰度值,数字窗口的大小为 $2a+1$,边缘点要保证落在数字窗里。由以上分析可以看出,像素的输出值是像素感光面上各部分光强综合作用的结果,这就是方形孔径采样定理。一维情况的采样结果是一组离散灰度值,同理,在二维图像中的每个像素的灰度值 $G(i,j)$ 可表示

为

$$G(i,j) = \int_{i-0.5}^{i+0.5} \int_{j-0.5}^{j+0.5} I(x,y)\mathrm{d}x\mathrm{d}y, \quad -a \leqslant i \leqslant a; -b \leqslant j \leqslant b \quad (7.24)$$

式中,窗口的大小为$(2a+1) \times (2b+1)$。需要注意一点,CCD 中的感光单元是由感光窗口和数字存储单元组成的,数字存储单元虽然占用了感光单元的一部分面积,但只负责数字存储,没有感光效用。为了准确模拟 CCD 获得图像的过程,感光区域的精确尺寸及其在感光单元中的位置需要考虑。通常感光区域的面积相当于整个单元面积的 1/3。当上述信息已知后,方形孔径采样定理中的积分区间将根据感光区域的位置和尺寸重新确定[23,24]。

如果能获得边缘的一阶导数值,就可直接用特定的点扩散函数,对边缘的导数值进行拟合,从而得到边缘的亚像素位置。由于光学元器件的卷积作用以及光学衍射作用,在物空间剧变的灰度值经光学成像成为渐变的形式。边缘在图像中表征为一种灰度分布,边缘附近点的灰度值分布一般如图 7.13(a)所示。两边分别为背景和物体,中间灰度值的渐变部分为边缘引起的灰度值变化。边缘附近点的灰度值差分如图 7.13(b)所示,物体在边缘处的差分值最大,这也是经典边缘提取的原理。根据中心极限定理,最后得到的边缘灰度值变化应当是高斯分布,即图 7.13(b)中的点是高斯曲线的采样值。

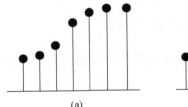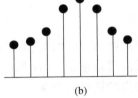

(a)　　　　　　　　　　　(b)

图 7.13　图像边缘与差分

高斯曲线的表达式为

$$y = \frac{1}{\sqrt{2\pi}\sigma} \exp\left(-\frac{(x-\mu)^2}{2\sigma^2}\right) \quad (7.25)$$

式中,μ 为均值;σ 为标准差。直接对式(7.25)进行拟合很困难,因为高斯曲线的积分表达式非常难求,这里的目的是找出曲线的顶点位置。对高斯曲线作变换,两边取对数得到

$$\ln y = -\frac{(x-\mu)^2}{2\sigma^2} + \ln\frac{1}{\sqrt{2\pi}\sigma} \quad (7.26)$$

可以看出式(7.26)是对 x 的二次曲线,这样就能用取对数后的值来拟合抛物线,求出顶点坐标,使计算大大简化。设二次曲线的形式为 $y^* = Ax^2 + Bx + c$,根据方形孔径采样定理,每个像素输出的灰度值为

$$y^*(n) = \int_{n-0.5}^{n+0.5} (Ax^2 + Bx + c)\,\mathrm{d}x \tag{7.27}$$

令差分值最大的点的序号为 0，值表示为 f_0，左右相邻的 4 个点的序号分别表示为 -2、-1、1 和 2，相应的值表示为 f_{-2}、f_{-1}、f_1 和 f_2，可求出 5 个像素输出的灰度值为

$$
\begin{aligned}
f_0 &= \int_{-0.5}^{0.5} (Ax^2 + Bx + C)\,\mathrm{d}x \\
&= \left[A\frac{x^3}{3} + B\frac{x^2}{2} + Cx \right]_{-0.5}^{0.5} \\
&= \frac{A}{12} + C
\end{aligned}
\tag{7.28}
$$

同理可得

$$f_{-1} = \frac{13}{12}A - B + C \tag{7.29}$$

$$f_{-2} = \frac{49}{12}A - 2B + C \tag{7.30}$$

$$f_1 = \frac{13}{12}A + B + C \tag{7.31}$$

$$f_2 = \frac{49}{12}A + 2B + C \tag{7.32}$$

联立组成方程组求解 A、B 和 C。由于参与拟合的方程数大于待求的参数个数，所以利用最小二乘法可以求出 A、B 和 C。

抛物线的顶点的横坐标值为

$$x = -\frac{B}{2A} \tag{7.33}$$

应当注意到解是把原高斯曲线取对数后得到的，即像素的值取对数后符合二次曲线，因此上式中的像素灰度值应当用对数值代替，即可得到亚像素边缘提取的计算公式。

以上推导均是在一维情况下进行的，即边缘的方向保持不变。然而，实际物体的边缘情况是复杂的，边缘方向也是不断变化的。在实际处理中，需要先通过轮廓跟踪算法记录边缘点，然后利用前后几个边缘像素的位置关系确定边缘方向，在此基础上取垂直于边缘方向的最近邻 4 个像素微分值和当前像素作为拟合的 f_{-2}、f_{-1}、f_0、f_1、f_{-2}，然后利用一维算法进行拟合，计算边缘亚像素位置。实际应用中先利用 LoG 算子进行边缘的像素级定位，然后利用二项式拟合法对物体边缘进而精确的亚像素级定位。算法流程图如图 7.14 所示。

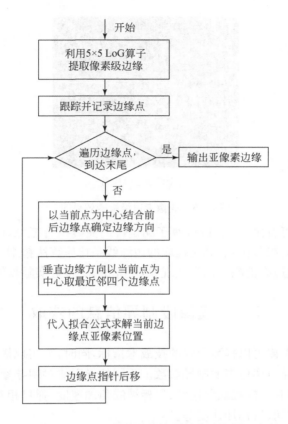

图 7.14　亚像素边缘检测算法流程图

　　利用曲线拟合算法对近距离红外飞机图像进行处理。原图像、LoG 算子处理效果、LoG 算子基础上的曲线拟合亚像素处理效果如图 7.15 所示。

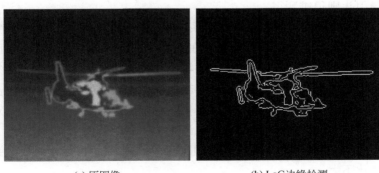

(a) 原图像　　　　　　　　　　(b) LoG边缘检测

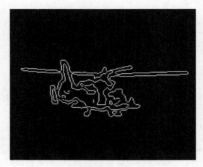

(c) 亚像素边缘检测

图 7.15　亚像素边缘检测效果图

从处理结果可看出,基于 LoG 算子初定位的曲线拟合亚像素边缘检测算法处理结果包含更多的细节信息,算法提取的边缘线条比原算法精细,相对于像素级边缘而言,亚像素级边缘消除了锯齿状现象,更光滑,更接近实际物体的轮廓。

7.7　成像段制导信息的获取

采用最优导引律可以提高导弹的技战术指标,同时,为实现最优导引律需要导引头提供较比例导引律更多的制导参数。不同的导引律对制导参数的依赖程度不同,归纳起来主要有目标视线角速度、目标视线角加速度、弹目相对距离、弹目相对速度、剩余飞行时间、目标加速度等。

由于红外成像型导弹属于被动制导导弹,因此上述制导参数除目标视线角速度在整个制导过程均可得到外(经过一定处理也可近似得到目标视线角加速度),其余制导参数中的一部分只能在特定的制导段提取,而有些参数(如目标加速度)对红外型导引头则很难测得。

由红外成像几何关系可知,在光学系统焦距一定,目标外形尺寸不变的情况下,弹目相对距离的改变,会改变目标像的大小,也就是说目标像的变化可以反映弹目距离的变化。同时,目标图像是三维物体在成像系统焦平面上的投影,因此当目标相对于焦平面有姿态变化时,也会引起目标像大小的改变,而导弹攻击方向的不同、目标进行机动飞行都能引起这种变化。鉴于问题的复杂性,本节只对尾后攻击情况进行讨论。为进行有关推导,在此设立一些假设条件:

(1)当成像制导系统的帧频很高时,可以认为相邻帧间目标相对成像系统焦平面的姿态变化不大;

(2)系统捕获目标进入跟踪状态时,目标位于视场中心附近,即初始目标视线角很小;

（3）攻击方式为尾后攻击。

基于上述假设，可以认为机身纵轴与成像系统焦平面近似正交，则有弹目相对距离：

$$R = \frac{L\cos\theta}{n\alpha} \tag{7.34}$$

式（7.34）对时间 t 求导得

$$\dot{R} = -\frac{L\cos\theta}{n\alpha}\frac{\dot{n}}{n^2} \tag{7.35}$$

剩余飞行时间为

$$T_{go} = \frac{R}{\dot{R}} = -\frac{n}{\dot{n}} \tag{7.36}$$

式中，L 为机翼尺寸；n 为目标图像水平投影像素数；θ 为机翼与焦平面水平方向夹角；$\dot{n}$ 为目标图像水平方向像素变化率；α 为成像系统角分辨率，其表达式为

$$\alpha = \frac{\mu}{f} \tag{7.37}$$

其中，μ 为像元尺寸；f 是成像系统焦距。

在上面的系列表达式中，对固定的成像系统 α 为常数，n 可由目标图像中获取，对于帧频为 m 的成像系统，将上面系列式离散化可得第 i 帧瞬时 R、$\dot{R}$、T_{go} 的近似公式：

$$R_i = \frac{L\cos\theta_i}{n_i\alpha} \tag{7.38}$$

$$\dot{R}_i = \frac{Lm\cos\theta_i}{n_i\alpha}\frac{n_i - n_{i-1}}{n_i n_{i-1}} \tag{7.39}$$

$$T_{go} = \frac{n_{i-1}}{m(n_i - n_{i-1})} \tag{7.40}$$

对于目标参数 L 和姿态参数 θ，可以通过在成像系统中建立模式识别分类器，将实时目标图像与样本库进行特征匹配运算，以确定跟踪目标型号和目标姿态的方法得到。

7.8 小 结

本章以红外成像制导空空导弹攻击飞机目标为例，讨论红外面运动目标的识别技术。该章首先介绍有形状目标的特征描述方法，然后重点阐述了飞机关键攻击部位的识别方法。在该识别方法的描述中，首先介绍了基于组合矩的飞机飞行姿态的判断方法，然后利用飞机的几何结构讨论了飞机机轴、机翼和尾翼的计算方法，最后在此基础上识别出驾驶舱等关键攻击部位。在该问题中，还讨论了利用序

列图像给出稳定关键攻击部位的方法。实验结果表明,本章提出的方法能够准确有效地识别红外飞机目标的关键部位,可为红外成像制导空空导弹的精确打击提供必要的支持。随着军事应用等对边缘定位精度要求的不断提高,像素级精度已经不能满足实际测量的要求。因此,本章最后给出了基于亚像素技术的红外目标定位方法。

参 考 文 献

[1] Hu M K. Visual pattern recognition by moment invariants. IEEE Transaction on Information Theory,1962,8(2):179-187.

[2] 郑志伟. 空空导弹系统概论. 北京：兵器工业出版社,1997.

[3] 李丽娟,黄士科,陈宝国. 双色红外成像抗干扰技术. 激光与红外,2006,2:141-143.

[4] 张建奇,方小平. 红外物理. 西安：西安电子科技大学出版社,2004.

[5] 胡炳梁,刘学斌,杜云飞,等. 飞机尾焰红外图像采集与分析. 光子学报,2004,33(3):375-377.

[6] 赵芹,周涛,舒勤. 飞机红外图像的目标识别及姿态判断. 红外技术,2007,29(3):167-169.

[7] 荆文芳. 飞机红外图像的检测、识别与跟踪技术研究. 西安:西北工业大学硕士学位论文,2006:37-50.

[8] 涂建平,彭应宁,庄志洪. 弹道终端飞机目标红外图像瞄准点识别方法. 光学技术,2003,29(3):261-265.

[9] 杨小冈,付光远,缪栋,等. 基于图像 NMI 特征的目标识别新方法. 计算机工程,2002,28(6):149-151.

[10] Bouchara F. Efficient algorithm for computation of the second-order moment of the sub-pixel edge position. Applied Optics,2004,43(23):4550-4558.

[11] 罗荣芳,林土胜,刘金根. 基于三次样条插值的亚象素边缘检测算法. 计算机工程与应用,2006,24:68-70.

[12] 李庚利,张少军,李忠富,等. 一种基于多项式插值改进的亚像素细分算法. 北京科技大学学报,2003,25(3):280-283.

[13] Ye J,Fu G K,Poudel U P. High-accuracy edge detection with blurred edge model. Image and Vision Computing,2005,23:453-467.

[14] Kisworo M,Venkatesh S,West G. Modeling edges at subpixel accuracy using the energy approach. IEEE Transaction on Pattern Analysis and Machine Intelligence,1994,16:405-410.

[15] 赵爱明. 基于二次曲线拟合的图像亚像素边缘定位算法. 哈尔滨理工大学学报,2006,1(3):68-70.

[16] Huertas A,Medioni G. Detection of intensity changes with subpixel accuracy using Laplacian-Gaussian mask. IEEE Transaction on PAMI,1986(5):651-664.

[17] Lyvers E P,Akey M L. Subpixel measurements using a moment-based edge operator. IEEE Transaction on PAMI,1989,11(12):1293-1309.

[18] Chen F L,Lin S W. Subpixel estimation of circle parameters using orthogonal circular detec-

tor. Computer Vision and Image Understanding, 2000, 78:206-221.

[19] Ghosal S, Sugata M R. Orthogonal moment operators for subpixel edge detection. Pattern Recognition, 1993, 26(2):295-306.

[20] Tan J B, Lei A, Liu D D. Subpixel edge location based on orthogonal Fourier-Mellin moments. Image and Vision Computing, 2008, 26(4):563-569.

[21] 刘国栋, 刘炳国, 陈凤东, 等. 亚像素定位算法精度评价方法的研究. 光学学报, 2009, 29(12):3446-3451.

[22] Marr D, Hildreth E. Theory of edge detection. Proceedings of the Royal Society of London (SeriesB), Biological Sciences, 1980, 207(1167): 187-217.

[23] Lyvers E P, Mitchell O R. Precision edge contrastand orientation estimation. IEEE Transaction on PAMI, 1988, 10(6):927-937.

[24] 刘力双, 张铫, 卢慧卿, 等. 图像的快速亚像素边缘检测方法. 光电子·激光, 2005, 16(8): 993-996.

第8章 红外成像制导图像处理的加速技术

8.1 引 言

图像处理相关算法的实时性是其走向实际应用的瓶颈之一。军事、工业自动化和刑事侦查是对实时性要求较高的应用领域。军事领域的基于图像处理技术的目标跟踪,由于目标的高速运动、实际战场环境中目标和背景的变化很大以及人为的干扰,信息量巨大,只有加快相关处理算法才能满足实时性要求。

图像并行处理技术的许多基本概念来自计算机并行处理的概念,并行处理是计算机界长期研究的一个重大课题。在计算机系统的体系结构中引入并行性所依据的三个基本概念是时间重叠、资源重复和资源共享。

时间重复是指多个处理过程在时间上相互错开,轮流重叠地使用同一套硬件设备的各个部分。这种并行性在原则上不要求重复设置硬件设备,以在同一时刻同时进行多种操作的方式提高处理速度。在实现上,这种并行性在高性能处理机中表现为各种流水线部件或流水线处理机。资源重复是设置多个相同的设备,同时从事处理工作。这种并行性是以数量取胜的方法来提高处理速度。在实现上,这种并行性在高性能处理机中表现为各种多处理机或多处理器系统。资源共享具有分时系统的基本特征,即多个用户按照一定的时间顺序轮流使用同一套硬件设备。例如,某个用户在执行一种任务,而另一个用户正按照一定的时间划分使用中央处理器,这种在工作时间上的重叠,也可以视为并行性的一种形式。资源共享促进了计算机软件中的并发性的发展,也推动了计算机网络和分布处理系统的发展。

图像并行化一般分为两种:流水线并行和数据并行。

1. 流水线并行

图 8.1 所示的连接模式称为流水线结构。它是把处理单元按顺序串联在一起,即一个处理单元的输出和下一个处理单元的输入相连接。如果一个大任务可以分解成一些复杂性大致相同的小任务,而且这些小任务都可以独立完成,就可以采用这种流水线结构来构成并行处理系统。在这种流水线结构里,多种任务在流水线的各级上同时执行,整个任务的速度取决于执行时间最长的子任务的执行时间。在流水线中,任何一个处理单元出现的故障都将直接破坏整个流水线的正常工作,所以这种流水线结构罩,对每一个处理单元都有严格的要求。在采用流水线

的图像处理中,整个处理节奏是以同一速率进行的。

图 8.1　流水线结构

2. 数据并行

图 8.2 所示的连接模式就是并行阵列连接。该连接模式是数据并行的基础,它是用多个处理单元组成一个并行阵列,每一个处理单元都可以独立执行任务。

对于图像并行处理,这是一种常见并有效的底层并行化图像处理方法,它先把图像分成块,然后把这些块分到各个处理器上,每个处理器对它们那块进行同样的图像处理。对于底层图像处理,像素级及区域间的图像处理占主导地位,所以,处理是非常局部的,因此,处理器能相对独立地处理从而实现并行化。

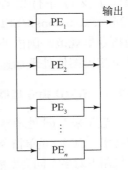

图 8.2　并行阵列结构

总的来说,第一种连接模式是依次向流水线中的每一个处理单元输入信息,每个处理单元以输入信息的速率周期性的输出信息。第二种连接模式是同时向这些并行的处理单元输入信息,一旦一个完整的任务执行完毕,所有处理单元同时产生输出。对于这两种连接模式,其执行速度与阵列中的处理单元的数量有关。采用流水线结构的图像处理系统有三个突出的优点:首先是高速,一旦流水线上有作业,它就像流水装配线一样,数据速率是与时钟相一致的;其次是固有的寻址方式,这意味着无需额外铺设地址线和地址发生器;第三是无需太大的额外开销即可扩展功能。流水结构最主要的缺点是缺乏灵活性,如果想根据地址来进行操作而不是随顺序的数据流来进行操作,那么流水线处理器就难以胜任了。流水线结构是以不同事务的并行处理为特征,而并行阵列结构是以相同的并行处理为特征。在流水线结构中,关键是怎样划分多个处理单元的具体任务;而在并行阵列结构中,除了具体任务的划分外,关键还在于输入输出数据的组织。应该说明,目前大多数的并行处理系统都是这两种最基本连接模式的组合和发展。

本章接下来的内容从 MMX/SSE/SSE2 技术、基于 OpenMP 的并行化技术、基于 CUDA 模型的 GPU 技术三个方面,讨论常用红外图像处理算法的并行加速。

8.2　利用单指令流多数据流指令集加速红外图像处理算法

近年来,随着微处理器硬件的飞速发展,人们也开始注意将其应用到并行处理领域中。在现代微处理器中主要应用了以下的并行技术:指令级的并行如流水线、超标量、VLIW 结构;计算功能部件的并行如脉动阵列、单指令流多数据流(single instruction stream multiple data stream,SIMD)、多指令流多数据流(multiple instruction stream multiple data stream,MIMD)等。微处理器可分为通用微处理器和嵌入式微处理器,如果以通用芯片为基础,扩展多媒体应用,那么利用其对并行处理提供的支持就是自然的事情。当前各微处理器厂商在其推出的 CPU 中大都提供了支持并行处理的指令,MMX(multimedia extensions)/SSE(streaming SIMD extensions)/SSE2 技术就是 Intel 公司在其推出的处理器当中基于 SIMD 的指令集规范。国内外不少学者已经注意到了并行处理器技术在基于图像处理领域里相关图像处理加速算法中的应用价值[1-4]。

8.2.1　SIMD 指令集概述

近年来 Intel 处理器平台的发展对于并行处理的支持主要体现在 SIMD 技术和多核技术。SIMD 是单指令流多数据流的简称。该技术的核心思想是在相同的机器周期的控制下对多个同类型数据执行相同的操作。图 8.3 所示为典型的 SIMD 操作。

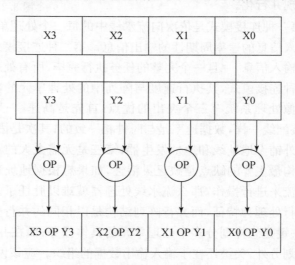

图 8.3　典型 SIMD 操作

Intel 的 SIMD 技术主要由 MMX、SSE、SSE2 和 SSE3 四部分组成。其中MMX(1997)是伴随奔腾处理器的诞生而产生的,随后 P3 处理器引入了 SSE(1999)技术,P4 又引入了 SSE2 技术。MMX 引入了 8 个 64 位的 MMX 寄存器,可以并行的对 8 个字节、4 个字和 2 个双字的数据执行指令。SSE 支持一种紧缩的单精度浮点类型,该类型数据由 4 个单精度浮点数组成,SSE 引入了 8 个全新的128 位 XMX 寄存器。SSE2 没有再增加新的寄存器,但增加了对紧缩的双精度浮点数的支持。SSE3 指令的主要目的是加速复数运算和支持超线程技术[5]。SIMD 能够大幅度地提高视频处理、语音识别和 3D 图形渲染等领域的性能,特别适合实时处理的需要。至于 Intel 新一代的多核处理器,主要鼓励多线程程序开发,各个子任务分摊到多个真正的物理处理器内核上以达到提高任务处理效率的目的。MMX 可处理的数据类型包括:

(1)紧缩的字节类型,64 位中存储 8 个 8 位数据;

(2)紧缩的字类型,64 位中存储 4 个 16 位数据;

(3)紧缩的双字类型,64 位中存储 2 个 32 位数据;

(4)四字类型,直接处理 64 位数据。

57 条 MMX 指令可分成算术运算指令、比较运算指令、转换运算指令、移位运算指令、逻辑运算指令、数据转移指令、MMX 状态置空(EMMS)指令等。MMX 指令直接使用 MMX 寄存器的名字 MM0～MM7 进行访问。MMX 指令只参与数据流操作,而不参与程序控制的任何操作。

几乎所有的 MMX 指令操作均涉及两个操作数,即源操作数和目的操作数。右边的操作数为源操作数,左边的操作数为目的操作数。目的操作数也可作为第二个源操作数来使用。指令用结果来覆盖目的操作数。对所有的 MMX 指令来说(除数据转移指令),源操作数可以位于内存和 MMX 寄存器中。目的操作数寄存于 MMX 寄存器中。对于数据转移指令,源操作数也可以是一个数型寄存器或是内存单元。

P3 处理器增加了包含 70 条指令的 SSE 指令集。该处理器提供了能够进行并行浮点和整数运算的 8 个 128 位寄存器。该指令集包含三类指令:8 条缓存控制指令、50 条 SIMD 浮点运算指令和 12 条新的多媒体指令。SSE 的缓存控制指令可以有效地解决内存延迟的瓶颈问题,它可分为数据预取指令和内存数据流优化处理指令两类。在常规写主存时,处理器首先将数据写入缓存,然后再写入主存。采用内存数据流优化指令后,处理器可将数据直接写入主存,缓存的一致性由处理器来负责。至于数据预取,则可分为两个步骤:首先将所需要的数据从主存中取出并存入缓存,或将数据从缓存中存入主存,然后是处理器与缓存交换数据。这样可加快数据传输速度。为进一步降低内存延迟,还可以使内存操作与计算周期保持流水线操作。

SSE 指令在编程模型和技术上与 MMX 十分相似,它的一个鲜明特点就是增加了新的可包含 4 个单精度浮点数据的紧缩浮点数据类型。SSE 指令集引入了大量有关浮点运算的指令,以操纵它新增的 8 个 128 位 SSE 寄存器,这使得开发者能够利用 SSE 和 MMX 技术对紧缩型单精度浮点数据和紧缩型整型数据进行处理。SSE 寄存器组可通过直接寻址来进行操作,它的命名为 XMM0～XMM7。SSE 体系还提供了能够针对所有数据类型的进入超高速缓存的处理指令,这些指令的功能包括如何使数据流进入处理器时使无效占用高速缓存达到最少,以及如何使数据在实际使用之前就已经被预取出来。

对于已经用 MMX 指令优化的定点运算,可利用 SSE 增强的数据预取指令,扩大对于数据流的流量控制,一般可取得比原来 MMX 代码提高将近一倍的效率。对于精度要求高、数据范围大的运算则更是 SSE 的强项,在不损失数据精度的情况下,使用 SSE 技术在程序运算速度上有着数量级的提高。为了使用 MMX/SSE 指令,需要分析应用程序的结构,将程序并行化。通常,那些循环执行的程序主体才是整个程序的核心,也是最花时间的,利用 MMX/SSE 指令集对这部分程序进行加速,就可提高系统的性能。此外,由于 MMX/SSE 在汇编语言级增加了新的指令和数据类型,该指令集可同时处理以紧缩格式存储的多个数据,因此只有充分理解指令的使用方法,并按照该指令的要求去组织数据流,才可能真正发挥 SSE 以及 MMX 的潜力。

一般的 C 编译器都不能识别 MMX/SSE 特有的寄存器类型,因而需要使用特定的 C 编译器,一般使用的是 Intel 公司发布的 Intel C and C++ 编译器产品。使用专用编译器的好处在于能完全适应 MMX/SSE 指令的结构特点,把部分优化工作交给编译器来自动完成。

8.2.2 利用 SIMD 指令加速红外图像处理算法

红外图像处理算法大都可以通过 SIMD 指令来提高处理的并行性,在实现的过程中要特别注意数据的组织,特别是邻域图像数据的组织。此外,还可将处理中与 MMX/SSE/SSE2 有关的程序部分做成库函数以提高复用性。

本节设计主要针对 SSE/SSE2。SSE 中可以同时处理 16 个字节数据,而 SSE2 可同时处理 32 个字节数据,即 SSE2 所提供的加法、减法、乘法指令可以同时完成 32 对单字节数据的运算,而一条数据移动可以同时移动 32 个字节的数据。本节以高斯拉普拉斯算子边缘检测和模板匹配为例,来实现基于 SIMD 指令的加速。运行硬件环境为联想笔记本,CPU 为 Intel 酷睿 2 双核,主频为 2GHz,内存为 2GB。软件环境为 VS2005,SIMD 加速指令以汇编的形式嵌套在高级语言中。

1. 基于 LoG 算子边缘检测

在 SSE2 指令操作中,寄存器 XMM0～XMM7 可以保存 128 位的数据,这里用寄存器存放 8 个有符号字数据。如果处理的数据为 16 位整型,CPU 可以在一个指令周期能同时对 8 个数据进行存取和运算。为了防止存取时出错,处理数据的个数应该为 8 的倍数,不足可以用 0 来补足。假设有如下 5×5 矩阵:

$$\begin{bmatrix} a_{11} & a_{12} & a_{13} & a_{14} & a_{15} \\ a_{21} & a_{22} & a_{23} & a_{24} & a_{25} \\ a_{31} & a_{32} & a_{33} & a_{34} & a_{35} \\ a_{41} & a_{42} & a_{43} & a_{44} & a_{45} \\ a_{51} & a_{52} & a_{53} & a_{54} & a_{55} \end{bmatrix} \tag{8.1}$$

定义数据：

$a_1[8] = \{a_{11}, a_{12}, a_{13}, a_{14}, a_{15}, 0, 0, 0\}$

unsigned short int $a_1[8] = \{a_{11}, a_{12}, a_{13}, a_{14}, a_{15}, 0, 0, 0\}$

unsigned short int $a_2[8] = \{a_{11}, a_{12}, a_{13}, a_{14}, a_{15}, 0, 0, 0\}$

unsigned short int $a_3[8] = \{a_{11}, a_{12}, a_{13}, a_{14}, a_{15}, 0, 0, 0\}$

unsigned short int $a_4[8] = \{a_{11}, a_{12}, a_{13}, a_{14}, a_{15}, 0, 0, 0\}$

unsigned short int $a_5[8] = \{a_{11}, a_{12}, a_{13}, a_{14}, a_{15}, 0, 0, 0\}$

对计算中使用的固定数值，直接定义为常数，因 LoG 算子的对称性，只需定义三组系数：

unsigned short int $c_1[8] = \{-2, -4, -4, -4, -2, 0, 0, 0\}$

unsigned short int $c_2[8] = \{-4, 0, 8, 0, -4, 0, 0, 0\}$

unsigned short int $c_3[8] = \{-4, 8, 24, 8, -4, 0, 0, 0\}$

首先使用 SSE2 指令集的 movdqa 指令，将当前像素点的 5×5 邻域分别装入 XMM0～XMM4，将三个常数数组装入 XMM5～XMM7。使用 pmullw 指令，将 XMM0、XMM4 乘以 XMM5，XMM1、XMM3 乘以 XMM6，XMM2 乘以 XMM7。利用 paddsw 将 XMM0～XMM4 累加到 XMM0 中，将 XMM1 置 0，并使用 psadbw 指令，在 XMM0 的最低字节中生成最终结果，处理流程如图 8.4 所示。

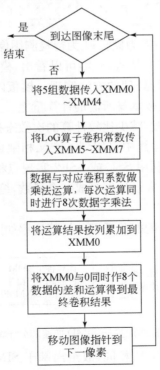

图 8.4 LoG 算法的 SIMD 加速流程图

　　将图 4.1(g)、图 4.1(d)、图 4.4(a)按照 LoG 串行与基于 SIMD 并行分别处理,得到运算时间如表 8.1 所示。从表中可看出,LoG 算法经过 SIMD 指令加速后,处理速度明显提升。

表 8.1　SIMD 加速的 LoG 算法

时间/ms	256×256 森林人	256×256 海洋人	128×128 飞机爬升
串行算法	31.7	32.6	8.4
SIMD 算法	7.6	8.2	3.5

2. 模板匹配

　　模板匹配(物体粗定位):由于主要基于源图像和模板图像的灰度相似性来大致定位目标的位置,标准平方差计算公式如下:

$$s(x,y) = \frac{\sum\limits_{y'=0}^{k-1}\sum\limits_{x'=0}^{j-1} T(x',y') \cdot I(x+x',y+y')}{\sqrt{\sum\limits_{y'=0}^{k-1}\sum\limits_{x'=0}^{j-1} T(x',y')^2 \sum\limits_{y'=0}^{k-1}\sum\limits_{x'=0}^{j-1} I(x+x',y+y')^2}} \qquad (8.2)$$

式中,$S(x,y)$ 为相似度因子;T 为模板;I 为待检测图像。图像扫描完毕后,相似度因子值最大的点即为匹配点。从式(8.2)可以看出,模板匹配属于密集型运算,计算量大耗时多,适宜采用并行处理的方法实现。模板匹配的主要计算量体现在进行比较计算的次数和每次比较本身所需的计算量上。大多数优化算法都针对特定场合与模板,对算法进行修改,减少比较计算的次数来提高匹配速度。而由计算公式可见,比较相似性的匹配运算中只用到了交叉相乘再累加的计算。可以把乘积求和看做向量的点积运算,利用 SSE 或 SSE2 实现点积运算的并行。实现时将算法中每次比较的部分提取出来设计编写成一个函数,缩短每次比较计算的时间,最终提高模板匹配的速度。

　　基于 SIMD 加速模板匹配的分子部分计算流程如图 8.5 所示。

图 8.5　模板匹配算法 SIMD 加速的分子部分流程图

　　由于分母中两项的计算方法相同,故给出基于 SIMD 加速的模板匹配分母第一项计算流程如图 8.6 所示。

图 8.6　模板匹配算法 SIMD 加速的分母部分流程图

将图 4.1(g)、图 4.1(d) 和图 4.4(a) 按照串行与基于 SIMD 并行模板匹配分别处理,得到运算时间如表 8.2 所示。从表中可看出,模板匹配算法经过 SIMD 指令加速后,处理速度明显提升。显然使用了 SSE2 优化过的代码相比未作任何优化的代码,速度提高了 3～4 倍,因此使用 Intel 的 SIMD 技术能有效地提高数据处理效率。

表 8.2　SIMD 加速的模板匹配

时间/s	森林人模板 29×45	海洋人模板 49×27	飞机爬升模板 33×35
串行算法	6.0385	6.076	1.0059
SIMD 算法	2.154	2.267	0.255

8.2.3　基于 SIMD 硬件指令加速的并行光线跟踪算法

光线跟踪算法是生成真实感图形的经典算法,但它的算法复杂度高,计算耗时,因而为了提高光线跟踪算法的实用价值,就必须考虑光线跟踪的加速算法。光线跟踪加速技术是实现光线跟踪算法的重要组成部分。加速技术主要包括提高求交速度、减少求交次数、减少光线条数、采用并行算法等方面。

本节从低层次的硬件指令着手,针对跟踪光线在局部的一致性,设计了基于 Intel 处理器平台的 SIMD 光线跟踪加速算法。本节从光线跟踪原理、并行光线跟踪数据包的生成、物体空间剖分和遍历、光线与物体面片求交四个方面展开阐述并给出设计方法。最后,对并行光线跟踪和串行光线跟踪的图形渲染效率进行了仿真比较。

1. 光线跟踪的基本原理

光源发出的光到达物体表面后,会产生反射和折射。由光源发出的光称为直接光,物体对直接光的反射或折射称为直接反射和直接折射,相对地,把物体表面间对光的反射和折射称为间接光,间接反射、间接折射是光线跟踪算法的基础。

最基本的光线跟踪算法是跟踪镜面反射和折射。从光源发出的光遇到物体的表面,发生反射和折射,光就改变方向,沿着反射方向和折射方向继续前进,直到遇到新的物体。实际光线跟踪方向与光传播的方向相反。虽然在理想情况下,光线可以在物体之间进行无限的反射和折射,但是在实际的算法进行过程中,不可能进行无穷的光线跟踪,因而需要给出一些跟踪的终止条件。在算法应用的意义上,如果出现该光线未碰到任何物体、光线碰到了背景或光源、光线反射或折射次数即跟踪深度大于一定值,即可以终止跟踪。光线跟踪算法可以用下面的伪代码加以描述[6]:

```
RayTracing(start,direction,weight,color)
{
   if(weight<MinWeight)
     color=black;
   else
   {
       计算光线与所有物体的交点中离 start 最近的点;
       if(没有交点)
       color=black;
       else
       {
         Ilocal=在交点处用局部光照模型计算出的光强;
         计算反射方向 R;
         RayTracing(最近的交点,R,weight*Wr,Ir);
         计算折射方向 T;
         RayTracing(最近的交点,T,weight*Wt,It);
         color=Ilocal+KsIr+KtIt;
       }
   }
}
```

说明:start 为跟踪起点;direction 为跟踪方向;weight 代表跟踪深度;Wr、Wt 表示反射和透射方向的跟踪深度权值;Ir、It 为反射和透射光强;Ks、Kt 为反射系数和透射系数;color 代表某点的总光强。

基本的光线跟踪算法,每一条射线都要和所有的物体求交,然后再对所得的全部交点进行排序,才能确定可见点,对于复杂环境的场景,这种简单处理的效率就很低了,因而只有对光线跟踪算法进行加速才能提高其在生成真实感图形方面的实用价值。

2. 并行光线跟踪数据包的生成

容易看出光线跟踪本质上特别适合于并行处理。单个光线不会共享任何数据,因此可以按任意顺序渲染。也就是说,光线跟踪算法在理论上可以最好地利用最新的处理器技术。光线跟踪可以相对容易地适应并行处理技术,如 SIMD 技术、超线程技术以及多核技术。利用 SIMD 技术的光线跟踪算法将受到内存带宽的制约,因为每条光线都会穿过一个空间结构,并在找到最近的交点之前,会就若干个图元进行测试。

借助 SIMD 可以一次处理四个单精度浮点值。这些值存储在 128 位宽的寄存器中。举例来说,如果使用 SSE 指令 _mm_add_ps(r_0,r_1),则结果为包含四个求和运算的 128 位值。r_0 中的第一个值与 r_1 中的第一值相加,其余求和依次类推。

需注意的是,此处不存在横向移动,四个运算是并行进行的,相互之间没有任何影响。使用 SIMD 指令,可以使用一个指令添加两个矢量,或者计算四个值的平方根或倒数。因此只要有办法重写算法以并行运算四个值,矢量化就能极大地提高算法效率。

为了在光线跟踪器中利用 SIMD 技术,结合 SSE/SSE2 指令集特点,可以并行跟踪四条光线:算法中使用的任何数据将被一个四值矩阵取代,每条光线一个矩阵。这样一来就可以使用 SSE/SSE2 指令来进行几乎所有运算。对于单条光线,需要知道光线的来源和光线的方向,可以表达为

```
struct ray
{
  float ox,oy,oz;
  float dx,dy,dz;
}
```

编写以下结构得到包含 4 条光线的数据包:

```
struct
{
    union{float ox[4];__m128 ox4;};
    union{float oy[4];__m128 oy4;};
    union{float oz[4];__m128 oz4;};
    union{float dx[4];__m128 dx4;};
    union{float dy[4];__m128 dy4;};
    union{float dz[4];__m128 dz4;};
}RP;
```

因为每个 128 位值都包含四个常规浮点数,可以通过将寄存器与浮点矩阵联合来存取单个值。

光线数据包数据结构表示四条光线。实际上,这些光线表示 2×2 个像素,以便它们可以尽可能地靠在一起。这样一来,这四条光线在多数时候访问的都是相同的数据。光线射中同一个图元的概率非常高,这也意味着,矢量化可以帮助降低带宽的使用,因此不必为每条光线读取图元,而是一次性为四条光线请求数据,从而在理论上将数据传输量降低了 75%,这就降低了光线跟踪器对带宽的依赖程度。

3. 八叉树空间剖分和包围盒求交测试

在光线跟踪加速过程中,可以减少光线查询的数量,但该方法常常会降低图像

质量,并且使得渲染器的通用性降低。本节通过减少每个单独光线查询的开销来提高光线跟踪的速度,这可以通过使用空间分割来实现。加快光线查询速度的有效结构之一便是使用八叉树来剖分物体空间。

八叉树剖分算法作为一种场景组织方法,广泛应用于计算机图形学系统中,可显著减少对场景中多边形进行排序的时间。

通过规则八叉树结构来表示空间信息,显性地描述节点及通过指针来表达父子关系,指针可以直接利用内存指针实现。内存指针八叉树是一种直接建立在计算机内存中的指针八叉树数据结构,八叉树由中间节点组成,叶节点保存于中间节点的子节点中。中间节点中用一个字节来描述子节点的类型[7]。

中间节点包括子节点指针、子节点类型码、父节点指针、在父节点中的节点序号及深度等信息。叶节点则主要包括指向父节点的指针、该节点所包含的面片指针、节点所包含的面片数量、节点对应的包围盒等信息。

基于八叉树的物体空间剖分算法可以描述如下:

(1)首先建立物体空间的包围盒;

(2)通过使用包围盒中点且互相垂直的三个平面把包围盒等分成 8 个互不相交的子包围盒;

(3)如果与子包围盒相交的物体面片个数超过预先规定的阈值,则将此包围盒进一步分割为更小的 8 等分包围盒,反之则得到一个叶节点,如此递归处理每一个包围盒。

为计算光线与物体空间中各个物体的第一个交点即可见点,需要按照光线延伸的方向依次测试那些在光线路径上的叶子。假设光线的参数方程如下:

$$X = Dt + E \tag{8.3}$$

式中,D 是光线方向;E 为光线起点,对应于视点;t 是参数;X 代表光线上的点。

检测时,如果光线与起点所在的叶子节点中的物体有交,则取离光线起点最近的点作为可见点。否则,计算光线延伸方向的下一个叶子节点,然后把光线与该叶子节点中的物体求交。这样,沿着光线方向一个一个叶子节点测试过去,直到找到第一个交点,或光线离开物体空间。该过程的关键是在已知光线通过某叶子节点情况下,如何求得它所要穿过的下一叶子。可以分为两步来实现:一是计算出与光线相交的下一叶子节点中某点的坐标;二是从该点坐标确定包含它的叶子。完成第一步可以分以下几步:

(1)首先求出包含在当前叶子节点中光线段的最大参数值,也就是光线离开当前叶子的出口点,这里要用到光线与给定长方体的求交。

(2)假定八叉树最小叶子节点的最小边长为 minlen,若出口点在垂直于 x 轴的平面上,但不在其他面上,则从出口点出发再沿 x 轴方向前进 minlen/2 的距离就得到下一个叶子节点中的一个点。出口点在垂直于 y 轴和 z 轴的平面上类似。

(3)若出口点在叶子的两个面的交线上(假定两个面分别垂直于 x 轴和 y 轴),

则往 x 轴和 y 轴方向上均前进 minlen/2 即可求得所要的点,其余情况类推。

（4）若出口点在叶子的角点上,则可以在三个坐标轴方向上都前进 minlen/2 距离就可以求得下一叶子当中的点。

当求得下一叶子的某点 P 后,可通过坐标确定包含它的叶子节点。假定八叉树以链表结构存储,则从根节点开始,通过比较点 P 和根的中点三个坐标分量,明确 P 属于哪一个孩子节点。找到 P 所属的孩子节点后,再判断它属于哪个孙节点,一直递归下去,就可以求出 P 所属于的叶子节点的指针。

4. 光线与面片求交的并行化算法

在判断光线与物体包围盒以及光线与物体面片之间的关系中,求交计算都是必不可少的。求交算法设计好坏,直接决定光线跟踪算法的实现效率。当确定了与跟踪光线相交的最近包围盒之后,就需要进行跟踪光线与包围盒中所含面片的求交运算。如何准确、快速地判定跟踪光线与面片的相交状态并计算出交点是求交运算的最终目的。光线与物体面片的求交以求解参数方程的形式来进行。

将式（8.3）展开为参数方程（8.4）：

$$x=x_1+at, \quad y=y_1+bt, \quad z=z_1+ct \tag{8.4}$$

式中,$E=(x_1,y_1,z_1)$；$D=(a,b,c)$。

假定待求交的三角形平面方程为

$$Ax+By+Cz+D=0 \tag{8.5}$$

将式（8.4）代入式（8.5）可得交点的参数 t 值：

$$t=\frac{Ax_1+By_1+Cz_1+D}{Aa+Bb+Cc} \tag{8.6}$$

由上面矢量化光线包的定义,4 条光线的矢量化线面求交算法代码如下：

```
_m128 v1=_mm_mul_ps(A,RP->ox4);
_m128 v2=_mm_mul_ps(B,RP->oy4);
_m128 v3=_mm_mul_ps(C,RP->oz4);
    v1=_mm_add_ps(v1,v2);
    v3=_mm_add_ps(D,v3);
    v1=_mm_add_ps(v1,v3);
    v2=_mm_mul_ps(A,RP->dx4);
    v3=_mm_mul_ps(B,RP->dy4);
_m128 v4=_mm_mul_ps(C,RP->dz4);
    v2=_mm_add_ps(v2,v3);
    v2=_mm_add_ps(v2,v4);
    v1=_mm_div_ps(v1,v2);
```

该矢量化算法在光线穿越八叉树寻找相关叶子节点时也要用到。并行跟踪的

4条光线应当尽量相互靠近,其方向符号必须一致。如果符合以上条件,则可以利用矢量指令加速常规光线查询,只是代码的复杂度有适当增加。

如果 dx4、dy4、dz4 中的符号不同,即光线数据包不符合符号一致条件,则仍需使用低效串行代码来跟踪单条光线。该过程可以使用_mm_movemask 指令来确定,该指令通常用于将矢量比较结果转换为 4 比特位整数。由于这种转换只计算四个浮点值中每个浮点值的符号位,因此可用于高效地检查符号。

5. 仿真

算法仿真的硬件平台为 Intel 奔腾 4 处理器(1700MHz),内存 1GB 的台式电脑,软件平台为 VS2005。本节通过实际的场景生成来对并行数据包光线跟踪算法进行性能测试。在每个场景中,分别利用矢量化并行光线跟踪算法和串行跟踪算法进行渲染,并对两者的执行时间作出比较。

第一个场景是"拼装玩具车",如图 8.7 所示。这是一个由 10000 个三角形组成的简单场景。此场景包含一些空屏幕空间,这对于并行光线数据包跟踪来说非常理想,因为空屏幕空间一般会包含相对较大的八叉树节点,在这种节点中,数据包中光线发散导致不穿越同一节点的可能性较低,进而可以保证并行处理。第二个场景是"会议室",如图 8.8 所示。这是一个由约 10 万个三角形组成的场景。此场景有一些复杂区域,也有一些低细节区域。两个场景渲染图像的大小均为 800×600 像素,处理速度的比较结果见表 8.3。

图 8.7　拼装玩具车

图 8.8　会议室

表 8.3　并行跟踪与串行跟踪的结果　　　　　　　　(单位:s)

场景	并行光线数据包跟踪	单光线跟踪
拼装玩具车	0.217	0.526
会议室	0.4	1.667

从表中的数据可以看出,矢量化并行数据包光线跟踪算法和单光线串行跟踪

算法之间的差异比较明显,通过使用矢量化方法并行跟踪四条光线,虽会增加光线跟踪算法实现的复杂性,但光线跟踪的性能得到了相当大的改进,渲染速度提高了 2～4 倍。

对于使用了超线程技术或多核技术的 Intel 处理器平台,主要鼓励多线程程序开发,各个子任务分摊到多个真正的物理处理器内核上以达到提高任务处理效率的目的。在本任务中,可以将光线查询简单地平均分布到各个可用处理器。为简便起见,本节设计的加速方法运行了两个光线跟踪线程,每个线程负责 4 条光线的跟踪。这种情况可以根据物理处理器核的数量进行扩充,光线跟踪的性能与使用的处理器数量几乎呈线性增长关系[8]。

光线跟踪各阶段具有 SIMD 特性的处理过程的发掘、适应 SIMD 处理过程的数据组织形式设计、光线跟踪任务的线程化、线程间数据通信与同步等问题是光线跟踪并行加速处理算法实现过程中需要考虑的关键问题。值得指出,本节提出的加速方法对于支持 SIMD 技术和多核技术的非 Intel 处理器平台同样适用。

8.3　利用多核技术加速红外图像处理算法

8.3.1　多核多线程技术

随着软件技术的不断发展,应用程序也开始支持同时运行多个任务的功能。如今的服务器应用程序都是由多个线程或者多个进程组成的。目前有很多方法可以对线程级的并行提供硬件或者软件上的支持。一种方法是采用抢占式或时间片轮转的多任务操作系统。这种方法能够利用当前软件中日益增多的并发性。采用时间片策略的多线程方法允许开发人员通过在多个线程之间切换执行的途径达到隐藏 I/O 延迟的目的。实际上,这种模式并不支持并行执行,因为在任何时间点上,CPU 都只能执行一个指令流。另一种方法是增加计算机中物理处理器的数量,这种方法能够有效利用线程级并行性。多处理器系统支持真正意义上的并行执行,因为多个线程或者进程能够在多个处理器上同时执行。不过这种方法会增加整个系统的造价。第一种方法的代表技术就是超线程技术,后一种方法的代表技术是多核处理器上的多线程技术。

1. 超线程技术

实际的处理器是由大量资源组成的,包括体系结构状态——通用 CPU 寄存器和中断控制寄存器、cache、总线、执行单元,以及分支预测逻辑等。但是,要定义一个线程,只需要体系结构状态信息即可。因此,通过复制这些体系结构状态信息的方法就能够创建多个逻辑处理器(或者线程)。然后,执行资源被不同的逻辑处理器所共享。这种技术就是众所周知的同时多线程（simultaneous multi-threading，SMT）技术。Intel 公司所实现的 SMT 技术是超线程（hyper-threading，HT）技术。超线程技术是利用特殊的硬件指令，把两个逻辑内核模拟成两个物理芯片，让单个处理器都能使用线程级并行计算，进而兼容多线程操作系统和软件，减少了 CPU 的闲置时间，提高 CPU 的运行效率。

超线程技术实际上只有一个实际的物理处理器，但是从软件的角度来看，存在多个逻辑处理器。超线程技术支持操作系统和应用程序将多个线程调度到多个逻辑处理器上，就像多处理器系统一样。从微体系结构的角度看，逻辑处理器的指令都是固定的，并且在共享的执行资源上同时执行。也就是说，多个线程能够在多个逻辑处理器间进行调度。但是，由于执行资源是这些逻辑处理器共享的，微体系结构必须决定两个线程如何以及何时切换执行。当一个线程被挂起的时候，另一个线程就会继续执行。能够导致线程挂起的因素包括处理 cache 失效以及分支预测失败。

虽然采用超线程技术能同时执行两个线程，但它并不像两个真正的 CPU 那样，每个 CPU 都具有独立的资源。当两个线程都同时需要某一个资源时，其中一个要暂时停止，并让出资源，直到这些资源闲置后才能继续。因此超线程的性能并不等于两个 CPU 的性能。

2. 多核处理器

无论超线程技术还是多线程技术，都是基于单核 CPU 架构的并行技术。随着应用技术对于性能提升、降低功耗和成本下降的需求增大，并行研究的深化促使了双核处理器，四核处理器乃至于多核处理器的出现。多核处理器采用单芯片多处理器（chip multiprocessor，CMP）的设计。随着生产工艺与制造技术上的进步，处理器厂商在设计多核处理器时，不是重用单个处理器中某些处理器资源，而是在单个处理器芯片内实现两个或者更多的"执行核"。实际上，这些执行核都是相互独立的处理器，只是位于同一块芯片上而已。这些执行核都具有自己的体系结构资源，且可以共享部分片上缓存，从而使得多核之间的数据传递开销相对较低。此外，这些互相独立的执行核可以和多线程技术相结合，从而将逻辑处理器的数量增加到执行核数量的两倍。

综上所述，在超线程技术中，单个处理器被分成许多部分来使用，其中一些部分被各线程共享，而其他部分则可以在各线程中分别复制使用。被共享的资源中最重要的就是实际的执行部件。执行部件之所以能够被多个线程共享使用，是因为执行部件被进一步细分，只要使用的部分不冲突，各线程就可以并行执行。当两个线程同时执行的时候，超线程技术会将两个线程的指令严格地交错到执行流水线中。至于选择哪条指令以及何时将其插到流水线中去，则完全取决于线程执行时处理器有哪些执行资源可用。此外,当一个线程因为要从磁盘中读取大型的数据文件,或者要等待用户的键盘输入信息而暂时挂起的时候,另一个线程就可以直接使用处理器的所有资源,直到挂起的线程能够继续执行,其间不需要操作系统来切换任务。如此每个线程都获得了最多的可用资源,并且处理器也因为总是最大限度地处于工作状态而提高了利用效率。

实际上,超线程技术是通过延迟隐藏的方法提高了处理器的性能,从本质上讲,就是多个线程共享一个执行核。因此,超线程技术中的线程执行并不是真正意义上的并行,这就带来一个后果,那就是采用超线程技术所获得的性能提升将会随着应用程序以及硬件平台的不同而参差不齐。要提高应用程序的性能,开发人员必须采用合适的多线程程序设计模型,充分发挥超线程技术的潜力。

采用超线程技术所能获得的性能提升取决于应用程序中可以进行延迟隐藏的程度。对于一些应用程序而言,开发人员可能已经采用缓存优化策略将存储延迟降低到了极致。在这种条件下再采用超线程技术进行优化可能就不会得到明显的性能改善。

这里需要说明的是,超线程技术本身并没有试图要达到多核体系结构的性能。对于一个双核系统,其性能理论上可以提升大约一倍,即理论加速比可以达到或者接近 2。超线程技术不只是一个能够充分利用空闲 CPU 资源,以便在相同时间内完成更多工作的工具,当与多核技术相结合时,它还会给应用程序带来更大的优化空间,进而极大地提高系统的吞吐率。而另一方面,多核处理器是将两个甚至更多的独立执行核嵌入同一个处理器内部。因为存在多个执行核,所以每个指令序列(线程)都具有一个完整的硬件执行环境。这样,各线程之间就实现了真正意义上的并行。多核技术是 Intel 处理器在并行处理方面的最新进展,它的提出大大提高了多线程应用程序的执行效率,真正实现了多任务并行。

8.3.2 OpenMP 多线程编程

开发并行程序有三种途径。第一种是串行程序自动并行化,目前这一途径实现尚有很大难度,更为实际的目标为人机交互的自动并行化。第二种途径是设计全新的并行程序设计语言,其致命缺点在于需要全部改写原来的程序,可能给用户带来巨大的工作量,以及高成本和高风险,而且效率也无法保证。第三种途径是串行语言加并行库或伪注释编译指导语句的扩展,实际上就是增加一个库或一些新的编译制导语句帮助消息传递和并行,这正是开放式并行处理(open multi processing,OpenMP)所采取的途径,目前也是比较容易被接受且性能较高的途径。

OpenMP 是由 HP、SUN、IBM 和 Intel 等联合开发和推行的一种共享主存编程模型的并行编程标准。OpenMP 的应用程序接口(API)是在共享存储体系结构上的一个编程模型,它包含编译指导(compiler directive)、运行函数库(runtime library)和环境变量(environment variables)。OpenMP 是一个编译器指令和库函数的集合,这些编译器指令和库函数主要用于创建共享存储器计算机的并行程序。OpenMP 组合了 C、C++或 Fortran,以创建一种多线程编程语言。它的语言模型基于这样一种假设:假设执行单元是共享一个地址空间的线程。

　　OpenMP 是可移植多线程应用程序开发的行业标准,在细粒度(循环级别)与粗粒度(函数级别)线程技术上具有很高的效率。对于将串行应用程序转换成并行应用程序,OpenMP 指令是一种容易使用且作用强大的工具,它具有使应用程序因为在对称多处理器或多核系统上并行执行而获得大幅性能提升的潜力。OpenMP 自动将循环线程化,提高多处理器系统上的应用程序性能。用户不必处理迭代划分、数据共享、线程调度及同步等低级别的细节。

　　OpenMP 具有两个特性:串行等价性和递增的并行性。当一个程序无论使用一个线程运行还是使用多个线程运行时,它能够产生相同的结果,则该程序具有串行等价性。在大多数情形中,具有串行等价性的程序更易于维护和理解(因此也更容易编写)。递增的并行性是指一种并行的编程类型,其中一个程序从一个串行程序演化为一个并行程序。处理器从一个串行程序开始,一块接着一块的寻找值得并行执行的代码段。这样,并行性被逐渐地添加。在这个过程的每个阶段,存在一个可以被验证的程序,这极大地增加了项目的成功概率。

　　OpenMP 使用 Fork-Join 并行执行模型。当程序开始执行的时候只有一个主线程存在,如图 8.9 所示。主线程会一直串行的执行,直到遇见第一个并行域(parallel region)才开始并行执行。当遇到需要进行并行运算时,主线程创建一队并行的线程,并行域中的代码在不同的线程队中并行执行:当派生出的线程在并行域中执行完之后,它们退出或者挂起,最后只有主线程在执行。实际上,所有OpenMP 的并行化,都是通过使用嵌入 C/C++或 Fortran 源代码中的编译制导语句来达到的。并且,一个 OpenMP 应用编程接口(API)的并行结构可以嵌入别的并行结构中去。应用编程接口还可以随着不同并行域的需要动态地改变线程数。OpenMP 是基于共享存储模型的并行程序开发环境,已经成为事实工业标准。Intel 的 C++和 Fortran Compiler 是目前主要的商业编译器。

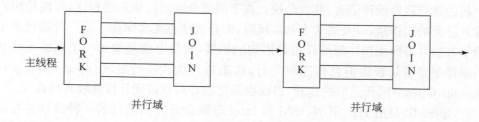

图 8.9　Fork-Join 并行执行模型

在 Microsoft Visual Studio 2005 中通过一个编译开关选项支持 OpenMP。在并行版本中的项目属性对话框"配置属性"中的"C/C++"语言页里,将 OpenMP 支持项改为"是/(OpenMP)"就能够支持 OpenMP。图像处理程序中需包含头文件"omp.h"。在硬件环境为 Intel 酷睿 2 双核、主频 2GHz、内存 2GB 的联想笔记本上对 LoG 边缘检测算子和模板匹配进行 OpenMP 编程加速,表 8.4 和表 8.5 所示为处理结果。

表 8.4　OpenMP 加速 LoG 算法

时间/ms	256×256 森林人	256×256 海洋人	128×128 飞机爬升
SIMD 算法	7.6	8.2	3.5
SIMD+OpenMP	5.2	5.8	2.4

表 8.5　OpenMP 加速模板匹配算法

时间/s	森林人模板 29×45	海洋人模板 49×27	飞机爬升模板 33×35
SIMD 算法	2.154	2.267	0.255
SIMD+OpenMP	1.468	1.573	0.145

从表中可看出,基于 OpenMP 加速后的算法处理速度提升的效果明显,但并没有达到两倍,这主要是因为分配处理器核和数据分配需要额外消耗 CPU 处理时间。

8.4　基于图形处理器的红外图像处理算法加速

近年来,计算机图形处理器(graphic processing unit,GPU)得到了极大的发展。从 1993 年开始,GPU 的性能每年成倍增长,现在基本上每隔半年更新一代。在 2004 年,NVIDIA GeForce 6800 Ultra 处理器的峰值处理速度可达 40GFLOPS,而对应的采用 SSE 指令集 3GHz 的 Intel 奔腾 4 处理器的峰值处理速度只有 6GFLOPS。下面就介绍一下 GPU 的发展历程以及当代 GPU 的特点。

现代 GPU 的发展经历了如下过程。

在出现 GPU 概念出现以前,特殊的图形处理硬件只出现在诸如 SGI 等图形工作站上。

第一代 GPU 出现在 1998 年,这些处理器主要处理光栅化,有些处理器支持多纹理。主要代表有 NVIDIA TNT2、ATI Rang 和 3DFX VooD003。

第二代 GPU 出现在 1999 年,图形处理器可以处理几何变换和光照计算,但不具备可编程性。主要代表为 NVIDIA 的 GeForce256、GeForce2 和 ATI Radeon7500。

第三代 GPU 出现在 2001 年,图形硬件流水线可看成流处理器。可在顶点级支持可编程性,像素级的可编程性则比较差。这个时候采用 GPU 进行通用计算开始出现。主要代表有 NVIDIA 的 GeForce3、GeForce4 和 ATI Radeon 8500。

第四代 GPU 出现在 2003 年,以 NVIDIA GeForce FX、ATI Radeon 9700/9800 为代表,像素和顶点的可编程性更通用化,可以包含上千条指令。GPU 具备浮点功能,纹理不再限制在[0,1]范围,从而可以用于处理任意数组。

第五代 GPU,也就是最新的一代 GPU,出现于 2004 年。功能相对以前更为丰富、灵活。顶点着色器(vertex shader)可以访问纹理,支持动态分支操作;像素着色器(pixel shader)支持分支操作、子函数调用、64 位浮点纹理滤波和融合、多个绘制目标等。主要代表有 NVIDIA GeForce6800。NVIDIA GeForce6800 集成了 2 亿 2200 万个晶体管,具有超标量的 16 条管线架构。

2004 至今,GPU 首次提供几何渲染程序(geometry shader program)功能,并动态调度统一的渲染硬件(unified shader)来执行顶点、几何、像素程序,在体系结构上不再是流水线的形式,而呈现并行机的特征。我们把这个时代称为统一渲染架构(unified shader architecture)时代。对指令、纹理、数据精度等各方面的支持进一步完善,支持整数,单、双精度浮点数,但仍不支持递归程序。GPU 厂商开始从硬件和 API 上提供对 GPU 的专门支持,且推出专门做通用计算的 GPU(如 AMD FireStream 和 NVIDIA Tesla)。GPU 的服务对象从以图形为主发展为图形和高性能计算并重。

近年来出现的图形处理器为串行算法的并行加速提供了硬件支持。与 CPU 不同,GPU 是一个并行的向量处理器,以单指令流多数据流的模式工作,在并行数据运算上具有强大的能力。GPU 除了用于 3D 图形图像处理[9-11]外,其应用领域已扩展到数值计算[12,13]、流体模拟[14]、三维重建[15]、场景绘制[16]、数据库操作[17]等通用计算领域。传统的 GPU 通用计算方法是通过 OpenGL 等现有图形函数库,来编写渲染程序,将通用计算转化为图形计算,其程序编写较为烦琐,对开发人员的专业知识要求较高。2007 年,NVIDIA 公司发布了全新的开发环境——计算统一设备架构(compute unified device architecture,CUDA),它使得 GPU 打破图形语言的局限成为真正的并行数据处理的超级计算机,极大扩充了 GPU 通用并行计算的应用领域。

总之,当代 GPU 具有强大的数据处理功能以及灵活的可编程特性,而且,这些高级特性还在飞速发展之中。在下一代 GPU 中,将引进几何处理器(geometry processor),这将给 GPU 带来更加强大的灵活性和数据处理功能。GPU 的高效处理速度以及灵活的可编程特性使得 GPU 开始用于图形处理以外的通用计算领域。在下一节讨论 GPU 用于通用计算的原理。

8.4.1　GPU 通用计算模型

GPU 通用计算,即将 GPU 用于图形处理以外的通用计算,从图形硬件刚诞生起就受到通用计算领域研究者的关注。然而,在统一渲染架构时代到来之前,GPU 未像 CPU 那样被通用计算界所广泛采用,原因是多方面的,具体如下:

(1)在功能上,GPU 针对的是图形处理,数据格式和功能都很有限且专用,且容忍不精确和小概率错误。

(2)在实用性上,硬件和软件都更新很快,需要不断学习,基于某种版本的 GPGPU 算法和程序常常无法持久到投入实践就被淘汰。

(3)在算法上,GPGPU 无法挖掘所有的 GPU 特性,GPU 也无法提供直接的 GPGPU 功能。因而,GPGPU 有时不得不用舍近求远、不直观的手段。

(4)在学习曲线上,GPU 编程需要丰富的图形学知识,需要熟知硬/软件的设计、限制和进展,这使得一般的非图形学领域的开发者望而却步。

(5)在工具上,GPU 的编译、编辑、调试、分析工具远不如 CPU 的成熟,带来不稳定、额外劳动、优化的难度等诸多问题。

随着统一渲染架构时代的到来,情况发生着改变。娱乐市场与通用计算市场相比终归有限,因此,主要的 GPU 生产商如 AMD 和 NVDIA 都在大力发展通用计算。GPU 的数据格式、精度,稳定性和 API 都在向 CPU 标准演进。硬件直接驱动的通用计算 API 在可用性上已经与基于 CPU 的并行 API 相近,大大降低了学习曲线。基于 GPU 的算法和工具包不断积累,后来者不再需要万事从头开始。自 GPU 厂商推出 CUDA 这样实用的通用计算 API 以来,GPGPU 应用出现了爆炸式的增长。这里对 GPGPU 的最新进展进行列举:

(1)在算法与数值分析方面,GPU 已被用来解决排序、查找、建立索引、前序和、求解线性系统和微分方程、生成随机数、人工神经网络、密码学、几何算法、数据库等问题。

(2)在图形学、信号与多媒体处理方面,GPU 被用来加速全局光照明、基于图像的建模与绘制、编解码、压缩、去噪、直方图、图像分割、声音模拟、视频处理、计算机视觉等问题。

(3)在自然科学方面,GPU 被用来进行分子建模与可视化、生物信息学运算、医学成像与仿真、体可视化、天气预报、天体物理、油气勘探、地理信息系统、电磁仿真等。

(4)在社会科学方面,GPU 已被用来加速期权定价、风险评估等计算。

统一渲染架构是较新的架构,有必要首先介绍和分析其体系结构,再据此提出其上的通用计算模型。

统一渲染架构在硬件组织上接近通用并行机的风格,流水线成为虚拟的过程,各流水阶段之间的指令用队列所缓存,在数据并行(data parallelism)的同时实现任务并行(task parallelism)。所有处理器被自动地按需调度,实现动态负载平衡,也能更好地隐藏纹理访问延迟。不仅顶点程序的功能达到与像素程序一样强,而且在顶点程序之后增加了几何渲染程序(geometry shader),允许对图元进行有限的修改、增加或删除,且允许不经过光栅化而直接流输出(stream out)。统一渲染架构的 GPU 由若干多处理器组成,每个多处理器上包含一组 SIMD 处理器和缓存等单元。在执行绘制程序时,顶点、几何、像素被依序分布到各多处理器上并行执行,处理的结果再依序被回收,进入下一个阶段。多处理器之间共享显存,多处理器内部共享缓存。以 Ge-Force 8800 GTX 为例,它共有 16 个多处理器,每个多处理器上包含 8 个流处理器以及若干常数缓存、纹理缓存和共享存储区。新的 GPU 为通用计算带来了新的机会,然而由于 GPU 与并行 CPU 在体系结构上截然不同,很多传统的并行计算方法不适用于 GPU,这为 GPU 上的通用计算提出了较大的挑战。

在统一渲染架构的 GPU 上进行通用计算,既可以使用硬件驱动的图形 API,也可以使用硬件驱动的通用计算 API。以渲染模型 4.0、OpenGL2.0/DirectX10 版本为例,该架构不仅赋予顶点处理和像素处理相同的能力,而且加入了几何处理、流式输出等功能。顶点、几何、像素处理阶段都可以访问芯片上的常数缓存。支持更丰富的数据类型和显存资源类型,各种资源可以相互重载使用。统一渲染架构上(使用图形流水线)的通用计算模型步骤如下:

(1)将待处理的数据编码为颜色格式,拷入纹理,每个纹素对应一个数据。

(2)GPU 通过图形 API 绘制点列表。

(3)通过顶点、几何、像素等处理阶段,综合利用测试、混合、片上缓存等功能进行并行计算,根据应用的需要,几何处理的结果亦可直接流输出至流缓冲,结束绘制,省略光栅化及以后的步骤。

(4)可返回(2)进行多遍绘制。

(5)拷出绘制结果,从纹理中解码,结束或进一步处理。

CUDA 是 NVIDIA 公司提出的一套基于通用计算 API 的 GPU 并行计算架构平台,CUDA 可以认为是由两部分组成:一部分是在硬件层面上对图形处理器架构革新,使之除了能够处理图形领域的专用计算,同时提高通用计算的能力;另一部分是在不同层次的软件层面,以扩展的 C 语言的形式,向编程者提供了一套直接面向 GPU 编程的接口,它避免了传统的图形处理器通用并行计算必须通过复杂的图形处理 API 和对图形渲染流水线进行类比编程才能进行的困境,使得 GPU 通用并行计算在应用领域上获得了极大的扩充,并成为近两年来国内外学者进行 GPU 通用计算领域研究的标准平台。CUDA 在主程序初始化内核程序时,需指定线程块数、线程数等参数。一个线程块内的线程能够共享片上存储、进行栅栏同步。各线程根据其线程 ID 来定位和执行数据。最优的内核参数依赖于硬件、代码和输入数据等因素,一般根据经验设定。统一渲染架构上(使用通用计算接口)的通用计算模型步骤如下：

(1)将待处理的数据拷入显存；

(2)CPU 通过通用计算 API 调用内核程序；

(3)GPU 并行运行内核程序，访问显存及片上缓存，对数据进行并行计算；

(4)可返回(2)进行多遍计算；

(5)拷出内核的结果，可返回(1)进一步处理。

无论哪一种架构，无论使用图形 API 还是通用计算 API 来做通用计算，都共享同一个编程框架，开发者需要写两部分不同的程序，可分别称为主程序和内核程序。内核程序在 GPU 上被并行地执行，主程序在 CPU 上运行，负责主存和显存之间的数据传输，并启动 GPU 上的内核程序。计算过程一般分拷入、执行、拷出三个阶段。第一阶段，主程序为输入和输出数据分配显存空间，将输入数据从主存拷入显存。第二阶段，主程序启动 GPU 上的内核程序，并行地执行任务。第三阶段，当内核程序结束时，主程序将其输出数据从显存拷回主存。

通用计算 API 省去了纹理编解码、图形驱动带来的额外开销，并且使用 GPU 资源更为灵活。另外，通用计算 API 对非图形专业的人士更易使用，因而比图形 API 更被通用计算界看好。然而在今天使用图形 API 仍是有意义的，原因如下：

(1)目前通用计算 API 欠缺跨品牌的统一标准，不像图形 API 那样是品牌无关的；

(2)GPU 的首要任务是图形处理，因此图形 API 的效率必将长期得到保证，也不会失去统一的标准和支持；

(3)对那些同时需要高性能计算和交互式绘制的应用，如科学计算可视化，使用单一的图形 API 有可能更为高效、易用。

8.4.2　利用 GPU 加速的小波变换

CUDA 把 GPU 作为并行运算设备进行程序发布和管理运算，不需要将计算映射到图形应用程序接口的硬件和软件的架构。为了实现这一功能，CUDA 定义了相应的逻辑架构，并与 GPU 设备相对应，如图 8.10 所示。其中，Thread(线程)是最小的逻辑运算单位，多个 Thread 组成 Block。这些 Thread 可以处理相同或不同的运算过程，每个 Thread 在 Block 中有唯一的标识符，通过标识符在程序中进行判断，就可以让某个或某些特定位置的数据得到相同或不同的运算处理。

用 CUDA 编程实现的时候，GPU 可看做一个可以并行处理很多线程(thread)的运算设备，就像是主 CPU(或 Host)的协处理器一样。也就是将程序的数据并行和密集运算部分分配给 GPU 设备来处理。更准确地说，如果一个程序的某个函数对于不同的数据要重复执行多次，这样就可以把这部分函数独立出来，对应到 GPU 的许多不同的 Thread 来执行。也就是将这个函数编译为在 GPU 上执行的指令集，而这个编译的目标程序称为核(kernel)。核以网格(grid)的形式执行，不

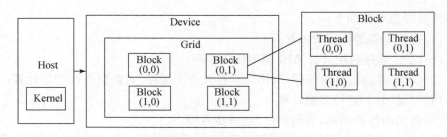

图 8.10　CUDA 逻辑结构

同的网格则可以执行不同的核。每个网格由若干个线程块(block)组成,每一个线程块又由最多 512 个 Thread 组成。线程块可以共享 Shared Memory 中的数据,并可以同步执行一致的内存访问。即一个 Thread 可以在 Kernel 中定义一个同步点,则所有同属于当前 Block 中的其他 Thread 必须在此同步点进行等待,当此 Block 中所有 Thread 都达到这个同步点时,再执行同步点后面的操作。线程块的执行没有顺序,完全并行。

GPU 通过 SIMD 指令类型来支持数据并行计算。在 SIMD 结构中,单一控制部件向每条流水线分派指令,同样的指令处理部件同时执行。例如,NVIDIA 8800GT 中包含有 14 组多处理器,每组多处理器有 8 个处理器,但每组多处理器只包含一个指令单元。从线程角度讲,每个多处理器可并行运行 768 个活动线程,即包含 14 组多处理器的 GPU 可并行运行 10752 个活动线程。从存储器角度讲,每个多处理器有 16KB 可读写共享内存、8KB 只读常量内存 Cache、8KB 只读纹理内存 Cache 和 8192 个 32bit 寄存器。

CUDA 程序是 CPU 和 GPU 的混合代码,经过 NVIDIA C 编译器编译后,GPU 和 CPU 的代码将被分离,GPU 代码被编译成 GPU 计算的机器码,而 CPU 的 C 代码输出由标准的 C 编译器进行编译。

由于 GPU 的数据处理能力远高于 CPU,且直接负责显示工作,在与显示相关的算法设计中应尽可能地把计算量分配到 GPU 端进行并行处理后直接绘制,CPU 只负责向显存装载数据。在与显示无关的通用算法设计中,GPU 端并行计算数据并得到计算结果后,将数据传回主存。

本节接下来内容采用的实验平台:CPU 为奔腾 4 2.4GHz,2GB 内存,显卡为 GeForce 8800GT。

利用多分辨率分析理论,可以构造离散小波基计算框架,并计算出不同小波基的滤波器系数,以 db2 小波为例,可以得到其低通滤波器系数和高通滤波器系数。实现 Mallat 小波分解的核心是将待处理数据与滤波器进行卷积。卷积的计算结果只与原始数据序列有关而它的任意两项之间没有计算上的相互关联,因此,可实现并行计算。db2 小波的低通分解、高通分解、低通重构、高通重构滤波器系数分别为

$$h_0 = \begin{bmatrix} -0.1294 & 0.2241 & 0.8365 & 0.4830 \end{bmatrix}$$
$$h_1 = \begin{bmatrix} -0.4830 & 0.8365 & -0.2241 & -0.1294 \end{bmatrix}$$
$$g_0 = \begin{bmatrix} 0.4830 & 0.8365 & 0.2241 & -0.1294 \end{bmatrix} \tag{8.7}$$
$$g_1 = \begin{bmatrix} -0.1294 & -0.2241 & 0.8365 & -0.4830 \end{bmatrix}$$

由离散小波分解公式可知

$$c_{j+1}[k] = \sum_i c_j[i]h[k+1-i] \tag{8.8}$$

展开有

$$c_{j+1}[1] = c_j[1] \times h[1]$$
$$c_{j+1}[2] = c_j[1] \times h[2] + c_j[2] \times h[1]$$
$$c_{j+1}[3] = c_j[1] \times h[3] + c_j[2] \times h[2] + c_j[3] \times h[1]$$
$$c_{j+1}[4] = c_j[1] \times h[4] + c_j[2] \times h[3] + c_j[3] \times h[2] + c_j[4] \times h[1]$$
$$c_{j+1}[5] = c_j[2] \times h[4] + c_j[3] \times h[3] + c_j[4] \times h[2] + c_j[5] \times h[1] \tag{8.9}$$
$$c_{j+1}[6] = c_j[3] \times h[4] + c_j[4] \times h[3] + c_j[3] \times h[2] + c_j[2] \times h[1]$$
$$\vdots$$
$$c_{j+1}[n+3] = c_j[n] \times h[4]$$

式中，n 为系数 c_j 的长度。

二维小波分解矩阵形式如图 8.11 所示。提取原始数据的每一列分别与低通分解滤波器系数、高通分解滤波器系数向量作卷积，得到结果之后再提取每一行继续和两个滤波器系数向量作卷积，最后得到小波分解的四个频率系数矩阵。

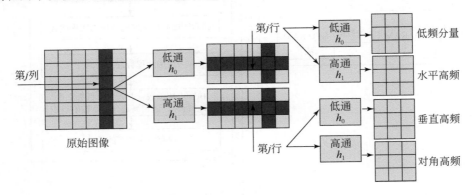

图 8.11　二维小波分解矩阵形式

图像的一级小波分解可描述如下：

(1)设置块内的线程数为 64，每个线程计算图像一列像素与滤波器的卷积，因此线程块数为「图像宽度/64」。

(2)执行块的内核函数，步骤如下：①计算与线程号关联列像素与低通滤波器的卷积；②下采样并保存结果；③计算与线程号关联列像素与高通滤波器的卷积；

④下采样并保存结果。

（3）所有列运算完毕后构成新图像。

（4）设置块内的线程数为 64，每个线程计算新图像一行像素与滤波器的卷积，因此线程块数为⌈新图像高度/64⌉。

（5）执行块的内核函数，步骤如下：①计算与线程号关联行像素与低通滤波器的卷积；②下采样并保存结果；③计算与线程号关联行像素与高通滤波器的卷积；④下采样并保存结果。

（6）输出四个频率的系数。

基于 GPU 的小波一级分解流程如图 8.12 所示。

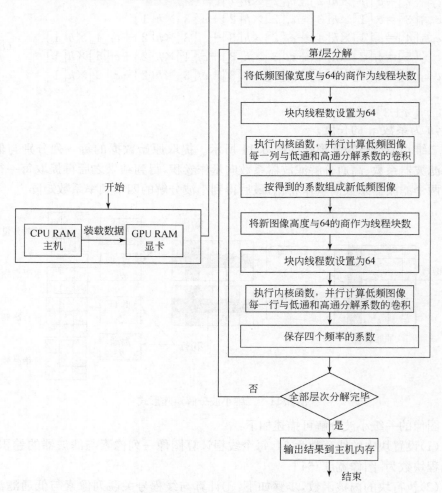

图 8.12　基于 GPU 的小波一级分解流程图

　　同理可以得到二维小波重构的方法。首先分别提取低频分量和三个高频分量矩阵的每一行,分别与低通重构滤波器系数、高通重构滤波器系数向量作卷积之后相加,在得到的结果中提取每一列,分别与低通滤波器系数、高通滤波器系数向量作卷积之后相加,便可重构出原始信号的每一列。这个过程正好是二维小波分解矩阵形式的逆过程。二维小波重构矩阵形式如图 8.13 所示。

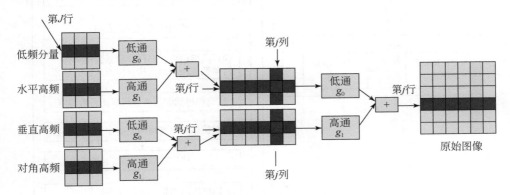

图 8.13　二维小波重构矩阵形式

　　小波一级重构的过程可描述如下。

　　(1)将当前四个小波系数矩阵按下式组合为一个新矩阵:

$$S=[LL \quad LH; HL \quad HH]$$

　　(2)设置块内的线程数为 64,每个线程计算图像一行系数与重构滤波器的卷积,因此线程块数为⌈图像高度/64⌉。

　　(3)执行块的内核函数,步骤如下:①提取线程号关联的当前行前一半系数并通过上采样形成新行 X_1;②提取线程号关联的当前行后一半系数并通过上采样形成新行 X_2;③计算新行 X_1 与低通重构滤波器的卷积得到 Y_1;④计算新行 X_2 与高通重构滤波器的卷积得到 Y_2;⑤计算 Y_1 与 Y_2 的和并保存结果。

　　(4)所有行运算完毕后重新设置块。设置块内的线程数为 64,每个线程计算图像一列系数与重构滤波器的卷积,因此线程块数为⌈图像宽度/64⌉。

　　(5)执行新的块内核函数,步骤如下:①提取线程号关联的当前列前一半系数并通过上采样形成新行 X_1;②提取线程号关联的当前列后一半系数并通过上采样形成新行 X_2;③计算新列 X_1 与低通重构滤波器的卷积得到 Y_1;④计算新列 X_2 与高通重构滤波器的卷积得到 Y_2;⑤计算 Y_1 与 Y_2 的和并保存结果。

　　(6)输出当前级重构系数。

　　基于 GPU 的小波一级重构流程如图 8.14 所示。

　　在 CUDA 中,根据内存类型的不同,也对线程的内存访问模式进行了划分,其中 On-chip 型的内存为高速内存,Off-chip 型为低速内存。针对内存的这些特点,

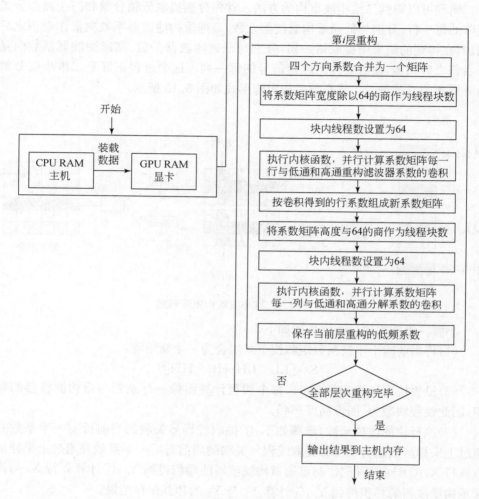

图 8.14　基于 GPU 的小波一级重构流程图

常用的编程模式就是将数据先分块,然后利用设备中的高速内存来完成计算,在完成计算后再将数据统一传回低速内存。即先将数据分解成能装入共享内存的数据块,并将数据从全局内存载入共享内存,再使用多线程建立内存级的并行机制,即所有线程能够并行访问内存,然后从共享内存载入数据进行并行处理。最后,将处理结果从共享内存批量写回全局内存。本节采取数据分组处理方式并充分利用高速存储器特点加速数据读写操作。

利用 db2 小波进行 3 级分解和重构,小波变换处理的图像如图 8.15 所示,处理时间比较如表 8.6 所示。

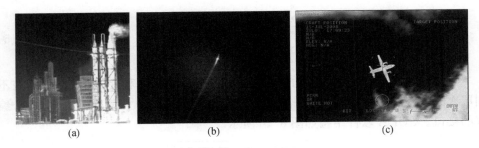

(a)　　　　　　　　　　(b)　　　　　　　　　　(c)

图 8.15　小波变换图像

表 8.6　GPU 加速小波变换

时间/ms		256×256 工厂	640×480 飞行物	720×480 飞机
CPU 串行算法	分解	15.3	94.2	109.2
	重构	16.4	125.3	140.8
GPU 并行算法（分解）		4.7	13.7	14.5

8.4.3　利用 GPU 加速的 FCM 聚类算法

FCM 分割算法的目标函数可表示如下：

$$J = \sum_{i=1}^{c} \sum_{j=1}^{n} u_{ij}^{m} d_{ij}^{2} \tag{8.10}$$

式中，c 是聚类数目；n 表示图像的像素个数；u_{ij} 表示像素 j 属于类 i 的概率，即隶属度；m 为模糊加权指数；d_{ij} 是像素 x_j 与聚类中心 x_i' 之间在灰度意义上的绝对值距离：

$$d_{ij} = \| x_j - x_i' \| \tag{8.11}$$

隶属度 u_{ij} 的约束条件为

$$\sum_{i=1}^{c} u_{ij} = 1, \quad \forall j = 1, 2, \cdots, n \tag{8.12}$$

FCM 聚类算法可以看做在约束条件(8.12)下，通过确定各个隶属度和聚类中心，求取目标函数的极小值。采用拉格朗日乘数法，在约束条件下令

$$F = \sum_{i=1}^{c} \sum_{j=1}^{n} u_{ij}^{m} d_{ij}^{2} + \sum_{j=1}^{n} \lambda_j \Big(\sum_{i=1}^{c} u_{ij} - 1 \Big) \tag{8.13}$$

对 u_{ij} 和 x_i' 求偏导数，并令其等于零：

$$\frac{\partial F}{\partial x_i'} = 0, \quad \frac{\partial F}{\partial u_{ij}} = 0 \tag{8.14}$$

解上面的方程组可以得到使式(8.13)达到最小的必要条件：

$$x'_i = \frac{\sum\limits_{j=1}^{n} u_{ij}^m x_j}{\sum\limits_{j=1}^{n} u_{ij}^m}, \quad u_{ij} = \frac{d_{ij}^{\frac{2}{1-m}}}{\sum\limits_{k=1}^{c} d_{kj}^{\frac{2}{m-1}}} \tag{8.15}$$

CUDA 可以认为是由两部分组成：一部分是硬件驱动程序；另一部分是在不同层次的软件层面，以扩展的 C 语言形式，向编程者提供的一套直接面向 GPU 编程的接口。CUDA 软件结构如图 8.16 所示。

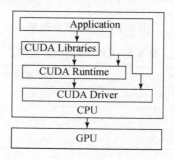

图 8.16　CUDA 软件结构

CUDA 在主程序初始化核心程序时，需指定线程块数、线程数等参数。各线程根据其线程 ID 来定位和执行数据。在 GPU 上基于 CUDA 的通用计算模型步骤如下：

（1）将待处理的数据装入显存；

（2）CPU 通过通用 API 向 GPU 装入核心程序；

（3）GPU 并行运行核心程序，访问显存，对数据进行并行计算；

（4）可返回（2）进行多遍计算；

（5）显示并导出显存的结果。

考虑到 GPU 和主机之间有限的带宽，数据在二者之间的传输代价将非常昂贵，因此应尽可能地在 GPU 上实现整个算法，以减少数据在二者之间的传输。CUDA 根据 GPU 内存类型的不同，对线程内存访问模式进行了划分，如表 8.7 所示。

表 8.7　内存模式

内存类型	速度	存取方式	访问对象
local	慢	读写	一个线程
shared	快	读写	块内所有线程
global	慢	读写	所有线程＋主机
constant	慢	读	所有线程＋主机
texture	慢	读	所有线程＋主机

针对内存的这些特点，本节算法先将数据分解成能装入共享内存（shared）的

数据块,并将数据从全局内存(global)载入共享内存,然后从共享内存载入数据进行并行处理。最后,将处理结果从共享内存批量写回全局内存。

在 FCM 聚类算法中,由式(8.15)可看出,计算每个像素相对于当前各个样本中心隶属度的方法是相同的,即主要是通过计算每个样本点与中心点的距离来获得隶属度,而处理的数据不同且相互独立,这符合 GPU 并行处理的条件。当得到隶属度矩阵后,新聚类中心的计算也具有对不同数据进行相同处理的特点,同样适合 GPU 处理。当 FCM 迭代达到指定的精度时,需要对像素按照隶属度进行归类,显然,每个像素所经历的处理是相同的,可利用 GPU 的并行特性来进行加速。

假定 width 和 height 分别为图像宽度和高度,首先计算隶属度矩阵。每个线程块使用的线程数设置为 64,每个线程块负责一列像素,则每个线程计算 height/64 个像素点的隶属度,线程块数为图像宽度 width。当然,每个线程块也可负责一行像素点的隶属度计算。核心函数按式(8.15)计算一个像素对应于各个聚类中心的隶属度,声明如下:

```
ComMembership<<<width,64>>>(data, data2,data3)。
```

其中,<<<　　>>> 中参数表示定义线程块数为 width,每个线程块 64 个线程;()中定义了核心函数参数,data 表示图像数据起始指针,data2 代表隶属度数据指针,data3 为聚类中心数据指针。核心装入 GPU 后,共有 width×64 个线程运行该函数。

在得到隶属度矩阵的基础上,重新在 GPU 中申请一个线程块,块中线程数为聚类数目,按式(8.15)计算各个新聚类中心,核心函数声明如下:

```
ComCenter<<<1,number>>>(data,data2,data2)。
```

其中,number 为聚类数目。

迭代计算隶属度矩阵和各新聚类中心,直到满足所要求的精度。最后,在 GPU 中重新分配线程块及线程数,编写新的内核函数,线程块执行该函数将每列像素按照隶属度归入相应的类别,声明如下:

```
Classify<<< width,64>>>(data, data2,data2)。
```

基于 GPU 加速的 FCM 算法流程如图 8.17 所示。

实验的硬件平台为:CPU 为奔腾 4 2.4GHz,2GB 内存,显卡为 GeForce 8800GT。软件平台:Visual Studio 2003。实验所用均为红外图像,如图 8.18 所示。其中,海洋人和马图像大小为 256×256,飞机爬升和飞机尾后图像大小为 128×128。处理时间比较如表 8.8 所示。分割结果如图 8.19 所示。对于 FCM 算法所需要的初始聚类数目,根据图像特点并考虑灰度因素,海洋人图像分为天空、人与摩托艇、深色海水和浪花四类;马图像分为道路、草地、树与栅栏、马匹四类;飞机图像分为机身、尾焰和天空三类。从表 8.8 中可看出,基于 GPU 的 FCM 分割算法效率改进明显。对于 256×256 图像,平均加速比为 10.489,当图像大小为 128×128 时,平均加速比达到 4.084。随着数据量的增大,基于 GPU 的算法获得了更大的速度提升。从图8.19 可看出,马、飞机爬升和飞机尾后得到了期望的分割结果,而对于海洋人图像,将人物、摩托艇与天空划分为一类,未达到期望效果,这说明将 FCM 算法用于图像分割还需要进行改进。

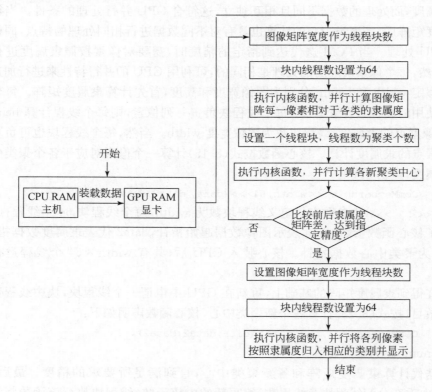

图 8.17　基于 GPU 加速的 FCM 算法流程图

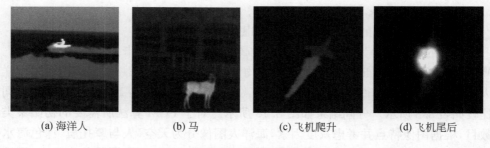

(a) 海洋人　　　　　(b) 马　　　　　(c) 飞机爬升　　　　　(d) 飞机尾后

图 8.18　红外原图像

表 8.8　基于 GPU 与 CPU 的 FCM 算法执行时间比较

时间/s	海洋人四类	马四类	飞机爬升三类	飞机尾后三类
串行算法	6.4	3.4	0.258	0.125
并行算法	0.605	0.327	0.052	0.039
加速比	10.579	10.398	4.962	3.205

　　　(a) 海洋人　　　　　　　(b) 马　　　　　(c) 飞机爬升　　　　(d) 飞机尾后

图 8.19　FCM 分割效果图

　　本节实现了基于 GPU 的 FCM 图像分割算法,并对实验结果进行了分析。结果表明,通过分析 FCM 算法各阶段不同数据相同处理的特性,利用 GPU 硬件结构先天的并行计算特点,将 FCM 算法改造成适合 GPU 运行的形式。与 CPU 串行算法相比,本节方法获得了明显的效率提升。在图像数据量增大时,这种提升更加明显。在本实验平台上,GPU 算法获得了平均 7 倍的提升。鉴于大多数图像处理算法均具有大量数据进行相同运算的特性,利用 GPU 进行加速具有普适性。

8.4.4　利用 GPU 加速的粒子滤波算法

　　在实际应用中,状态估计问题往往是非常复杂的,如非线性、非高斯、高维等因素,在这种情况下往往很难得到解析解的形式。粒子滤波算法是一种基于随机采样的算法,是次优贝叶斯方法,它摆脱了解决非线性状态估计问题时随机变量必须满足高斯分布的制约条件,可近似得到任意函数的数学期望,能应用于任何非线性随机系统。但是,粒子滤波运算量大,这使得基于串行方式运行的粒子滤波算法难以满足实时计算的要求,限制了其应用场合。

　　本节以粒子滤波算法为研究对象,充分利用 GPU 的并行处理优势和 CUDA 提供的通用 API,实现了基于 CPU 的粒子滤波算法向 GPU 的移植,提升了执行效率。

　　1. 粒子滤波算法原理

　　粒子滤波是一种非参数化的蒙特卡罗模拟方法,它通过递推的贝叶斯滤波来近似逼近最优化的估计。该方法的基本思想是采用带有权重的粒子集来表示对系统状态的估计,然后通过序列重要性采样法(sequential importance sampling)来更新粒子集合,实现对系统状态的动态估计。

粒子滤波的算法过程可描述如下:

(1)从初始分布 $p(x_0)$ 中采样 N 个粒子 $x_0^i, i=1,2,\cdots,n$;

(2)按照状态转移方程计算 k 时刻的粒子更新 $x_k^i, i=1,2,\cdots,n$;

(3)基于量测计算 k 时刻新粒子集中各个粒子的权值 $w_k^i, i=1,2,\cdots,n$;

(4)利用粒子权值完成重采样过程;

(5)计算 k 时刻的状态估计 $\hat{x}_k = \sum_{i=1}^{n} w_i x_k^i$;

(6)令 $k=k+1$,下一测量时刻到来转步骤(2)。

从粒子滤波算法过程可看出,计算主要集中在粒子集的状态更新、粒子集的权值更新和粒子集的重采样上。为得到较高的估计精度,粒子数量通常较大,由于粒子群中的每一粒子都要进行状态更新和权值更新,因此重复计算量相当可观。为促进粒子滤波的工程化应用,相应的加速手段必须跟进,图形处理器即为一种基于软件编程利用硬件资源进行加速的工具。

2. 基于 GPU 的粒子滤波算法

在粒子滤波算法过程中,每个粒子通过状态方程进行更新,处理方法相同而处理的数据不同且相互独立,这符合 GPU 并行处理的条件。粒子权值的计算是在粒子状态计算的基础上基于量测方程来进行的,同样具有对不同数据进行相同处理的特点,也适合 GPU 处理。粒子重采样过程所依据的重采样策略对于新粒子集中的每一个粒子也是相同的。因此,可利用 GPU 的并行特性对粒子滤波算法过程中步骤(2)、(3)和(4)进行加速。

实际应用时,核心线程数与粒子数目相同。粒子状态更新核心函数声明如下:

```
StateUpdate<<<1,N>>>(pf_State,StateFunc)。
```

其中,<<< >>> 中参数表示定义线程块数为 1,线程块包括 N 个线程,与粒子数目相同。括号中定义了核心函数参数,pf_State 表示粒子状态数据指针,StateFunc 代表状态方程函数指针。核心装入 GPU 后,共有 N 个线程运行该函数。

粒子状态更新得到后,可基于量测方程计算粒子的权值。计算权值的核心函数声明如下:

```
ComWeight<<<1,N>>>(pf_State,ObserveFunc)。
```

其中,ObserveFunc 为量测方程函数指针。

粒子的重采样过程可由核心函数描述如下:

```
ReSample<<<1,N>>>(pf_State,pf_Weight,SampleFunc)。
```

其中,pf_Weight 是粒子权值,SampleFunc 为重采样策略函数指针。

在粒子滤波每一时刻的迭代过程中,状态更新核函数、权值计算核函数和粒子重采样核函数要交替装入 GPU。与粒子数目相同的 GPU 线程单元在统一时序的控制下,并行执行各个核心函数的逻辑。基于 GPU 加速的粒子滤波算法流程如图 8.20 所示。

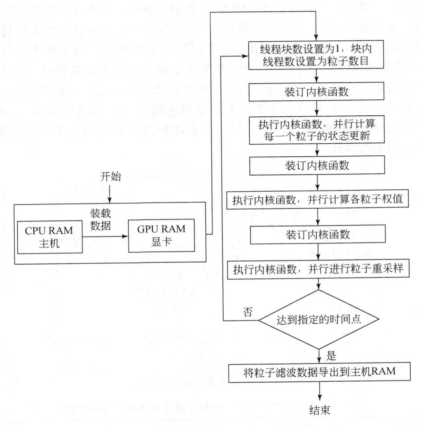

图 8.20　基于 GPU 加速的粒子滤波算法流程图

实验的硬件平台:CPU 为 Intel Core i3-2130 3.4GHz,4GB 内存,显卡为 GeForce 8800GT。软件平台:Visual Studio 2005。

采用如下系统模型,状态方程为

$$x_k = 0.5x(k-1) + \frac{25x(k-1)}{1+x^2(k-1)} + 8\cos(1.2(k-1)) + w(k-1) \quad (8.16)$$

观测方程为

$$y(k) = \frac{x^2(k)}{20} + v(k) \quad (8.17)$$

式中,过程噪声 $w(k-1)\sim\mathrm{Gamma}(3,2)$;观测噪声 $v(k)\sim N(0,0.00001)$。

取粒子数目为 200 个,采样时间序列为 60。每个粒子的权值按式(8.18)计算:

$$w_i = w_{i-1}\frac{1}{\sqrt{2\pi}}\exp\left[-\frac{(y-y')^2}{2}\right] \tag{8.18}$$

式中,y 为观测;y' 是观测的估计。

利用粒子滤波进行状态估计如图 8.21 所示,图中,十代表真实状态,〇表示粒子滤波。分别利用 CPU 串行算法和 GPU 并行算法进行粒子滤波状态估计,执行时间如表 8.9 所示。从表中可看出,利用 CUDA 编程框架对粒子状态更新、权值计算、粒子重采样过程进行并行性改造的粒子滤波算法效率改进明显。GPU 上的每一线程负责一个粒子的状态更新、权值计算以及重采样过程,线程间完全并行。当粒子数目为 200 时,加速比为 2.5,粒子数目达到 500 时,加速比达到 5。粒子数目增多,并发的线程数随之增多,GPU 硬件资源利用率提高,并行粒子滤波算法获得了明显的速度提升。

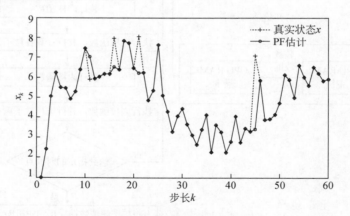

图 8.21　粒子滤波状态估计图

表 8.9　基于 GPU 与 CPU 的粒子滤波算法执行时间比较

粒子数	200	300	400	500
CPU 串行算法时间/ms	1661	2401	3238	4106
GPU 并行算法时间/ms	664	686	719	821
加速比	2.5	3.5	4.5	5

本节通过分析粒子滤波算法各阶段单指令流多数据流特性,利用 GPU 硬件结构的并行计算特点,基于 CUDA 编程框架将粒子滤波算法中状态更新、权值计算和粒子重采样过程改造成适合 GPU 运行的核心函数形式,实现了基于 GPU 的粒子滤波加速。实验结果表明,与 CPU 串行算法相比,图形处理器粒子滤波加速方

法获得了明显的效率提升,在粒子数目增多时,算法执行效率提升更加显著。

8.5　小　结

　　本章重点讨论了基于计算机系统结构的图像处理算法的加速技术。从对图像并行处理的两种途径出发,在对单指令流多数据流技术、基于 OpenMP 的并行化技术、基于 CUDA 模型的 GPU 技术进行分析的基础上,讨论常用红外图像处理算法诸如 LoG 算子、模板匹配、小波变换、模糊 C 均值聚类、粒子滤波等的加速技术。本章给出的三种图像加速技术都与 CPU 串行处理技术进行了实验比较。

参 考 文 献

[1]宋麒,罗志宇,丛鹏. SSE 指令集在_60_Co 集装箱 CT 系统图象重建算法中的应用. 核电子学与探测技术,2007,27(1):161-163.
[2]周西汉,刘勃,周荷琴,等. 一种基于奔腾 SIMD 指令的快速背景提取方法. 计算机工程与应用,2004,27:81-83.
[3]罗若愚,鲁强,曾绍群. 在医学图象处理中使用 MMX 及 SSE 指令. 计算机应用研究,2005,1:239-242.
[4]李成军,周卫峰,朱重光. 基于 Intel SIMD 指令的二维 FFT 优化算法. 计算机工程与应用,2007,43(5):41-44.
[5]Intel Corporation. IA 32 Intel Architecture Software Developer's Manual Volume 2. Instruction Set Reference,2004:153-189.
[6]孙家广. 计算机图形学. 3 版. 北京:清华大学出版社,1998.
[7]王文玺,肖世德,孟文,等. 一种基于八叉树空间剖分技术的光线跟踪算法. 计算机应用,2008,28(3):656-658.
[8]Intel Corporation. IA 32 Intel Architecture Software Developer's Manual Volume 3. System programming guide,2004:208-257.
[9]魏迎梅,周侃,吴玲达. 基于小波变换的地形绘制关键技术研究. 计算机应用研究,2009,26(11):4378-4381.
[10]姜琼,孔明明,林海. 基于计算机图形处理器加速的体绘制. 系统仿真学报,2009,21(8):2285-2288.
[11]徐显,杨杰. 基于图形处理器硬件加速的高精度医学图像融合算法. 上海交通大学学报,2010,44(2):248-252.
[12]刘小虎,胡耀国,符伟,等. 大规模有限元系统的 GPU 加速计算研究. 计算力学学报,2012,29(1):146-152.
[13]周侃,阎文丽,甘斌,等. 基于 GPU 的小波变换. 计算机仿真,2010,27(8):231-234.
[14]周世哲,满家巨. 基于多重网格法的实时流体模拟. 计算机辅助设计与图形学学报,2007,19(7):935-940.

[15]韩峰. 基于 GPU 的有限角度投影数据的 CT 三维重建. 上海：上海交通大学硕士学位论文,2008.

[16]孙云,李晓燕,李敏. GPU 结合 OGRE 技术在红外场景仿真中的应用研究. 系统仿真学报,2013,25(8)：1935-1939.

[17]罗伟良,李观钊,陈虎. 面向异构计算平台的列数据库调度方法研究与实现. 计算机科学,2013,40(3)：142-147.